全国高等院校土建类应用型规划教材

住房和城乡建设领域关键岗位技术人员培训教材

建筑识图与制图

主　　编：梅剑平　朱　琳

副 主 编：陈英杰　王天琪

组编单位：住房和城乡建设部干部学院

北京土木建筑学会

中国林业出版社

图书在版编目（CIP）数据

建筑识图与制图 /《住房和城乡建设领域关键岗位
技术人员培训教材》编写委员会编. — 北京 ：中国林业
出版社，2017.7
住房和城乡建设领域关键岗位技术人员培训教材
ISBN 978-7-5038-9182-3

Ⅰ．①建… Ⅱ．①住… Ⅲ．①建筑制图－识图－技术
培训－教材 Ⅳ．①TU204

中国版本图书馆 CIP 数据核字（2017）第 172237 号

本书编写委员会
主　编：梅剑平　朱　琳
副主编：陈英杰　王天琪
组编单位：住房和城乡建设部干部学院、北京土木建筑学会

———————————————————————

国家林业和草原局生态文明教材及林业高校教材建设项目
策　　划：杨长峰　纪　亮
责任编辑：陈　惠　王思源　吴　卉　樊　菲

———————————————————————

出版：中国林业出版社
　　　（100009 北京西城区德内大街刘海胡同 7 号）
网站：http：// lycb. forestry. gov. cn/
印刷：固安县京平诚乾印刷有限公司
发行：中国林业出版社发行中心
电话：(010)83143610
版次：2017 年 7 月第 1 版
印次：2018 年 12 月第 1 次
开本：1/16
印张：18
字数：280 千字
定价：70.00 元

编写指导委员会

前　　言

　　"全国高等院校土建类应用型规划教材"是依据我国现行的规程规范，结合院校学生实际能力和就业特点，根据教学大纲及培养技术应用型人才的总目标来编写。本教材充分总结教学与实践经验，对基本理论的讲授以应用为目的，教学内容以必需、够用为度，突出实训、实例教学，紧跟时代和行业发展步伐，力求体现高职高专、应用型本科教育注重职业能力培养的特点。同时，本套书是结合最新颁布实施的《建筑工程施工质量验收统一标准》（GB50300－2013）对于建筑工程分部分项划分要求，以及国家、行业现行有效的专业技术标准规定，针对各专业应知识、应会和必须掌握的技术知识内容，按照"技术先进、经济适用、结合实际、系统全面、内容简洁、易学易懂"的原则，组织编制而成。

　　考虑到工程建设技术人员的分散性、流动性以及施工任务繁忙、学习时间少等实际情况，为适应新形势下工程建设领域的技术发展和教育培训的工作特点，一批长期从事建筑专业教育培训的教授、学者和有着丰富的一线施工经验的专业技术人员、专家，根据建筑施工企业最新的技术发展，结合国家及地方对于建筑施工企业和教学需要编制了这套可读性强，技术内容最新，知识系统、全面，适合不同层次、不同岗位技术人员学习，并与其工作需要相结合的教材。

　　本教材根据国家、行业及地方最新的标准、规范要求，结合了建筑工程技术人员和高校教学的实际，紧扣建筑施工新技术、新材料、新工艺、新产品、新标准的发展步伐，对涉及建筑施工的专业知识，进行了科学、合理的划分，由浅入深，重点突出。

　　本教材图文并茂，深入浅出，简繁得当，可作为应用型本科院校、高职高专院校土建类建筑工程、工程造价、建设监理、建筑设计技术等专业教材；也可做为面向建筑与市政工程施工现场关键岗位专业技术人员职业技能培训的教材。

目　　录

第一章 工程识图概述

第一节 房屋施工图概述

一、民用房屋的组成及作用

1. 施工图的产生

一项建筑工程项目从制订计划到最终建成,需经过一系列的过程,房屋的设计是其中一个重要环节。通过设计,最终形成施工图,作为指导房屋建设施工的依据。房屋的设计工作分为初步设计、施工图设计、技术设计三个阶段。对于大型、较为复杂的工程,设计时采用三个阶段进行;一般工程的设计则常按初步设计和施工图设计两个阶段进行。

(1)初步设计

当确定建造一幢房屋后,初步设计人员根据建设单位的要求,通过调查研究、收集资料、反复综合构思,作出的方案图,即为初步设计。内容包括:建筑物的各层平面布置、立面及剖面形式、主要尺寸及标高、设计说明和有关经济指标等。初步设计应报有关部门审批。对于重要的建筑工程,应多作几个方案,并绘制透视图,加以色彩,以便建设单位及有关部门进行比较和选择。

(2)施工图设计

在已批准的初步设计基础上,为满足施工的具体要求,分建筑、结构、采暖、给排水、电气等专业进行深入细致的设计,完成一套完整的反映建筑物整体及各细部构造、结构和设备的图样以及有关的技术资料,即为施工图设计,产生的全部图样称为施工图。

(3)技术设计

技术设计是对重大项目和特殊项目为进一步解决某些具体技术问题,或确定某些技术方案而进行的设计。具体地说,它是为进一步确定初步设计中所采用的工艺流程和建筑、结构上的主要技术问题,校正设备选择、建设规模及一些技术经济指标而对建设项目增加的一个设计阶段。有时可将技术设计的一部分工作纳入初步设计阶段,称为扩大初步设计,简称"扩初",另一部分工作则留待施工图设计阶段进行。

2. 房屋建筑中的建筑术语

建筑：是一种人工创造的空间环境，具有双重属性，一是实用性（属社会产品）；二是艺术性（精神产品）。通常认为建筑是建筑物和构筑物的总称。

建筑物：供人们生产、生活或进行其他活动的房屋或场所，如住宅、学校、办公楼、影剧院、体育馆、工厂的车间等，习惯上也称为建筑。

构筑物：人们不在其中生产、生活的建筑，如水坝、水塔、蓄水池、烟囱等。

建筑构造：研究一般房屋的组成，各组成部分的构造原理和构造方法。

横墙：沿建筑宽度方向的墙。

纵墙：沿建筑长度方向的墙。

进深：指一间独立的房屋或一幢居住建筑从前墙皮到后墙壁之间的实际长度。

开间：指一间房屋内一面墙皮到另一面墙皮之间的实际距离。

山墙：外横墙。

女儿墙：外墙从屋顶上高出屋面的部分。

层高：下层地板面或楼板面到上层楼板面之间的距离。

净高：指层高减去楼板厚度的净剩值。

建筑面积：建筑所占面积×层数。

使用面积：指各层平面中直接供用户生活使用的净面积之和。

交通面积：建筑物中用于通行的面积。

构件面积：建筑构件所占用的面积。

绝对标高：以青岛附近黄海的平均海平面作为标高的零点±0.000 标高。

相对标高：建筑物底层室内地坪为±0.000 标高。

3. 房屋的组成

房屋是人们日常活动的场所，根据其使用功能和使用对象的不同，通常可以分为工业建筑（厂房、仓库、发电站等）、农业建筑（农机站、饲养场、谷仓等）和民用建筑三大类。民用建筑按其功能不同又分为公共建筑（学校、医院、宾馆、影院、车站等）和居住建筑。各类建筑功能各不相同，但构成房屋的基本组成内容是相似的。一般构成建筑物的主要部分是基础、墙（柱）、楼层与地面、屋顶、楼梯和门窗，其次还有台阶、雨篷、阳台、天沟、明沟、女儿墙、散水以及其他各种构配件，如图 1-1 所示。

二、施工图的分类及作用

施工图纸一般按专业进行分类，分为建筑、结构、设备（给排水、采暖通风、电

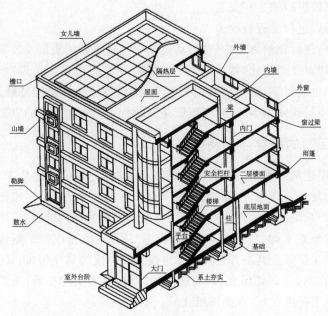

图 1-1　房屋的组成

气)等几类,分别简称为"建施"、"结施"、"设施"("水施"、"暖施"、"电施")。每一种图纸又分基本图和详图两部分。基本图表明全局性的内容,详图表明某一局部或某一构件的详细尺寸和材料做法等。

1. **建筑施工图(简称建施)**

建筑施工图主要表示房屋建筑群体的总体布局,房屋的平面布置、外观形状、构造做法及所用材料等内容。一般包括总平面图、建筑平面图、建筑立面图、建筑剖面图和建筑详图等图纸。

2. **结构施工图(简称结施)**

结构施工图主要表示房屋承重构件的布置、类型、规格,及其所用材料、配筋形式和施工要求等内容。一般包括基础平面图、结构平面图、构件详图。

3. **设备施工图(简称设施)**

设备施工图主要表示管道、电气线路与设备的布置和走向、构造做法、设备组成和设备的安装要求等内容。主要由平面布置图、系统图和详图组成。

施工图是设计单位最终的"技术产品",施工图设计的最终文件应满足四项要求:

(1)能据以编制施工图预算;

(2)能据以安排材料、设备订货和非标准设备的制作;

（3）能据以进行施工和安装；

（4）能据以进行工程验收。

施工图是进行建筑施工的依据，对建设项目建成后的质量及效果，负有相应的技术与法律责任。因此，常说"必须按图施工"。即使是在建筑物竣工投入使用后，施工图也是对该建筑进行维护、修缮、更新、改建、扩建的基础资料。特别是一旦发生质量或使用事故，施工图则是判断技术与法律责任的主要依据。

三、施工图的编排顺序及内容

一套房屋建筑的施工图按其建筑的复杂程度不同，可以由几张图或几十张图组成，大型复杂的建筑工程的图纸甚至有上百张。因此按照国家标准的规定，应将图纸进行系统的编排。一般一套完整的施工图的排列顺序是：图纸目录、施工总说明、建筑总平面、建筑施工图、结构施工图、给水排水施工图、采暖通风施工图、电气施工图等。其中各专业图纸也应按照一定的顺序编排，其总的原则是全局性图纸在前，局部详图在后；先施工的在前，后施工的在后；布置图在前，构件图在后；重要图纸在前，次要图纸在后。

表 1-1 为施工图图纸目录，它是按照图纸的编排顺序将图纸统一编号，通常放在全套图纸的最前面。

表 1-1　×××工程施工图目录

序　号	图　号	图　名	备　注
1	总施—1	工程设计总说明	
2	总施—2	总平面图	
3	建施—1	首层平面图	
4	建施—2	二层平面图	
……			
13	结施—1	基础平面图	
14	结施—2	基础详图	
……			
21	水施—1	首层给排水平面图	
……			
28	暖施—1	首层采暖平面图	
……			
30	电施—1	首层电气平面图	
31	电施—2	二层电气平面图	
……			
……			

四、建筑工程施工图识图的方法和步骤

1. 读图应具备的基本知识

施工图是根据投影原理,用图纸来表明房屋建筑的设计和构造做法的。因此,要看懂施工图的内容,必须具备以下基本知识:

(1)应熟练掌握投影原理和建筑形体的各种表示方法;

(2)熟悉房屋建筑的基本构造;

(3)熟悉施工图中常用图例、符号、线型、尺寸和比例等的意义和有关国家标准的规定。

2. 阅读施工图的基本方法与步骤

要准确、快速地阅读施工图纸,除了要具备上面所说的基本知识外,还需掌握一定的方法和步骤。图纸的阅读可分三大步骤进行。

(1)第一步:按图纸编排顺序阅读

通过对建筑的地点、建筑类型、建筑面积、层数等的了解,对该工程有一个初步的了解。

再看图纸目录,检查各类图纸是否齐全;了解所采用的标准图集的编号及编制单位,将图集准备齐全,以备查看。

然后按照图纸编排顺序,即建筑、结构、水、暖、电的顺序对工程图纸逐一进行阅读,以便对工程有一个概括、全面了解。

(2)第二步:按工序先后,相关图纸对照读

先从基础看起,根据基础了解基坑的深度,基础的选型、尺寸、轴线位置等,另外还应结合地质勘探图,了解土质情况,以便施工中核对土质构造,保证施工质量;然后按照基础—结构—建筑,并结合设备施工程序进行阅读。

(3)第三步:按工种分别细读

由于施工过程中需要不同的工种完成不同的施工任务,所以为了全面准确地指导施工,考虑各工种的衔接以及工程质量和安全作业等措施,还应根据各工种的施工工序和技术要求将图纸进一步分别细读。例如砌砖工序要了解墙厚、墙高、门窗洞口尺寸、窗口是否有窗套或装饰线等;钢筋工序则应注意凡是有钢筋的图纸,都要细看,这样才能配料和绑扎。

总之,施工图阅读总原则是,从大到小、从外到里、从整体到局部,有关图纸对照读,并注意阅读各类文字说明。看图时应将理论与实践相结合,联系生产实践,不断反复阅读,才能尽快地掌握方法,全面指导施工。

第二节　施工图画法的基本规定

为了使房屋施工图做到基本统一、简明清晰,提高绘图效率,满足设计、施工、存档等要求,适应工程建设的需要,在设计、绘制、施工过程中,房屋施工图的各类图样画法,必须遵守有关的标准。其相关标准有:

《房屋建筑制图统一标准》(GB/T 50001—2010);

《总图制图标准》(GB/T 50103—2010);

《建筑制图标准》(GB/T 50104—2010);

《建筑结构制图标准》(GB/T 50105—2010);

《给水排水制图标准》(GB/T 50106—2010);

《暖通空调制图标准》(GB/T 50114—2010)。

一、制图工具和仪器用法

目前绘制工程图样的方法有两种:手工绘图和计算机绘图。

手工绘图要用到制图工具及仪器,正确使用制图工具是确保绘图质量、提高绘图速度的重要因素。常用制图工具及仪器种类很多本节只介绍常用手工绘图工具及仪器等的使用知识。

1. 图板

图板是固定图纸用的工具,一般用胶合板制成,其表面要求平整、光洁四角均为90°直角。图板的短边为工作边(也叫导边)必须光滑、平直,如图1-2所示。

2. 丁字尺

丁字尺主要用于画水平线。要领是要将尺头紧靠图板的左侧边框,不准将尺头靠在图板的其他侧向使用。使用丁字尺时(见图1-3)要领是要将尺头紧靠图板的左侧边框,不准将尺头靠在图板的其他侧向使用。尺头沿图板的左边缘上下滑动到需要画线的位置,从左向右画水平线。画一组水平线时,要从上到下逐条画出。

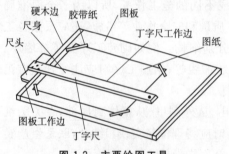

图1-2　主要绘图工具

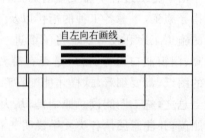

图1-3　用丁字尺画水平平行线

3. 三角板

一副三角板有 45°和 30°、60°的各一块,一般用有机玻璃制成。三角板用于绘制各种方向的直线。其与丁字尺配合使用,可画垂直线以及与水平线成 30°、45°、60°夹角的倾斜线,如图 1-4 所示。用两块三角板可以画与水平线成 15°、75°夹角的倾斜线,还可以画任意已知直线的平行线和垂直线,如图 1-5 所示。

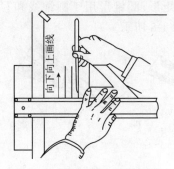

图 1-4 用三角板与丁字尺配
合画铅垂平行线

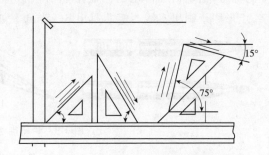

图 1-5 用三角板与丁字尺配合画与水平线
成 15°及其倍数的斜线

4. 比例尺

比例尺是用于放大(读图时)或缩小(绘图时)实际尺寸的一种尺子,其形式常为三棱柱,故又称三棱尺,如图 1-6 所示。比例尺的 3 个面刻有 6 种不同的比例刻度,供绘图时使用。比例尺上的刻度一般以米(m)为单位。

5. 曲线板

曲线板用来描画非圆弧曲线。使用时(见图 1-7)应先徒手将所求曲线上各点轻轻地依次连成圆滑的细线,然后从曲率大的地方着手,在曲线板上找到曲率变化与该段曲线基本相同的一段进行描画。一般每描一段最少有 4 个点与曲线板的曲线重合。为了保证连接顺滑,每描一段曲线时,应有一小段与前一段所描的线段重合,后面留一小段待下次描画。

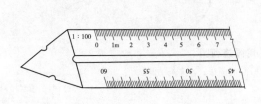

图 1-6 比例尺

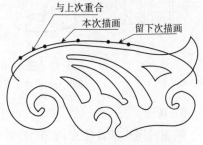

图 1-7 用曲线板描画非圆弧曲线

6. 绘图铅笔

绘图铅笔用标号来表示铅芯的软硬程度。"H"表示硬铅笔,"B"表示软铅笔,"F""HB"表示软硬适中,"B""H"前的数字越大表示铅笔越软和越硬。

绘图时常用较硬的铅笔打底稿,如 H、2H 等;用 HB 铅笔写字和徒手画图,用 B 或 2B 铅笔加深图线。削铅笔时,应从没有标号的一端削起,以保留铅芯硬度的标号,铅笔铅芯常用的削制形状有圆锥形和矩形;圆锥形用于画细线和写字,矩形用于画粗实线。笔芯露出 6~8mm。如图 1-8 所示。

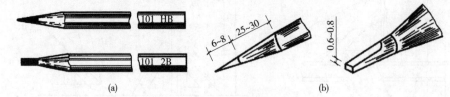

(a)   (b)

图 1-8　铅笔削法

图 1-9　分规的用法

7. 分规

分规主要用来量取线段长度或等分已知线段。分规的两个针尖应调整平齐。从比例尺上量取长度时,针尖不要正对尺面,应使针尖与尺面保持倾斜,以不破坏比例尺的尺面。用分规等分线段时,通常要用试分法(图 1-9)。

8. 圆规

圆规可用来画圆和圆弧。画图时应尽量使钢针和铅芯都垂直于纸面,钢针的台阶与铅芯尖应平齐,使用方法如图 1-10 所示。

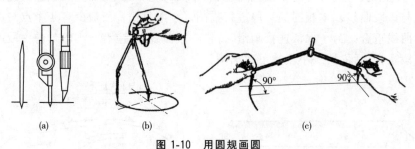

(a)   (b)   (c)

图 1-10　用圆规画圆

(a)钢针与铅芯的位置;(b)圆的画法;(c)大圆的画法

9. 其他

制图时还应准备橡皮、胶带、砂纸、刀片、排笔等用品;描图时,应准备绘图墨水笔、小钢笔等用品。除此之外,还有很多绘图仪器和工具,可以提高绘图质量和速度。

二、图纸幅面规格与图纸编排顺序

1. 图纸幅面

（1）图纸幅面及图框尺寸，应符合表 1-2 的规定及图 1-11～1-13 的格式。

表 1-2　幅面及图框尺寸(mm)

尺寸代号　　　幅面代号	A0	A1	A2	A3	A4
$b \times l$	841×1189	594×841	420×594	297×420	210×297
c	10			5	
a	25				

（2）需要微缩复制的图纸，其一个边上应附有一段准确米制尺度，四个边上均附有对中标志，米制尺度的总长应为 100mm，分格应为 10mm。对中标志应画在图纸内框各边长的中点处，线宽 0.35mm，应伸入内框边，在框外为 5mm。对中标志的线段，于 l_1 和 b_1 范围取中。

（3）图纸的短边尺寸不应加长，A0～A3 幅面长边尺寸可加长，但应符合表 1-3 的规定。

表 1-3　图纸长边加长尺寸(mm)

幅面尺寸	长边尺寸	长边加长后尺寸
A0	1189	1486,1635,1783,1932,2080,2230,2378
A1	841	1051,1261,1471,1682,1892,2102
A2	594	743,891,1041,1189,1338,1486,1635,1783,1932,2080
A3	420	630,841,1051,1261,1471,1682,1892

注：有特殊需要的图纸，可采用 $b \times l$ 为 841mm×891mm 与 1189mm×1261mm 的幅面。

（4）图纸以短边作为垂直边应为横式，以短边作为水平边应为立式。A0～A3 图纸宜横式使用；必要时，也可立式使用。

（5）一个工程设计中，每个专业所使用的图纸，不宜多于两种幅面，不含目录及表格所采用的 A4 幅面。

2. 标题栏与会签栏

图纸中应有标题栏、图框线、幅面线、装订边线和对中标志。图纸的标题栏及装订边的位置，应符合下列规定：

（1）横式使用的图纸，应按图 1-11、图 1-12 的形式进行布置；

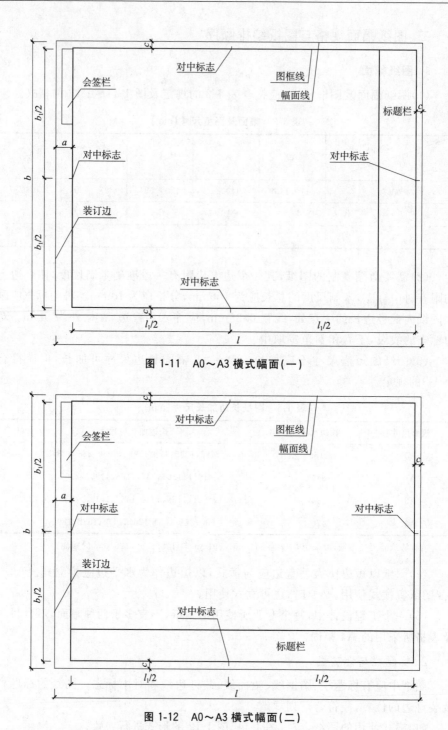

图 1-11 A0～A3 横式幅面(一)

图 1-12 A0～A3 横式幅面(二)

(2)立式使用的图纸,应按图 1-13、图 1-14 的形式进行布置。

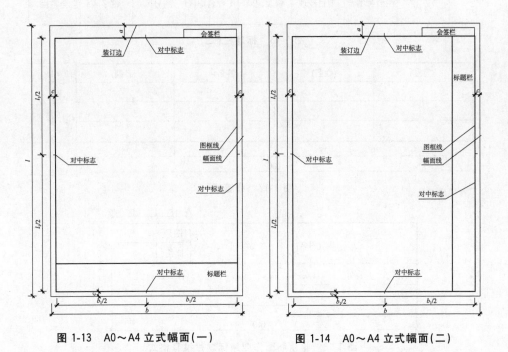

图 1-13　A0～A4 立式幅面(一)　　　　图 1-14　A0～A4 立式幅面(二)

(3)标题栏应按图 1-15,图 1-16 所示,根据工程的需要选择确定其尺寸、格式及分区。签字栏应包括实名列和签名列,并应符合下列规定:

1)涉外工程的标题栏内,各项主要内容的中文下方应附有译文,设计单位的上方或左方,应加"中华人民共和国"字样。

2)在计算机制图文件中当使用电子签名与认证时,应符合国家有关电子签名法的规定。

会签栏应按图 1-17 所示的格式绘制,栏内应填写会签人员所代表的专业、姓名、日期(年、月、日),一个会签栏不够时可另加一个,两个会签栏应并列,不需会签的图纸可不设会签栏。

学生制图作业用标题栏推荐如图 1-18 所示的格式。

图 1-15　标题栏(一)

图 1-16 标题栏(二)

图 1-17 会签栏

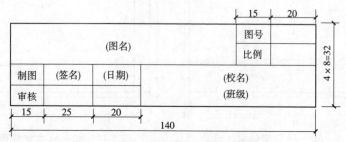

图 1-18 学生制图作业用标题栏推荐格式

3. 图纸编排顺序

(1)工程图纸应按专业顺序编排。应为图纸目录、总图、建筑图、结构图、给水排水图、暖通空调图、电气图等。

(2)各专业的图纸,应按图纸内容的主次关系、逻辑关系进行分类排序。

三、图线

(1)工程图上的内容是用不同的图线表示的,为了使各种图线表达的内容统一,国际对建筑工程图样中的种类、用途和画法都做了规定。

(2)图线的宽度 b,宜从 1.4、1.0、0.7、0.5、0.35、0.25、0.18、0.13mm 线宽系列中选取。图线宽度不应小于 0.1mm。每个图样,应根据复杂程度与比例大小,先选定基本线宽 b,再选用表 1-4 中相应的线宽组。

表 1-4 线宽组(mm)

线宽比	线 宽 组			
b	1.4	1.0	0.7	0.5
$0.7b$	1.0	0.7	0.5	0.35

（续）

线宽比		线　宽　组		
0.5b	0.7	0.5	0.35	0.25
0.25b	0.35	0.25	0.18	0.13

注：1. 需要缩微的图纸，不宜采用 0.18 及更细的线宽。

　　2. 同一张图纸内，各不同线宽中的细线，可统一采用较细的线宽组的细线。

（3）工程建设制图应选用表 1-5 所示的图线。

表 1-5　图线

名　称		线　型	线宽	一般用途
实线	粗	——————	b	主要可见轮廓线
	中粗	——————	0.7b	可见轮廓线
	中	——————	0.5b	可见轮廓线、尺寸线、变更云线
	细	——————	0.25b	图例填充线、家具线
虚线	粗	– – – – –	b	见各有关专业制图标准
	中粗	– – – – –	0.7b	不可见轮廓线
	中	– – – – –	0.5b	不可见轮廓线、图例线
	细	– – – – –	0.25b	图例填充线、家具线
单点长画线	粗	—·—·—	b	见各有关专业制图标准
	中	—·—·—	0.5b	见各有关专业制图标准
	细	—·—·—	0.25b	中心线、对称线、轴线等
双点长画线	粗	—··—··—	b	见各有关专业制图标准
	中	—··—··—	0.5b	见各有关专业制图标准
	细	—··—··—	0.25b	假想轮廓线、成型前原始轮廓线
折断线	细	—–/\/–—	0.25b	断开界线
波浪线	细	∿∿∿	0.25b	断开界线

（4）图纸的图框和标题栏线，可采用表 1-6 的线宽。

表 1-6　图框线、标题栏线的宽度（mm）

幅画代号	图框线	标题栏外框线	标题栏分格线
A0、A1	b	0.5b	0.25b
A2、A3、A4	b	0.7b	0.35b

绘制图线应注意以下几点：

①同一张图纸内，相同比例的各图样，应选用相同的线宽组。

②相互平行的图例线，其净间隙或线中间隙不宜小于0.2mm。

③虚线、单点长画线或双点长画线的线段长度和间隔，宜各自相等。

④单点长画线或双点长画线，当在较小图形中绘制有困难时，可用实线代替。

⑤单点长画线或双点长画线的两端，不应是点。点画线与点画线交接点或点画线与其他图线交接时，应是线段交接。

⑥虚线与虚线交接或虚线与其他图线交接时，应是线段交接。虚线为实线的延长线时，不得与实线相接。

⑦图线不得与文字、数字或符号重叠、混淆，不可避免时，应首先保证文字的清晰。

（5）工程建设中不同的专业和工种，线型及线宽代表着不同的意义。为了方便大家更好地了解图线的表示意义。以下摘录了国标中有关总图、建筑、结构、给水排水、采暖通风等各专业图样中实线和虚线的具体用途（表1-7），供参考。

表1-7　图线的用途

线型	各专业中的用途				
	总图	建筑	结构	给排水	暖通空调
粗实线	新建建筑物±0.0000高度的可见轮廓线；新建的铁路、管线	1）平、剖面图中被剖切的主要建筑构造（包括构配件）的轮廓线； 2）建筑立面图的处轮廓线； 3）建筑构造详图中被剖切的主要部分的轮廓线； 4）建筑构配件详图中的外轮廓线； 5）平、立、剖面图的剖切符号	螺栓、主钢筋线，结构平面图中的单线结构构件线、钢木支撑体系杆线，图名下横线、剖切线	新设计的各种排水和基他重力流管线	单线表示的管道

（续）

线型	各专业中的用途				
	总图	建筑	结构	给排水	暖通空调
中 实 线	1）新建构筑物、道路、桥涵、边坡、围墙、露天堆场、运输设施的可见轮廓线； 2）场地、区域分界线、用地红线、建筑红线、尺寸起止符号、河道蓝线； 3）新建建筑物±0.000高度以上的可见轮廓线	1）平、剖面图中被剖切的次要建筑构造（包括构配件）的轮廓线； 2）建筑平、立、剖面图中建筑构配件的轮廓线； 3）建筑构造详图及建筑构配件详图中一般轮廓线	结构平面图及详图中剖到或可见的墙身轮廓线、基础轮廓线、钢、木结构轮廓线、箍筋线、板钢筋线	新设计的各种给水和其他压力流管线；原有的各种排水和其他重力流管线（0.75b） 给水排水设备、零（附）件的可见轮廓线；总图中新建的建筑物和构筑物的可见轮廓线；原有的各种给水和其他压力流管线（0.5b）	本专业设备轮郭，双线表示的管道轮廓
细	1）新建道路路肩，人行道、排水沟、树丛、草地、苍坛的可见轮廓线； 2）原有（包括保留和拟拆除的）建筑物、构筑物、铁路、道路、桥涵、围墙的可见轮廓线； 3）坐标网线、图例线、尺寸线、尺寸界限、引出线、索引符号等	小于中线宽度的图形线、尺寸线、尺寸界线、图例线、索相符号、标高符号、详图材料做法引出线	可见的钢筋混凝土构件的轮廓线，尺寸线，标注引出线，标高符号，引符号	建筑的可见轮廓线；总图中原有的建筑物和构筑物的可见轮廓线；制图中的各种标注线	建筑物轮廓，尺寸、标高、角度等标注线及引出线，非本专业设备轮廓

（续）

线型		各专业中的用途			
	总图	建筑	结构	给排水	暖通空调
粗	新建建筑物、构筑物的不可见轮廓线		不可见的钢筋、螺栓线,结构平面布置图中不可见的单线结构构件线及钢木支撑线	新设计的各种给排水和基重力流管线的不可见轮廓线	回水管线
虚 中 线	1)计划扩建建筑物、构筑物、预留地、铁路、道路,桥涵、围墙、运输设施、管线的轮廓线; 2)洪水淹没线	1)建筑构造及建筑构配件不可见的轮廓线; 2)平面图中的起重机(吊车)轮廓线; 3)拟扩建的建筑物轮廓线	结构平面图中的不可见构件、墙身轮廓线及钢木构件轮廓线	新设计的各种给水和其他压力流管线及原有的各种排水和其他重力流管线的不可见轮廓线(0.75b) 给水排水设备、零(附)件的不可见轮廓线;总图中新建的建筑物和构筑物的不可见轮廓线;原有的各种给水和其他压力流管线的不可见轮廓线(0.5b)	本专业设备及被遮挡的轮廓线
细	原有建筑物、构筑物、铁路、道路、桥涵、围墙的不可见轮廓线	图例线,小于中线宽度的不可见轮廓线	基础平面图中的管沟轮廓线、不可见的钢筋混凝土构件轮廓线	建筑的不可见轮廓线;总图中原有的建筑物和构筑物的不可见轮廓线	地下管沟、改造前风管的轮廓线;示意性连线

注:线宽用"b"表式,粗:中:细=1:05:0.25(给水排水中线,又分0.75b、0.5b两种)。

四、字体

图纸上所需书写的文字、数字或符号等,均应笔画清晰、字体端正、排列整齐;标点符号应清楚正确。

文字的字高,应从表1-8中选用。字高大于10mm的文字宜采用TRUE-TYPE字体,如需书写更大的字,其高度应按$\sqrt{2}$的倍数递增。

表 1-8　文字的字高(mm)

字体种类	中文矢量字体	TRUETYPE 字体及非中文矢量字体
字高	3.5、5、7、10、14、20	3、4、6、8、14、20

图样及说明中的汉字,宜采用长仿宋体(矢量字体)或黑体,同一图纸字体种类不应超过两种。长仿宋体的宽度与高度的关系应符合表 1-9 的规定,黑体字的宽度与高度应相同。大标题、图册封面、地形图等的汉字,也可书写成其他字体,但应易于辨认。

表 1-9　长仿宋字高宽关系(mm)

字高	20	14	10	7	5	3.5
字宽	14	10	7	5	3.5	2.5

五、比例

图样的比例,应为图形与实物相对应的线性尺寸之比。

比例的符号为"：",比例应以阿拉伯数字表示。

比例宜注写在图名的右侧,字的基准线应取平;比例的字高宜比图名的字高小一号或二号(图 1-19)。

平面图　1：100　　⑥　1：20

图 1-19　比例的注写

绘图所用的比例应根据图样的用途与被绘对象的复杂程度,从表 1-10 中选用,并应优先采用表中常用比例。

表 1-10　绘图所用的比例

常用比例	1：1、1：2、1：5、1：10、1：20、1：30、1：50、1：100、1：150、1：200、 1：500、1：1000、1：2000、
可用比例	1：3、1：4、1：6、1：15、1：25、1：40、1：60、1：80、1：250、1：300、1：400、 1：600、1：5000、1：10000、1：20000、1：50000、1：100000、1：200000

一般情况下,一个图样应选用一种比例。根据专业制图需要,同一图样可选用两种比例。

特殊情况下也可自选比例,这时除应注出绘图比例外,还必须在适当位置绘制出相应的比例尺。

六、符号

1. 剖切符号

(1)剖视的剖切符号应由剖切位置线及剖视方向线组成,均应以粗实线绘制。剖视的剖切符号应符合下列规定:

1)剖切位置线的长度宜为 6～10mm;剖视方向线应垂直于剖切位置线,长度应短于剖切位置线,宜为 4～6mm(图 1-20),也可采用国际统一和常用的剖视方法,如图 1-21。绘制时,剖视剖切符号不应与其他图线相接触。

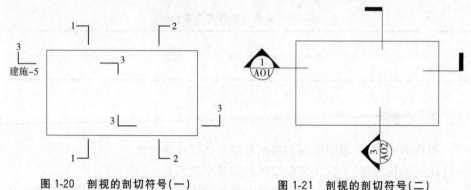

图 1-20　剖视的剖切符号(一)　　　图 1-21　剖视的剖切符号(二)

2)剖视剖切符号的编号宜采用粗阿拉伯数字,按剖切顺序由左至右、由下向上连续编排,并应注写在剖视方向线的端部。

3)需要转折的剖切位置线,应在转角的外侧加注与该符号相同的编号。

4)建(构)筑物剖面图的剖切符号应注在±0.000 标高的平面图或首层平面图上。

5)局部剖面图(不含首层)的剖切符号应注在包含剖切部位的最下面一层的平面图上。

(2)断面的剖切符号应符合下列规定:

1)断面的剖切符号应只用剖切位置线表示,并应以粗实线绘制,长度宜为 6～10mm。

2)断面剖切符号的编号宜采用阿拉伯数字,按顺序连续编排,并应注写在剖切位置线的一侧;编号所在的一侧应为该断面的剖视方向(图 1-22)。

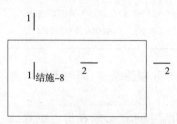

图 1-22　断面的剖切符号

(3)剖面图或断面图,如与被剖切图样不在同一张图内,应在剖切位置线的另一侧注明其所在图纸的编号,也可以在图上集中说明。

2. 索引符号与详图符号

(1)图样中的某一局部或构件,如需另见详图,应以索引符号索引,如图1-23(a)。索引符号是由直径为 8~10mm 的圆和水平直径组成,圆及水平直径应以细实线绘制。索引符号应按下列规定编写:

1)索引出的详图,如与被索引的详图同在一张图纸内,应在索引符号的上半圆中用阿拉伯数字注明该详图的编号,并在下半圆中间画一段水平细实线,如图 1-23(b)。

2)索引出的详图,如与被索引的详图不在同一张图纸内,应在索引符号的上半圆中用阿拉伯数字注明该详图的编号,在索引符号的下半圆用阿拉伯数字注明该详图所在图纸的编号,如图 1-23(c)。数字较多时,可加文字标注。

3)索引出的详图,如采用标准图,应在索引符号水平直径的延长线上加注该标准图册的编号,如图 1-23(d)。需要标注比例时,文字在索引符号右侧或延长线下方,与符号下对齐。

(2)索引符号如用于索引剖视详图,应在被剖切的部位绘制剖切位置线,并以引出线引出索引符号,引出线所在的一侧应为剖视方向。如图 1-24。

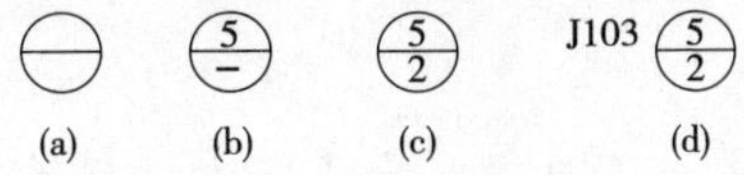

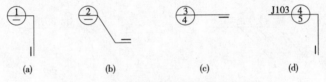

图 1-23 索引符号

图 1-24 用于索引剖面详图的索引符号

(3)零件、钢筋、杆件、设备等的编号直径宜以 5~6mm 的细实线圆表示,同一图样应保持一致,其编号应用阿拉伯数字按顺序编写(图 1-25)。消火栓、配电箱、管井等的索引符号,直径宜以 4~6mm 为宜。

(4)详图的位置和编号,应以详图符号表示。详图符号的圆应以直径为14mm 粗实线绘制。详图应按下列规定编号:

1)详图与被索引的图样同在一张图纸内时,应在详图符号内用阿拉伯数字注明详图的编号(图 1-26)。

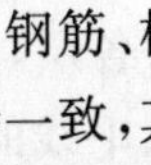

⑤

图 1-25 零件、钢筋等
的编号

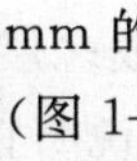

⑤

图 1-26 与被索引图样同在一张
图纸内的详图符号

图 1-27　与被索引图样不在
同一张图纸内的详图符号

2)详图与被索引的图样不在同一张图纸内时，应用细实线在详图符号内画一水平直径，在上半圆中注明详图编号，在下半圆中注明被索引的图纸的编号(图 1-27)。

3. 引出线

(1)引出线应以细实线绘制，宜采用水平方向的直线、与水平方向成 30°、45°、60°、90°的直线，或经上述角度再折为水平线。文字说明宜注写在水平线的上方，如图 1-28(a)，也可注写在水平线的端部，如图 1-28(b)。索引详图的引出线，应与水平直径线相连接，如图 1-28(c)。

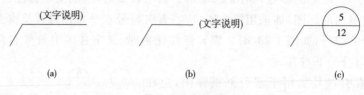

图 1-28　引出线

(2)同时引出的几个相同部分的引出线，宜互相平行，如图 1-29(a)，也可画成集中于一点的放射线，如图 1-29(b)。

图 1-29　共同引出线

(3)多层构造或多层管道共用引出线，应通过被引出的各层，并用圆点示意对应各层次。文字说明宜注写在水平线的上方，或注写在水平线的端部，说明的顺序应由上至下，并应与被说明的层次对应一致；如层次为横向排序，则由上至下的说明顺序应与由左至右的层次对应一致(图 1-30)。

4. 其他符号

(1)对称符号由对称线和两端的两对平行线组成。对称线用细单点长画线绘制；平行线用细实线绘制，其长度宜为 6～10mm，每对的间距宜为 2～3mm；对称线垂直平分于两对平行线，两端超出平行线宜为 2～3mm(图 1-31)。

(2)连接符号应以折断线表示需连接的部位。两部位相距过远时，折断线两端靠图样一侧应标注大写拉丁字母表示连接编号。两个被连接的图样应用相同的字母编号(图 1-32)。

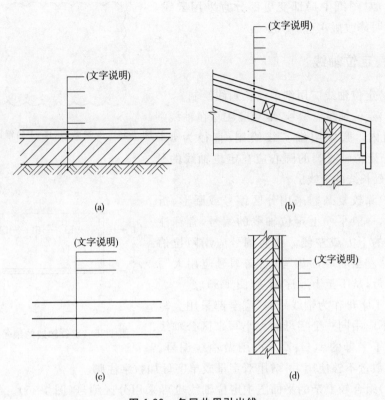

图 1-30　多层共用引出线

　　(3)指北针的形状符合图 1-33 的规定,其圆的直径宜为 24mm,用细实线绘制;指针尾部的宽度宜为 3mm,指针头部应注"北"或"N"字。需用较大直径绘制指北针时,指针尾部的宽度宜为直径的 1/8。

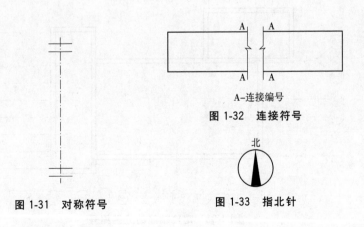

A–连接编号

图 1-32　连接符号

图 1-31　对称符号

图 1-33　指北针

(4)对图纸中局部变更部分宜采用云线，并宜注明修改版次(图1-34)。

七、定位轴线

(1)定位轴线应用细单点长画线绘制。

(2)定位轴线应编号，编号应注写在轴线端部的圆内。圆应用细实线绘制，直径为8～10mm。定位轴线圆的圆心应在定位轴线的延长线或延长线的折线上。

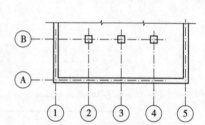

图1-34　变更云线(注：1为修改次数)

(3)除较复杂需采用分区编号或圆形、折线形外，一般平面上定位轴线的编号，宜标注在图样的下方或左侧。横向编号应用阿拉伯数字，从左至右顺序编写；竖向编号应用大写拉丁字母，从下至上顺序编写(图1-35)。

拉丁字母作为轴线号时，应全部采用大写字母，不应用同一个字母的大小写来区分轴线号。拉丁字母的 I、O、Z 不得用做轴线编号。

图1-35　定位轴线的编号顺序

当字母数量不够使用，可增用双字母或单字母加数字注脚。

(4)组合较复杂的平面图中定位轴线也可采用分区编号(图1-36)。编号的注写形式应为"分区号—该分区编号"。"分区号—该分区编号"采用阿拉伯数字或大写拉丁字母表示。

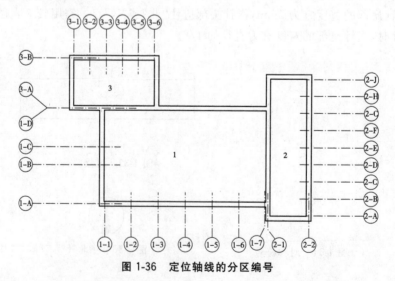

图1-36　定位轴线的分区编号

（5）附加定位轴线的编号,应以分数形式表示,并应符合下列规定:

1）两根轴线的附加轴线,应以分母表示前一轴线的编号,分子表示附加轴线的编号。编号宜用阿拉伯数字顺序编写;

2）号轴线或 A 号轴线之前的附加轴线的分母应以 01 或 0A 表示。

（6）一个详图适用于几根轴线时,应同时注明各有关轴线的编号(图 1-37）。

（7）通用详图中的定位轴线,应只画圆,不注写轴线编号。

（8）圆形与弧形平面图中的定位轴线,其径向轴线应以角度进行定位,其编号宜用阿拉伯数字表示,从左下角或－90°(若径向轴线很密,角度间隔很小)开始,按逆时针顺序编写;其环向轴线宜用大写拉丁字母表示,从外向内顺序编写(图 1-38、图 1-39）。

（9）折线形平面图中定位轴线的编号可按图 1-40 的形式编写。

图 1-37　详图的轴线编号　　　　图1-38　圆形平面定位轴线的编号

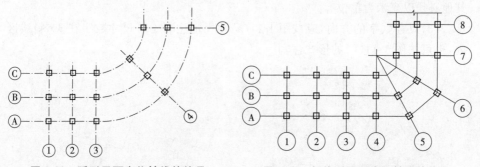

图 1-39　弧形平面定位轴线的编号　　图 1-40　折线形平面定位轴线的编号

八、尺寸标注

1. 尺寸界线、尺寸线及尺寸起止符号

（1）图样上的尺寸,包括尺寸界线、尺寸线、尺寸起止符号和尺寸数字(图 1-41）。

（2）尺寸界线应用细实线绘制，一般应与被注长度垂直，其一端应离开图样轮廓线不应小于 2mm，另一端宜超出尺寸线 2~3mm。图样轮廓线可用作尺寸界线（图 1-42）。

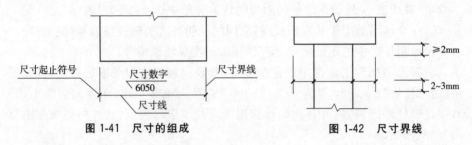

图 1-41　尺寸的组成　　　　　　　　　图 1-42　尺寸界线

（3）尺寸线应用细实线绘制，应与被注长度平行。图样本身的任何图线均不得用作尺寸线。

图 1-43　箭头尺寸
起止符号

（4）尺寸起止符号一般用中粗斜短线绘制，其倾斜方向应与尺寸界线成顺时针 45°角，长度宜为 2~3mm。半径、直径、角度与弧长的尺寸起止符号，宜用箭头表示（图 1-43）。

2. 尺寸数字

（1）图样上的尺寸，应以尺寸数字为准，不得从图上直接量取。

（2）图样上的尺寸单位，除标高及总平面以米为单位外，其他必须以毫米为单位。

（3）尺寸数字的方向，应按图 1-44（a）的规定注写。若尺寸数字在 30°斜线区内，也可按图 1-44（b）的形式注写。

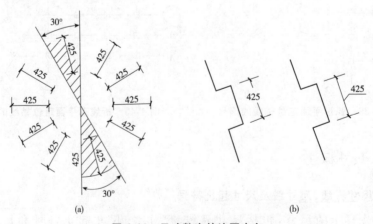

图 1-44　尺寸数字的注写方向

(4)尺寸数字一般应依据其方向注写在靠近尺寸线的上方中部。如没有足够的注写位置,最外边的尺寸数字可注写在尺寸界线的外侧,中间相邻的尺寸数字可上下错开注写,引出线端部用圆点表示标注尺寸的位置。(图1-45)。

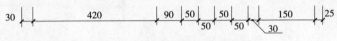

图1-45　尺寸数字的注写位置

3. 尺寸的排列与布置

(1)尺寸宜标注在图样轮廓以外,不宜与图线、文字及符号等相交(图1-46)。

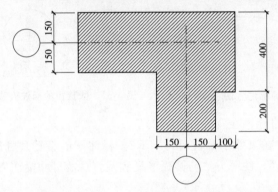

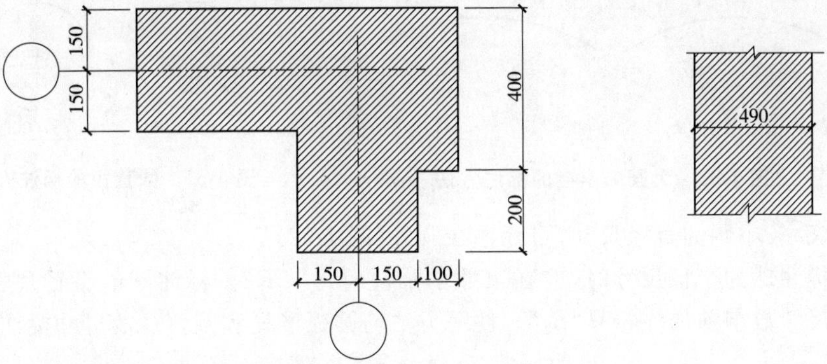

图1-46　尺寸数字的注写

(2)互相平行的尺寸线,应从被注写的图样轮廓线由近向远整齐排列,较小尺寸应离轮廓线较近,较大尺寸应离轮廓线较远(图1-47)。

(3)图样轮廓线以外的尺寸界线,距图样最外轮廓之间的距离,不宜小于10mm。平行排列的尺寸线的间距,宜为 7~10mm,并应保持一致。

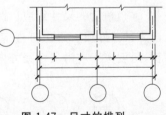

图1-47　尺寸的排列

(4)总尺寸的尺寸界线应靠近所指部位,中间的分尺寸的尺寸界线可稍短,但其长度应相等。

4. 半径、直径、球的尺寸标注

(1)半径的尺寸线应一端从圆心开始,另一端画箭头指向圆弧。半径数字前应加注半径符号"R"(图1-48)。

(2)较小圆弧的半径,可按图1-49形式标注。

(3)较大圆弧的半径,可按图1-50形式标注。

图1-48　半径标注方法

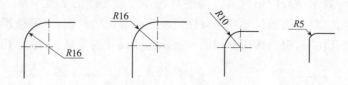

图 1-49　小圆弧半径的标注方法

(4)标注圆的直径尺寸时,直径数字前应加直径符号"ϕ"。在圆内标注的尺寸线应通过圆心,两端画箭头指至圆弧(图 1-51)。

图 1-50　大圆弧半径的标注方法　　　图 1-51　圆直径的标注方法

(5)较小圆的直径尺寸,可标注在圆外(图 1-52)。

标注球的半径尺寸时,应在尺寸前加注符号"SR"。标注球的直径尺寸时,应在尺寸数字前加注符号"$S\phi$"。注写方法与圆弧半径和圆直径的尺寸标注方法相同。

5. 角度、弧度、弧长的标注

(1)角度的尺寸线应以圆弧表示。该圆弧的圆心应是该角的顶点,角的两条边为尺寸界线。起止符号应以箭头表示,如没有足够位置画箭头,可用圆点代替,角度数字应沿尺寸线方向注写(图 1-53)。

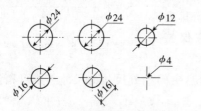

图 1-52　小圆直径的标注方法

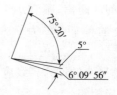

图 1-53　角度标注方法

(2)标注圆弧的弧长时,尺寸线应以与该圆弧同心的圆弧线表示,尺寸界线应指向圆心,起止符号用箭头表示,弧长数字上方应加注圆弧符号"⌒"(图 1-54)。

(3)标注圆弧的弦长时,尺寸线应以平行于该弦的直线表示,尺寸界线应垂直于该弦,起止符号用中粗斜短线表示(图 1-55)。

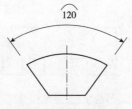

图 1-54　弧长标注方法

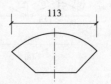

图 1-55　弦长标注方法

6. 薄板厚度、正方形、坡度、非圆曲线等尺寸标注

（1）在薄板板面标注板厚尺寸时，应在厚度数字前加厚度符号"t"（图 1-56）。

（2）标注正方形的尺寸，可用"边长×边长"的形式，也可在边长数字前加正方形符号"□"（图 1-57）。

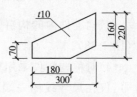

图 1-56　薄板厚度标注方法

（3）标注坡度时，应加注坡度符号"←"，如图 1-58（a）、（b），该符号为单面箭头，箭头应指向下坡方向。坡度也可用直角三角形形式标注，如图 1-58（c）。

图 1-57　标注正方形尺寸

图 1-58　坡度标注方法

（4）外形为非圆曲线的构件，可用坐标形式标注尺寸（图 1-59）。

（5）复杂的图形，可用网格形式标注尺寸（图 1-60）。

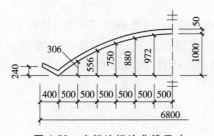

图 1-59　坐标法标注曲线尺寸

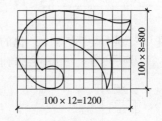

图 1-60　网格法标注曲线尺寸

7. 尺寸的简化标注

（1）杆件或管线的长度，在单线图（桁架简图、钢筋简图、管线简图）上，可直接将尺寸数字沿杆件或管线的一侧注写（图 1-61）。

（2）连续排列的等长尺寸，可用"等长尺寸×个数＝总长"的形式标注（图 1-62）。

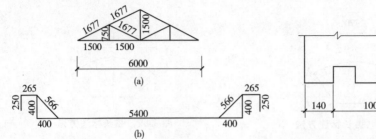

图 1-61　单线图尺寸标注方法　　　　图 1-62　等长尺寸简化标注方法

（3）构配件内的构造因素（如孔、槽等）如相同，可仅标注其中一个要素的尺寸（图 1-63）。

（4）对称构配件采用对称省略画法时，该对称构配件的尺寸线应略超过对称符号，仅在尺寸线的一端画尺寸起止符号，尺寸数字应按整体全尺寸注写，其注写位置宜与对称符号对齐（图 1-64）。

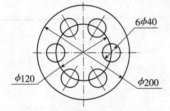

图 1-63　相同要素尺寸标注方法

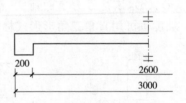

图 1-64　对称构件尺寸标注方法

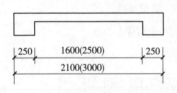

图 1-65　相似构件尺寸
标注方法

（5）两个构配件，如个别尺寸数字不同，可在同一图样中将其中一个构配件的不同尺寸数字注写在括号内，该构配件的名称也应注写在相应的括号内（图 1-65）。

（6）数个构配件，如仅某些尺寸不同，这些有变化的尺寸数字，可用拉丁字母注写在同一图样中，另列表格写明其具体尺寸（图 1-66）。

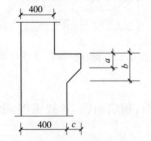

构件编号	a	b	c
Z-1	200	200	200
Z-2	250	450	200
Z-3	200	450	250

图 1-66　相似构配件尺寸表格式标注方法

第三节　剖面图与断面图

一、剖面图与断面图概述

当一个建筑物或建筑构件的内部比较复杂时,如果仍采用正投影的方法,用实线表示可见轮廓,虚线表示不可见轮廓线,则在投影图上会产生大量的虚线,给手工制图带来一定的困难;不仅如此,如果虚线、实线相互交叉或重叠,更显得图形混淆不清,给读图带来很大的困难。

表达建筑形体内部结构时,之所以产生虚线,是因为在观察方向上建筑形体前面部分的遮挡,如果将产生遮挡的这部分建筑形体去除,而后再进行投影,就不会产生这么多虚线,这样便产生了剖面图与断面图。

二、剖面图

1. 剖面图的画法

确定剖切平面的位置和数量,画剖面图时,应选择适当的剖切平面位置,使剖切后画出的图形能确切、全面地反映所要表达部分的真实形状。选择的剖切平面应平行于投影面,并且通过形体的对称面或孔的轴线。一个形体,有时需画几个剖面图,但应根据形体的复杂程度而定。

(1)断面轮廓线应用粗实线绘制,并在断面上画出材料图例,材料未知时,可用通用的剖面线表示,通过剖面线即等间距、同方向的细实线,并与水平方向或剖面图的主要轮廓线、断面的对称线成45°角;

(2)非断面部分的轮廓线,用中实线画出。

2. 常用剖面图的种类

根据建筑形体的不同特点和要求,在建筑工程图中常采用的剖面图有以下几种形式。

(1)全剖面

假想用一个剖切平面将建筑形体全部剖开后得到的剖面图,即称为全剖面。这种形式的剖面图在建筑工程图中应用很多,比如建筑平面图一般都是全剖面。图1-67为一个房屋的全剖面示意图。

(2)阶梯剖面

作剖面图的目的是要表达清楚建筑形体的内部结构,所以,在建筑形体上需要表达清楚的一些部位都应该被剖切平面剖到,但在有些情况下,用一个剖切平面不能将所有需要表达的部位都切到,为了使图形数量最少,可以用两个(或两

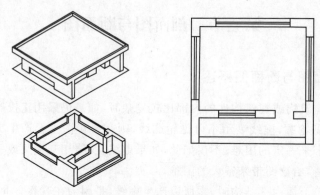

图 1-67　全剖面示意图

个以上)相互平行的剖切平面,将形体沿着需要表达的部位剖开,然后画出剖面图,此种图样称为阶梯剖面,如图 1-68 所示。因为阶梯剖面图也是假想将建筑形体用剖切平面剖开,而并非真正地剖开,所以,在阶梯剖面图中,两个剖切平面之间不划分界线,就好像是用一个剖切平面剖开的一样。

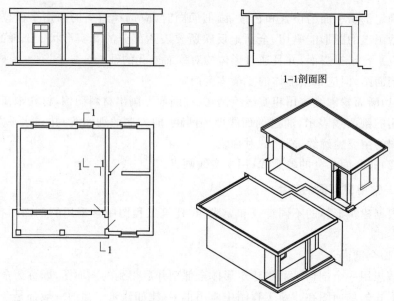

1-1剖面图

图 1-68　阶梯剖面示意图

(3)局部剖面

当建筑形体内部结构比较简单且均匀一致时,可以保留原投影图的大部分,以表达建筑形体的外形,而只将局部地方画成剖面图,表达内部结构,这种剖面图,称为局部剖面图。局部剖面图可在一个图形上既表达外形,又表达内部结构,减少图纸数量。"国标"规定,画局部剖面图时,投影图与局部剖面之间,用徒手画的波浪线分界。局部剖面图经常用来表达钢筋混凝土基础。图 1-69 即为一个独立基础的两个剖面图,其 V 投影是一个全剖面图,H 投影为一个局部剖面图。

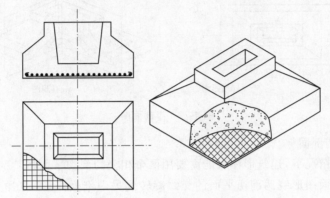

图 1-69　局部剖面示意图

(4)分层局部剖面

当表达房屋的墙面、楼地面、屋面、路面等多层构造时,通常将材料不同的各层依次剖开一个局部,作出其剖面图,称为分层局部剖面图,它既可表达构件的外形,又可表达构件各层所用的材料及各层之间的位置关系。各层之间以徒手绘的波浪线分界。图 1-70 为屋面的分层局部剖面图。

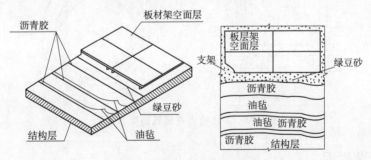

图 1-70　屋面分层局部剖面图

(5)半剖面

当形体具有对称平面且外形又比较复杂时,可以对称面分界,一半画外形的正投影图,另一半画成剖面图,这样就可用一个图形同时表达形体的外形和内部构造,这种图形习惯上称为半剖面图。如图 1-71 画半剖面图时,剖面图和投影图之间,按规定要用对称符号作为分界线。习惯上,将剖面图画在图形右侧或下侧。

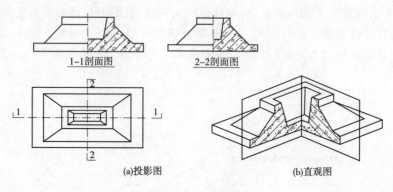

1-1剖面图　　　　　2-2剖面图

(a)投影图　　　　　　　(b)直观图

图 1-71　半剖面图

（6）旋转剖面

在有的情况下,建筑形体可能需要用两个相交的剖切平面将其剖开,然后使其中一个剖面图形绕两剖切平面的交线旋转到另一剖面图形所在的平面上,而后再一起向所平行的基本投影面投影,所得的投影称为旋转剖面。"国标"规定,旋转剖面图图名后应加注"展开"两字。旋转剖面在建筑工程图中应用较少,经常用来表达一些回转型的构筑物,如图 1-72 为一污水检查井的旋转剖面示意图。

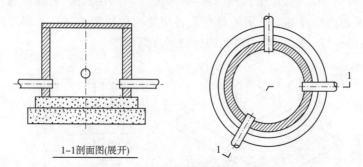

1-1剖面图(展开)

图 1-72　污水检查井旋转剖面示意图

三、断面图

1. 断面图的画法

断面图的画法有以下两点:

（1）断面轮廓线画粗实线;

（2）断面内画材料图例。

2. 断面图与剖面图的区别

断面图与剖面图的区别有以下三点。

（1）表达范围不同。断面图是形体被剖开后断面的投影，是面的投影，而剖面图是形体被剖开，移走遮挡视线的部分形体后，剩余部分形体的投影，是体的投影。应该说，同一剖切位置上同一投影方向的剖面图一定包含着其断面图。

（2）剖切符号的标注不同。这是根据剖切符号确定是画剖面图还是画断面图的关键，剖切符号中如果有投影方向线，表示要画剖面图，如果没有投影方向线，表示要画断面图。

（3）一个剖面图可以用两个或多个剖切平面来剖切（如阶梯剖面、旋转剖面），而一个断面图只能用一个剖切平面来剖切。换句话说，即断面图中的剖切平面不可转折。

剖面图和断面图的区别可以图1-73所示图形来说明。

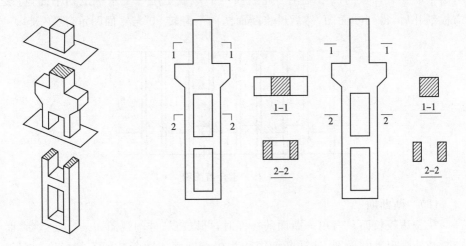

图 1-73　断面图与剖面图的区别

3. 常用断面的种类

（1）移出断面图

当一个形体构造比较复杂，需要有多个断面图时，通常将断面图画在视图轮廓线之外，排列整齐，这样的断面图称为移出断面图。移出断面图是表达建筑构件时经常采用的一种图样，比如结构施工图中的基础详图、配筋图中的断面图等都属于移出断面图。图1-74所示为一个梁的移出断面图。

（2）重合断面

在表达一些比较简单的断面形状时，可以将断面图画在原视图之内，比例与原视图一致，这样的断面图称为重合断面。这样的断面图可以不加任何说明，只是将断面轮廓线画得比原视图轮廓线粗，并在断面轮廓线之内沿着轮廓线的边缘画45°细斜线。

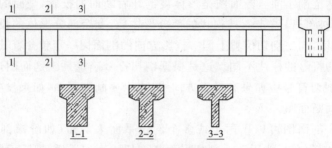

图 1-74　移出断面图

重合断面图经常用来表示墙壁立面的装饰,如图 1-75 所示,用重合断面表示出了墙壁装饰板的凹凸变化。此断面图的形成是用一个水平剖切平面,将装饰板剖开后,得到断面图,然后再将断面图向下翻转 90°与立面图重合在一起。

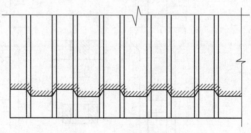

图 1-75　重合断面图

(3)中断断面

在表达较长而只有单一断面的杆件时,可以将杆件的视图在某一处打断,而在断开处画出其断面图,这种断面图称为中断断面。中断断面不需标注剖切符号,也不需任何说明。中断断面经常用在钢结构图中来表示型钢的断面形状。如图 1-76 所示。

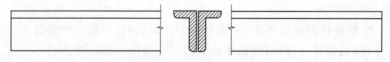

图 1-76　中断断面图

第二章 建筑投影基本知识

第一节 投 影 概 述

建筑工程的所有施工图,都是用投影法(还有图示规定)绘制的。识读建筑工程图,先应学习投影理论,具备必要的投影知识,这是识图的基础。

一、投影的形成

在日常生活中,我们可以观察到物体在光源的照射下在墙面或地面会出现影子,随着光线的形式和方向的改变,影子的形状和大小也会改变,这就是一种投影现象,如图 2-1 和图 2-2 所示。投影的方法就是将这一自然现象抽象出来,假定光线可以穿透物体而反映该物体的全部轮廓。在工程图学中,一束光线沿一定方向透过物体而在平面上产生的图像,称为投影。我们称光源 S 为投射中心,地面或墙面为投影面 P,连接投射中心与物体上的点的直线称为投射线(投射方向),通过物体上某点的投射线与投影面 P 相交,所得交点就是该点在平面 P 上的投影,如图 2-3 所示。这种使物体在平面上产生影像的方法,称为投影法。投影法是在平面上表示空间形体的基本方法,是绘制工程图样的基础。

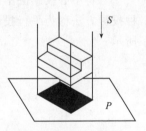

图 2-1 平行光线下
物体的影子图

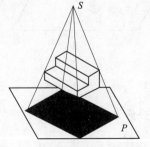

图 2-2 点光源下物体的影子图

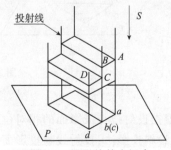

图 2-3 投影的基本概念

产生投影必须具备下面 3 个条件:投射线、投影面、形体(或几何元素)三者缺一不可,称为投影三要素。

二、投影的分类

常用的投影法分为两大类:中心投影法和平行投影法。

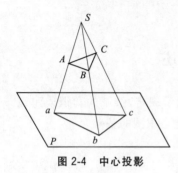

图 2-4　中心投影

1. 中心投影法

投射中心在有限范围内,发出放射状的投射线,用这些投射线作出的投影,如图 2-4 所示。当光源为一点 S(称为投射中心)时,投射线都从投射中心出发,通过物体的一系列投射线与投影面相交所得到的图像,就是物体在投影面上的中心投影,这种方法称为中心投影法。

由于投射线是从投射中心 S 发出的,所得中心投影不能反映物体的真实大小。但由于它较符合人眼的成像原理;图面效果逼真,因此在建筑、环境、产品效果图方面应用广泛。

2. 平行投影法

若将中心投影法中的投射中心移到无穷远处,则投射线可视为相互平行,这种投影方法称为平行投影法。按平行投影法作出的投影称为平行投影,如图 2-5 所示。

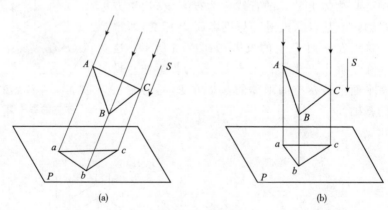

(a)　　　　　　　　　　　　　　(b)

图 2-5　平行投影

(a)斜投影;(b)正投影图

根据投射线与投影面的相对位置关系,平行投影法分为两种。

(1)斜投影法:投射线与投影面倾斜,如图 2-5(a)。

(2)正投影法:投射线与投影面垂直,如图 2-5(b)。

正投影法能够在投影面上较"真实"地表达空间物体的形状和大小,且作图简便,度量性好,在工程上得到了广泛的采用。工程图样主要是用正投影法绘制的。因此,正投影法原理是工程制图的理论基础,也是我们学习中必须掌握的重点。

三、投影图的分类

在工程实践中,对投影图的要求是:必须能唯一地确定物体的形状和空间几何关系;绘制的图形便于阅读;绘图的方法简便。因此,工程上常用的投影图主要是:多面正投影图,轴测投影图,标高投影图和透视投影图。

1. 多面正投影图

用正投影法把物体投射到两个或两个以上相互垂直的投影面进行投影,再按一定规律把这些投影面展开成一个平面,所得到的图样称为正投影图,如图 2-6 所示。根据正投影图能准确地反映物体的形状和大小,作图简便,度量性好。因此在工程上得到广泛应用。其缺点是直观性较差。

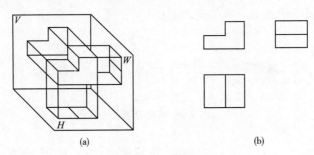

图 2-6 正投影图

(a)立体图;(b)投影图

2. 轴测投影

用平行投影法将物体连同确定该物体的直角坐标系沿某一方向投射到单一投影面上,所得到的图形称为轴测投影图,如图 2-7 所示。轴测投影图直观性较好,但度量性较差,作图较复杂,所以在工程上一般只作为辅助性的图来应用。

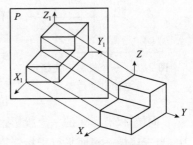

图 2-7　轴测投影图

3. 标高投影图

标高投影图是一种带有数字标记的单面正投影图,它用正投影法把物体投射在水平投影面上,其高度用数字标注,如图 2-8 所示。标高投影图常用来表达地面的形状。作图时用间隔相等的水平面截割地形面,其交线即为等高线。将不同高程的等高线投影在水平投影面上,并标注出各等高线的高程,即为标高投影图。

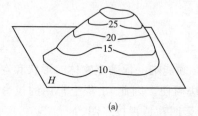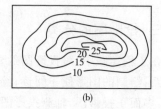

图 2-8 标高投影图

(a)立体图;(b)标高投影

4. 透视投影图

用中心投影法将物体投射到单一投影面上,所得到的图形称为透视投影图,如图 2-9 所示。透视图与人的视觉相符,形象逼真,直观性好,但度量性差,作图复杂,所以主要用于建筑工程的辅助图样。

图 2-9 透视投影图

四、正投影图的形成及特性

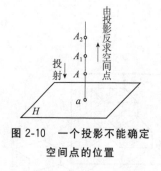

图 2-10 一个投影不能确定
空间点的位置

用正投影法将空间点 A 投射到投影面 H 上,在 H 面上将有唯一的点 a,点 a 即为空间点 A 的 H 面投影。反之,如果已知一点在 H 面上的投影为 a,是否能确定空间点的位置呢?由图 2-10可知,A_1、A_2、…各点都可能是对应的空间点。所以,点的一个投影不能唯一确定空间点的位置。

同样,仅有形体的一个投影也不能确定形体本身的形状和大小。在图 2-11(a)中,当三棱柱一棱面平行于投影面 H 时,其投影为矩形,这个投影是唯一确定的。但投影面 H 上同样的矩形却可以是几种不同形状形体的投影,如图 2-11(a)、(b)、(c)中所示。因此,工程上常采用在两个或三个两两垂直的投影面上作投影的方法来表达形体,以满足可逆性的要求。

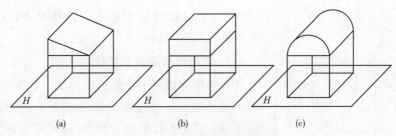

图 2-11 一个投影的不可逆性

1. 两面投影图及其特性

一般形体，至少需要两个投影，才能确切地表达出形体的形状和大小。如图 2-12(a)中设立了两个投影面，水平投影面 H(简称 H 面)和垂直于 H 面的正立投影面 V(简称 V 面)。将四坡顶屋面放置于 H 面之上，V 面之前，使该形体的底面平行于 H 面，长边屋檐平行于 V 面，按正投影法从上向下投影，在 H 面上得到四坡顶屋面的水平投影，它反映出形体的长度和宽度；从前向后投影，在 V 面上得到四坡顶屋面的正面投影，它反映出形体的长度和高度。如果用图 2-12(a)中的 H 和 V 两个投影共同来表示该形体，就能准确完整地反映出该形体的形状和大小，并且是唯一的。

相互垂直的 H 面和 V 面构成了一个两投影面体系。两投影面的交线称为投影轴，用 OX 表示。作出两个投影之后，移出形体，再将两投影面展开，如图 2-12(b)所示。展开时规定 V 面不动，使 H 面连同其上的水平投影以 OX 为轴向下旋转，直至与 V 面在一个平面上，如图 2-12(c)所示。用形体的两个投影组成的投影图称为两面投影图。在绘制投影图时，由于投影面是无限大的，在投影图中不需画出其边界线，如图 2-12(d)所示。

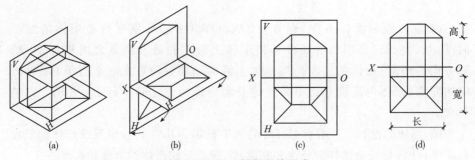

图 2-12 两面投影图的形成

两面投影有如下投影特性。

(1) H 投影反映形体的长度和宽度，V 投影反映形体的长度和高度，如图 2-12(d)所示。两个投影共同反映形体的长、宽、高三个向度。

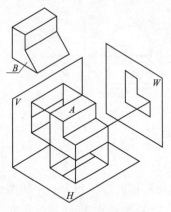

图 2-13　两面投影图的形成

（2）H 投影与 V 投影左右保持对齐，这种投影关系常说成"长对正"。

2. 三面投影图及其特性

有些形体用两个投影还不能唯一确定它的空间形状。如图 2-13 中的形体 A，它的 V、H 投影与形体 B 的 V、H 投影完全相同，这表明形体的 V、H 投影仍不能确定它的形状。

在这种情况下，还需增加一个同时垂直于 H 面和 V 面的侧立投影面，简称侧面或 W 面。形体在侧面上的投影，称为侧面投影或 W 投影。这样形体 A 的 V、H、W 三面投影所确定的形体是唯一的，不可能是 B 或其他形体。

V 面、H 面和 W 面共同组成一个三投影面体系，如图 2-14（a）所示。这三个投影面分别两两相交于投影轴。V 面与 H 面的交线称为 OX 轴；H 面与 W 面的交线称为 OY 轴；V 面与 W 面则相交于 OZ 轴，三条轴线交于一点 O，称为原点。投影面展开时，仍规定 V 面固定不动，使 H 面绕 OX 轴向下旋转，W 面绕 OZ 轴向右旋转，直到与 V 面在同一个平面为止，如图 2-14（b）所示。这时 OY 轴被分为两条，一条随 H 面转到与 OZ 轴在同一竖直线上，标注为 OY_H，另一条随 W 面转到与 OX 轴在同一水平线上，标注为 OY_W。正面投影（V 投影）、水平投影（H 投影）和侧面投影（W 投影）组成的投影图，称为三面投影图，如图 2-14（c）所示。投影面的边框对作图没有作用，所以不必画出，如图 2-14（d）所示。

三面投影有如下投影特性。

（1）在三投影面体系中，通常使 OX、OY、OZ 轴分别平行于形体的三个向度（长、宽、高）。形体的长度是指形体上最左和最右两点之间平行于 OX 轴方向的距离；形体的宽度是指形体上最前和最后两点之间平行于 OY 轴方向的距离；形体的高度是指形体上最高和最低两点之间平行于 OZ 轴方向的距离。

（2）形体的投影图一般有 V、H、W 三个投影。其中 V 投影反映形体的长度和高度；H 投影反映形体的长度和宽度；W 投影反映形体的宽度和高度。

（3）投影面展开后，V 投影与 H 投影左右对正，都反映形体的长度，通常称为"长对正"；V 投影与 W 投影上下平齐，都反映形体的高度，称为"高平齐"；H 投影与 W 投影都反映形体的宽度，称为"宽相等"，如图 2-14（c）所示。这三个重要的关系称为正投影的投影关系，可简化成口诀"长对正、高平齐、宽相等"。作图时,"宽相等"可以利用以原点 O 为圆心所作的圆弧,或利用从原点 O 引出的 45°线,也可以用直尺或分规直接度量来截取。

（4）在投影图上能反映形体的上、下、前、后、左、右等 6 个方向,如图 2-15 所示。

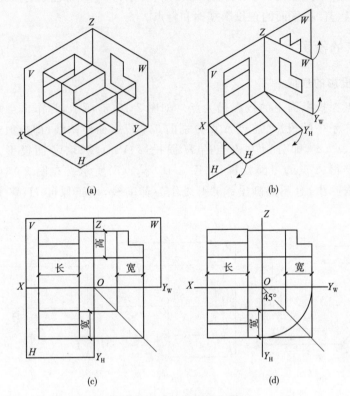

(a)

(b)

(c)

(d)

图 2-14　三面投影图的形成

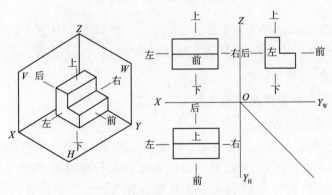

图 2-15　投影图上形体方向的反映

第二节　点、直线、平面的投影

点、直线、平面是构成形体最基本的几何要素,为了正确图示各种形体,我们需要掌握点、直线、平面的正投影规律和特点。

一、点的投影

1. 点投影的形成

空间点在投影面上的投影仍为点。如图 2-16(a)所示,为作出空间点 A 在三面投影体系中的投影,需过 A 点分别向 3 个投影面作垂线(即投射线),交得 3 个垂足 a、a'、a'',即分别为 A 点的 H 面投影、V 面投影、W 面投影。将投影体系展开即得 A 点的三面投影,如图 2-16(b)、(c)所示。在图 2-16(c)中,投影面边框未画出,且不必画出;45°斜线作为辅助线,用于保证 H、W 投影的对应关系。

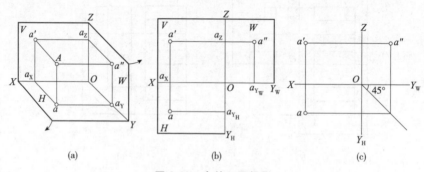

图 2-16　点的三面投影

(a)直观图;(b)投影图;(c)投影图

统一规定:空间点用大写字母 A、B、C 表示;空间点在 H 面上的投影用其相应的小写字母 a、b、c 表示;在 V 面上的投影用字母 a'、b'、c' 表示;在 W 面上的投影用字母 a''、b''、c'' 表示。

2. 点在两面投影体系中的投影

(1)两面投影体系的建立

由于一个投影面无法确定空间点的唯一位置,所以必须建立两面投影体系。

如图 2-17(a)所示,水平放置的投影面称为水平投影面,简称水平面,常以"H"表示;竖直放置的与 H 面垂直的投影面称为正立投影面,简称正面,常以"V"表示;两投影面的交线称为投影轴。

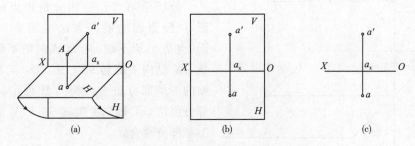

图 2-17　点在两面投影体系中的投影

(a)立体图；(b)投影面展开；(c)投影图

在由 H 面和 V 面构成的两投影面体系中，过空间 A 点分别向 H、V 面作投影得 a 和 a'，即为 A 点的两面投影。平面 $Aa'a$ 与 OX 轴的交点为 a_x。若 V 面不动，将 H 面绕 OX 轴旋转 $90°$ 与 V 面重合（图 2-17(b)）。由于平面是无限延伸的，去掉 V、H 面的边框，即得 A 点的两面投影图（图 2-17(c)）。在该两面投影体系中，由空间点的 H、V 面投影 a 和 a'，即可唯一确定空间点 A 的位置，也就是说，空间点和其投影间建立了一一对应的关系。

（2）点在两面投影体系中的投影规律

1）点的正面投影（a'）和水平投影（a）的连线垂直于 OX 轴（$a'a\perp OX$ 轴）。

证明：因 $Aa'\perp V$ 面（正投影的定义），故 $Aa'\perp OX$ 轴（直线垂直于平面，则直线和平面内的所有直线均垂直）。

同理，因 $Aa\perp H$ 面，故 $Aa\perp OX$ 轴。

OX 轴 $\perp$ 平面 $Aa'a_xa$（若直线垂直于平面内的两相交直线，则直线垂直于平面）。

OX 轴 $\perp a'a_x$（直线垂直于平面，则直线和平面内的所有直线均垂直），OX 轴 $\perp aa_x$。得证。

2）点的正面投影到 OX 轴的距离（$a'a_x$）等于空间点 A 到 H 面的距离（Aa）；点的水平投影到 OX 轴的距离（aa_x）等于空间点 A 到 V 面的距离（Aa'）。由图 2-17(a)，四边形 $Aa'a_xa$ 为矩形，矩形的对边相等。

（3）点在其他分角中的投影

由于平面是无限延伸的，将图 2-17(a)中的 V 面向下延伸，H 面向后延伸，这样，空间将被划分为四个分角（图 2-18），在 V 之前、H 之上的部分称为第一分角；在 V 之后、H 之上的部分称为第二分角；在 V 之后、H 之下的部分称为第三分角；在 V 之前、H 之下的部分称为第四分角。

我国制图标准规定，绘投影图时，一般将物体置于第一分角，点在第一分角中的投影图见图 2-17(c)。

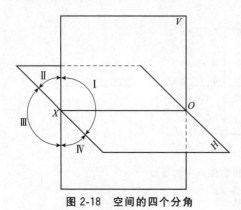

图 2-18　空间的四个分角

分居于第二、三、四分角中点的投影,两投影面的展开方法与图 2-17 相同,也是 V 面不动,将 H 面的前半部分绕 OX 轴向下旋转 90°(图 2-18)至与 V 面的下半部分重合,这样,H 面的后半部分将绕 OX 轴向上旋转 90°与 V 面的上半部分重合。

如图 2-19(a)所示,点 K 位于第二分角,则其 V 面投影 k' 和 H 面投影 k 均在 OX 轴的上方,如图 2-19(b);点 G 位于第三分角,则其 V 面投影 g' 位于 OX 轴的下方,而 H 面投影 g 在 OX 轴的上方;点 J 位于第四分角,则其 V 面投影 j' 和 H 面投影 j 均在 OX 轴的下方。

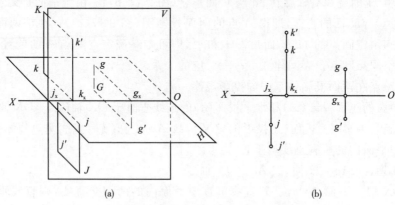

(a)　　　　　　　　　　　　(b)

图 2-19　位于第二、三、四分角中点的投影

(a)立体图;(b)投影图

3. 点在三面投影体系中的投影

(1)三面投影体系的建立

为了能将形体表达得更清楚,需建立三面投影体系。如图 2-20(a)所示,空间 A 点在 H 面、V 面中的投影 a、a' 的求法同两面投影体系,过 A 点向 W 面作垂线,得其与 W 面的交点 a″,即为 A 点在 W 面的投影。将 W 面绕 OZ 轴向后旋转 90°,如图 2-20(b),并去掉平面的边框,得空间 A 点的三面投影,如图 2-20(c)。在这里,OY 轴分别随 H 面、W 面旋转并展开后,所得轴分别称为 OY_H 和 OY_W。在书写投影时,一般规定空间点用大写字母表示,点的 H 面投影用相应的小写字母表示,V 面投影用相应的小写字母加一撇表示,W 面投影用相应的小写字母加两撇表示。

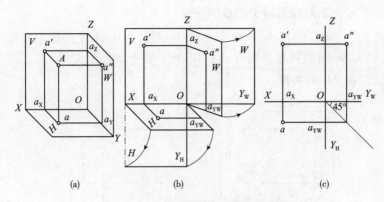

图 2-20　点在三面投影体系中的投影

(a)立体图;(b)投影面展开;(c)投影图

(2)点的三面投影规律

1)点的正面投影和水平投影连线垂直于 OX 轴,即 $aa' \perp OX$;点的正面投影和侧面投影连线垂直于 OZ 轴,即 $a'a'' \perp OZ$。

2)点的正面投影到 OX 轴的距离,反映该点到 H 面的距离;点的水平投影到 OX 轴的距离,反映该点到 V 面的距离,即 $a'a_x = Aa, aa_x = Aa'$。

【**例 2-1**】 如图 2-21(a)所示,已知点 A 的 V 面投影 a' 和 W 面投影 a'',求点 A 的水平投影。

分析:可按点的投影规律来作图,如图 2-21(b)所示。

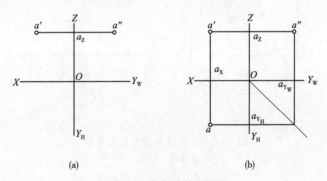

(a) 　　　　　　　　　　(b)

图 2-21　求点的第三投影

(a)已知条件;(b)作图结果

作图:

1)过 a' 作 OX 轴的垂线。

2)过 a'' 作 OY_W 轴的垂线,垂足为 a_{Y_W},与 $45°$ 分角线相交后转折向左引水平线,该水平线与过 a' 所画的铅垂线相交,交点即为 a。

4. 位于投影面或投影轴上的点的投影

如图 2-22 所示,点 M 位于 H 投影面上,则其在 H 面上的投影和其本身重合,其 V 面和 W 面的投影分别在 OX 和 OY_W 轴上。位于 V、W 面上的空间点 F,G 的投影规律依此类推。

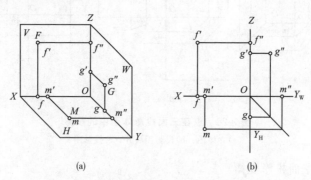

(a)   (b)

图 2-22 位于投影面上点的投影

(a)立体图;(b)投影图

如图 2-23 所示,点 B 位于 OZ 轴上,则其投影 b'' 及 b' 均在 OZ 轴上,水平投影 b 与坐标原点重合。位于 OX、OY 轴上的 A、C 点的三面投影规律依此类推。

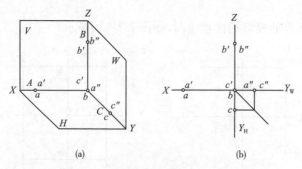

(a)   (b)

图 2-23 位于投影轴上点的投影

(a)立体图;(b)投影图

二、直线的投影

由几何学可知,直线的长度是无限的,但这里所述的直线是指直线段,直线的投影实际上是指直线段的投影。根据正投影法的投影特性,一般情况下直线的投影仍为直线,只有在特殊情况下直线的投影才会积聚为一点,如图 2-24 所示。

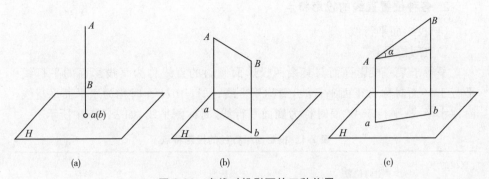

图 2-24 直线对投影面的三种位置

(a)垂直于投影面；(b)平行于投影面；(c)倾斜于投影面

1. 直线投影的形成

（1）直线投影的形成

由于直线的投影一般情况下仍为直线，且两点决定一条直线，故要获得直线的投影，只需作出已知直线上的两个点的投影，再将它们相连即可。需要注意的是，本书中提到的"直线"均指由两端点所确定的直线段。因此，求作直线的投影，实际上就是求作直线两端点的投影，然后连接同面投影即可。图 2-25 所示为直线段 AB 的三面投影。

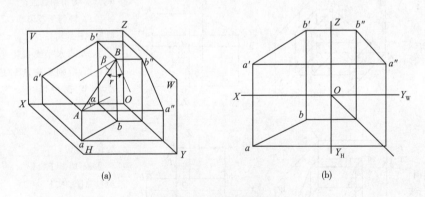

图 2-25 直线的投影

(a)直观图；(b)投影图

（2）直线对投影面的倾角

一条直线对投影面 H、V、W 的夹角称为直线对投影面的倾角。

直线对 H 面的倾角为 α 角，α 角的大小等于直线 AB 与 ab 的夹角；直线对 V 面的倾角为 β 角，β 角的大小等于直线 AB 与 $a'b'$ 的夹角；直线对 W 面的倾角为 γ 角，γ 角的大小等于直线 AB 与 $a''b''$ 的夹角，如图 2-25(b)所示。

2. 各种位置直线的投影特点

（1）投影面平行线

1）空间位置

平行于某一投影面而与其余两投影面倾斜的直线称为某投影面的平行线。平行于 V 面时称为正面平行线，简称正平线；平行于 H 面时称为水平面平行线，简称水平线；平行于 W 面时称为侧面平行线，简称侧平线，如表 2-1 中所示。

表 2-1　投影面平行线的投影特点

直线的位置	空间位置	投影图	投影特点
水平面平行线（水平线）			①$a'b'$∥QX，$a''b''$∥QY，均为水平位置； ②ab 倾斜于投影轴，反映线段 AB 的实长； ③ab 与水平线和竖直线的夹角，分别反映 AB 对 V 面和 W 面的顷角 β 和 γ 的实形
正面平行线（正平线）			①ab∥OX 为水平位置，$a''b''$∥OZ 为铅垂位置； ②$a'b'$ 倾斜于投影轴，反映线段 AB 的实长； ③$a'b'$ 与水平线和竖直线的夹角，分别反映 AB 对 H 面和 W 面的顷角 α 和 γ 的实形
侧面平行线（侧平线）			①ab∥OX_H，$a'b'$∥OZ，均为铅垂位置； ②$a''b''$顷斜于投影轴，反映线段 AB 的实长； ③$a''b''$ 与水平线和竖直线的夹角，分别反映 AB 对 H 面和 V 面的顷角 α 和 β 的实形

2）投影特点

①在它所平行的投影面上的投影反映该直线的实长及该直线与其他两个投影面的倾角的实形。

②其余两个投影平行于不同的投影轴,长度缩短。

3)读图

通常,只给出直线的两个投影,在读图时,凡遇到直线的一个投影平行于投影轴而另有一个投影倾斜于投影轴时,它必然是投影面平行线,平行于该倾斜投影所在的投影面。如图 2-26(a)所示,$a'b' \parallel OX$ 轴,ab 倾斜于 OX 轴,所以 AB 是平行于 H 面的水平线。另外,当直线的两个投影平行于不同的投影轴时,也必然是投影面平行线,平行于第三投影面。如图 2-26(b)所示,$a'b' \parallel OX$ 轴,$a''b'' \parallel OY_W$(即 OY 轴),所以 AB 平行于 H 面。

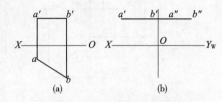

图 2-26 判断直线的相对位置

(2)投影面垂直线

1)空间位置

垂直于某一投影面,同时平行于另两个投影面的直线称为某投影面的垂直线。垂直于 V 面时称为正面垂直线,简称正垂线;垂直于 H 面时称为水平面垂直线,简称铅垂线;垂直于 W 面时称为侧面垂直线,简称侧垂线,如表 2-2 中所示。

表 2-2 投影面垂直线的投影特点

直线的位置	空间位置	投影图	投影特点
水平面垂直线（铅垂线）			①ab 积聚成一点 $a(b)$; ②$a'b' \parallel OZ$,$a''b'' \parallel OZ$,均为铅垂位置,都反映线段 AB 的实长
正面垂直线（正垂线）			①$a'b'$ 积聚成一点 $a'(b')$; ②$ab \parallel OY_H$ 为铅垂位置,$a''b'' OY_W$ 为水平位置,都反映线段 AB 的实长

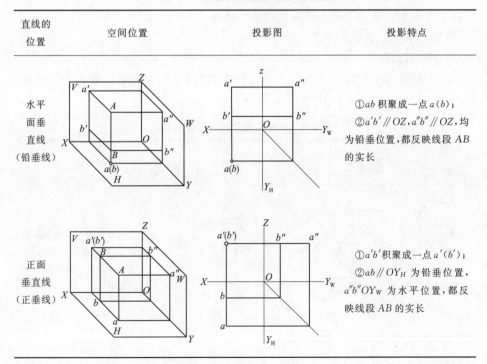

（续）

直线的位置	空间位置	投影图	投影特点
侧面垂直线（侧垂线）	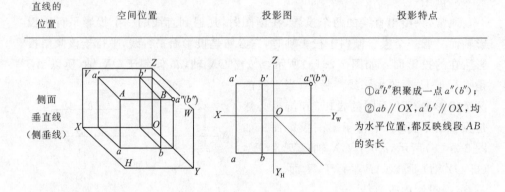		①$a''b''$积聚成一点$a''(b'')$；②$ab /\!/ OX,a'b' /\!/ OX$,均为水平位置,都反映线段AB的实长

2）投影特点

①在其所垂直的投影面上的投影积聚为一点。

②其余两个投影平行于同一投影轴,并反映该线段的实长。

3）读图

在读图时,凡遇到直线的一个投影积聚为一点,则它必然是该投影面的垂直线。另外,当直线的两个投影平行于同一投影轴时,它也是投影面垂直线,垂直于第三投影面。如表 2-2 中铅垂线投影图所示。

（3）一般位置直线

1）空间位置

对三投影面都倾斜的直线称为一般位置直线,简称一般线。如表 2-3 所示,线段 AB 与 H 面、V 面和 W 面的倾角分别为 α、β 和 γ。

表 2-3　一般位置直线的投影特点

直线的位置	空间位置	投影图	投影特点
一般位置直线（一般线）	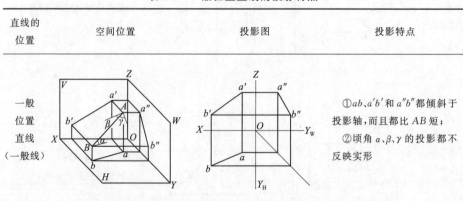		①ab、$a'b'$和$a''b''$都倾斜于投影轴,而且都比AB短；②顷角 α、β、γ 的投影都不反映实形

2）投影特点

①三个投影均倾斜于投影轴，既不反映实长也没有积聚性。

②三个投影的长度都小于线段的实长；对 H 面、V 面、W 面的倾角 α、β、γ 的投影都不反映实形。

3）读图

在读图时，一直线只要有两个投影是倾斜于投影轴的，它一定是一般线。

3. 直线与点的相对位置

直线与点的相对位置，只有点在直线上和点不在直线上两种情况。

如果点在直线上，则点的投影必在该直线的同面投影上，并将线段的各个投影分割成和空间相同的比例。如图 2-27（a）、（b）所示，点 C 在线段 AB 上，则 c' 在 $a'b'$ 上，c 在 ab 上；且 $AC : CB = a'c' : c'b' = ac : cb$（定比定理）。反之，若点的投影有一个不在直线的同名投影上，则该点必不在此直线上，如图 2-27（c）所示。

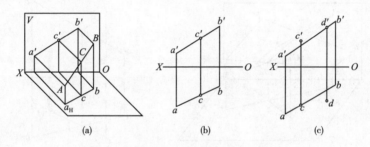

图 2-27　直线上的点

4. 两直线的相对位置

空间两直线的相对位置有平行、相交和交叉 3 种情况。其中平行两直线和相交两直线称为共面直线，交叉两直线称为异面直线。

（1）两直线平行

1）投影特点：空间平行的两直线，其同面投影也一定互相平行，如图 2-28 所示。

两直线平行的判定如下：

①若两直线的三面投影都互相平行，则空间两直线也互相平行。

②若两直线为一般位置直线，则只要看它们的两个同面投影是否平行，即可判定两直线在空间是否平行。

③若两条直线为某一投影面的平行线，则要用两直线在该投影面上的投影来判定其是否平行。

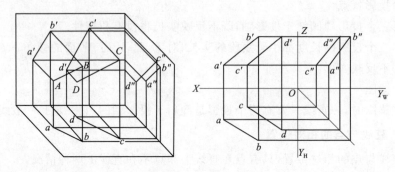

图 2-28　两直线平行

(2)两直线相交

1)投影特点:如果空间两直线相交,则其同面投影必定相交,且交点符合点的投影规律,如图 2-29 所示。

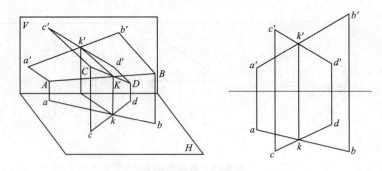

图 2-29　两直线相交

2)两直线相交的判定如下:

①如果两直线的同面投影相交,且交点符合点的投影规律,则该两直线在空间也一定相交。

②若两直线为一般位置直线,则只要两个同面投影符合上述规律,即可判定两直线在空间相交。

③对两直线中有某一投影面的平行线时,则应验证该直线在该投影面上的投影是否满足相交的条件,才能判定;也可以用定比性判定交点是否符合点的投影规律来验证两直线是否相交。

(3)两直线交叉

1)投影特点:如果空间两直线既不平行也不相交,则称为两直线交叉。其投影特点是同面投影可能有平行的,但不会全部平行;同面投影可能有相交的,但交点不符合点的投影规律,如图 2-30 所示。

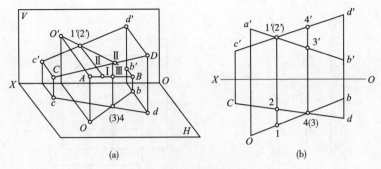

图 2-30　两直线交叉

(a)直观图；(b)投影

2)两直线交叉的判定:两直线交叉,其同面投影的交点为该投影面重影点的投影,可根据其他投影判别其可见性。如图 2-30 所示,Ⅰ、Ⅱ点为 V 面的重影点,通过 H 面投影可知Ⅰ点在前,为可见点,Ⅱ在后,为不可见点;Ⅲ、Ⅳ点为 H 面的重影点,通过 V 面投影可知Ⅳ点在上,为可见点,Ⅲ点在下,为不可见点。

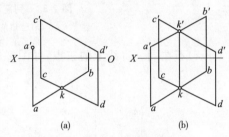

图 2-31　求相交两直线的投影

(a)已知条件；(b)作图

【例 2-2】　如图 2-31(a)所示,K 是直线 AB 和 CD 的交点,求作直线 AB 的正面投影。

解:

分析:K 是两直线的交点,故为两直线所共有,且符合点的投影规律,据此可求得 K 的正面投影 k′,B、K、A 同属一直线,可求出 B 的正面投影 b′。

作图:(1)过 k 作 OX 轴的垂线,交 c′d′ 于 k′。

(2)连接 a′k′ 并延长。

(3)过 b 作 OX 轴的垂线求得 b′,如图 2-31(b)所示。

【例 2-3】　如图 2-32(a)所示,判定两侧平线是否平行。

解:由已知条件可知,两直线的 V、H 面投影分别平行,只需验证两直线 W 面的投影是否平行即可。如图 2-32(b)所示,作图知两直线的 W 面投影 a″b″、c″d″ 为相交直线,因此 AB、CD 两直线在空间不平行,为交叉直线。

三、平面的投影

1. 平面的表示法及其空间位置的分类

(1)平面的表示法

平面在空间的位置可以由下列几何元素确定。

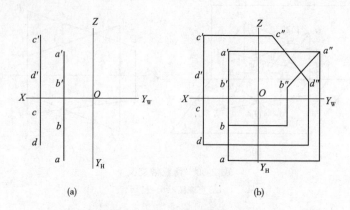

图 2-32　判定两直线是否平行

(a)已知条件；(b)作图

1)不在同一直线上的三点,如图 2-33(a)

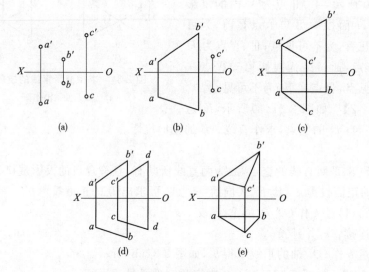

图 2-33　平面的表示法

2)一直线和直线外一点,如图 2-33(b)

3)两相交直线,如图 2-33(c)

4)两平行直线,如图 2-33(d)

5)任意平面图形,如图 2-33(e)

通过上列每一组元素,能作出唯一的平面,通常习惯用一个平面图形来表示一个平面,如图 2-33(e)。平面是广阔无边的,如果说平面图形 ABC,则是指在三角形 ABC 范围内的那一部分平面。

（2）平面的空间位置分类

与直线对投影面的相对位置相类似,空间平面对投影面也有三种不同的位置,即平行于投影面、垂直于投影面和倾斜于投影面,如图 2-34 所示。

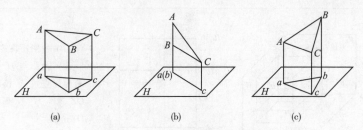

（a）　　　　　　　　（b）　　　　　　　　（c）

图 2-34　平面对投影面的三种位置

（a）平行于投影面；（b）垂直于投影面；（c）倾斜于投影面

2. 各种位置平面的投影特点

（1）投影面平行面

1）空间位置

投影面平行面是平行于某一投影面,同时垂直于另两个投影面的平面。平行于 H 面时称为水平面平行面,简称水平面;平行于 V 面时称为正面平行面,简称正平面;平行于 W 面时称为侧面平行面,简称侧平面,见表 2-4。

表 2-4　投影面平行面的投影特点

直线的位置	空间位置	投影图	投影特点
水平面	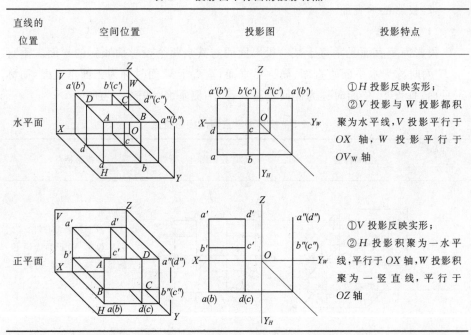		①H 投影反映实形;②V 投影与 W 投影都积聚为水平线,V 投影平行于 OX 轴,W 投影平行于 OV_W 轴
正平面			①V 投影反映实形;②H 投影积聚为一水平线,平行于 OX 轴,W 投影积聚为一竖直线,平行于 OZ 轴

（续）

直线的位置	空间位置	投影图	投影特点
侧平面	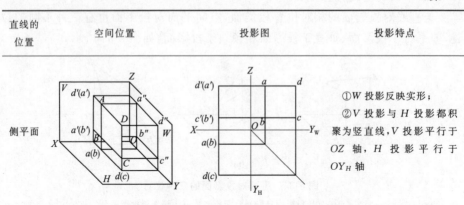		①W 投影反映实形； ②V 投影与 H 投影都积聚为竖直线，V 投影平行于 OZ 轴，H 投影平行于 OY_H 轴

2）投影特点

①在平面所平行的投影面上的投影反映实形。

②在另两个投影面上的投影积聚成分别与两投影轴平行的直线。

3）读图

在读图时，一平面只要有一个投影积聚为一条平行于投影轴的直线，则该平面就平行于非积聚投影所在的投影面，那个非积聚的投影反映该平面图形的实形。

（2）投影面垂直面

1）空间位置

投影面垂直面是垂直于某一投影面而与其余两个投影面倾斜的平面。垂直于 H 面时称为水平面垂直面，简称铅垂面；垂直于 V 面时称为正面垂直面，简称正垂面；垂直于 W 面时称为侧面垂直面，简称侧垂面，如表 2-5 所示。

表 2-5　投影面垂直面的投影特点

直线的位置	空间位置	投影图	投影特点
铅垂面	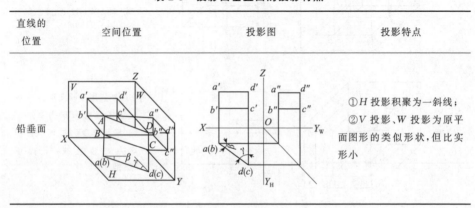		①H 投影积聚为一斜线； ②V 投影、W 投影为原平面图形的类似形状，但比实形小

（续）

直线的位置	空间位置	投影图	投影特点
正垂面	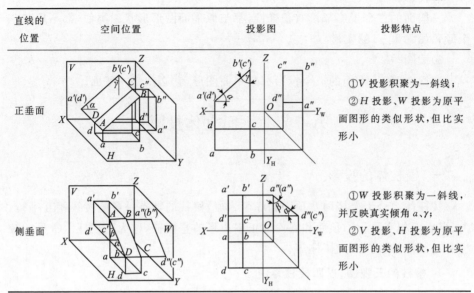		①V投影积聚为一斜线； ②H投影、W投影为原平面图形的类似形状，但比实形小
侧垂面			①W投影积聚为一斜线，并反映真实倾角 a、γ； ②V投影、H投影为原平面图形的类似形状，但比实形小

2）投影特点

①在平面所垂直的该投影面上的投影积聚为一倾斜直线。倾斜直线与两投影轴夹角反映该平面与另两个投影面的倾角。

②在其他两个投影面上的投影与原平面图形形状类似，但比实形小。

3）读图

在读图时，一个平面只要有一个投影积聚为一倾斜直线，它必垂直于积聚投影所在的投影面。

（3）一般位置平面

1）空间位置

一般位置平面是与每个投影面都倾斜的平面，简称一般面，如表2-6所示。

表2-6 一般位置平面的投影特点

直线的位置	空间位置	投影图	投影特点
一般位置平面			①没有积聚投影，不反映对各投影面倾角实形； ②各投影为原平面图形的类似形状，但比实形小

2)投影特点

一般面的三个投影都没有积聚性,都与原平面图形形状相类似,都不反映三个倾角(α、β 和 γ)的实形。

3)读图

在读图时,一平面的三个投影都是平面图形,它必然是一般面。

第三节　平面立体投影

一、棱柱体的投影

棱柱体由若干个棱面及顶面和底面组成,棱柱的特点是各侧棱线相互平行,上、下底面相互平行。顶面和底面为正多边形的直棱柱,称为正棱柱。常见的棱柱有三棱柱、四棱柱、六棱柱等。

1. 棱柱的三视图,以四棱柱为例

如图 2-35(a)所示,一个四棱柱,它的顶面和底面为水平面,前、后两个棱面是正平面,左、右两个棱面为侧平面。

图 2-35(b)是这个四棱柱的三面投影图,H 面投影是个矩形,为四棱柱顶面和底面的重合投影,顶面可见,底面不可见,反映了它们的实形。矩形的边线是顶面和底面上各边的投影,反映实长。矩形的 4 个顶点是顶面和底面 4 个顶点分别互相重合的投影,也是 4 条垂直于 H 面的侧棱积聚性的投影。同理,也可以分析出该长方体的 V 面和 W 面投影,也分别是一个矩形。

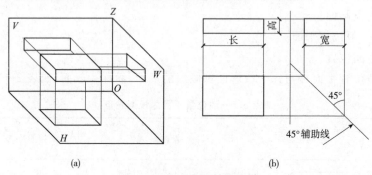

(a)　　　　　　　　　　(b)

图 2-35　长方体的三面投影

(a)直观图;(b)投影图

2. 棱柱表面上取点

在立体表面上取点,就是根据立体表面上的已知点的一个投影求出它的另外投影。由于平面立体的各个表面均为平面,所以其原理与方法与在平面上取

点相同,下面以三棱柱为例。如图 2-36(a)所示,补全 1、2、3 的三面投影,并判断其可见性。

在棱柱上的点,要根据已知点的可见性,判断点在哪个平面上,由于放置的关系,一般棱柱的表面有积聚性,可以根据点的投影规律求出点的其余两个投影。

从图 2-36 所示的投影图中可以看出,点 1 在三棱柱的右棱面上,点 2 在不可见的后棱面上,点 3 在最前面的棱线上,作图如图 2-36(b)所示。

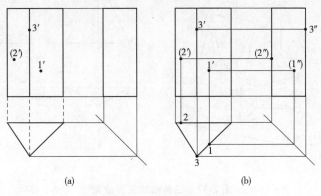

图 2-36　求三棱柱表面上的点

(a)已知条件;(b)作图结果

二、棱锥体的投影

棱锥由一个面是多边形,其余各侧面是有一个公共顶点的三角形。与棱柱相似,棱锥也有正棱锥和斜棱锥之分,常见的棱锥有三棱锥、四棱锥、六棱锥。

1. 棱锥的三视图及其投影

为了方便作棱锥体的投影,常使棱锥体的底面平行于某一投影面,如图 2-37 所示,求其三面投影。

分析:底面 ABC 为水平面,水平投影反映实形(为正三角形),另外两个投影为水平的积聚性直线。侧棱面 SAC 为侧垂面,侧面投影积聚为一直线,另两个棱面为一般位置平面,3 个投影呈类似的三角形。棱线 SA、SC 为一般位置直线,棱线 SB 为侧平线,3 条棱线通过锥顶 S。作图时,可以先求出底面和锥顶 S 的投影,再补全其他投影,作图结果如图 2-37(b)所示。

2. 表面上取点

若已知三棱锥表面上两点 M 和 N 的正面投影,求其水平投影和侧面投影。求 M 点的水平投影和侧面投影,从所给出的 M 点的正面投影不可见,可知 M 点位于 BCS 面上,BCS 面为侧垂面,在侧面投影上具有积聚性,我们可以直接得

出所 m''，利用投影关系可求得 m。求 N 点的水平投影和侧面投影，分析 N 点位于 SAC 面上，可过 N 点作辅助直线 SI，可求得 SI 的水平投影和正面投影，N 属于 SI 上的一点，可使用求直线上一点的方法求得 N 点水平投影，使用投影关系求得侧面投影，如图 2-38 所示。

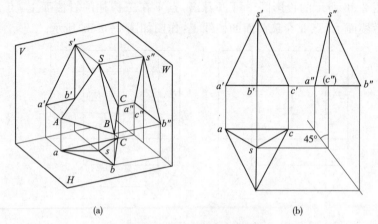

(a)   (b)

图 2-37　三棱锥的三面投影

(a)直观图；(b)投影图

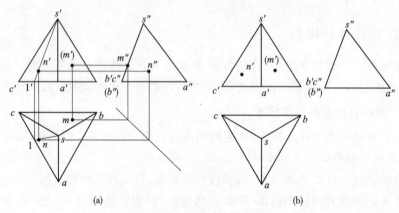

(a)   (b)

图 2-38　三棱锥表面上取点

(a)作图求解；(b)已知

三、曲面立体的投影

1. 曲线和曲面

（1）曲线

曲线可以看成是一个点按一定规律运动而形成的轨迹。曲线可分为平面曲线和空间曲线两类。平面曲线:曲线上各点都是在同一个平面内(如圆、椭圆、双曲线、抛物线等)。空间曲线:曲线上各点不在同一个平面内(如圆柱螺旋线等)。

(2)曲面

建筑中常见的曲面有回转曲面和非回转曲面,回转曲面中常见的有圆柱面、圆锥面和球面。

1)曲面的形成

曲面可以看成是由直线或曲线在空间按一定规律运动而形成的。由直线运动而形成的曲面称为直线曲面;由曲线运动而形成的曲面称为曲线曲面。这根运动的直线或曲线称为曲面的母线。由直母线运动而成的曲面称为直纹曲面,如图 2-39(a)、(b)所示。由曲母线运动而成的曲面称为曲纹曲面,如图 2-39(c)所示

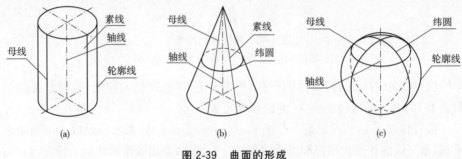

图 2-39　曲面的形成

(a)圆柱体;(b)圆锥体;(c)球面

曲面中常用的术语有素线、纬圆、轮廓线,分别解释如下。

①素线:母线移动到曲面上的任一位置时,称为曲面的素线。

②纬圆:圆锥面上一系列与圆锥中心轴线垂直的同心圆称为纬圆。同理,球面上也有一系列的纬圆。

③轮廓线:曲面的轮廓线是指投影图中确定曲面范围的外形线,包括有界曲面的边界。

2)曲面的分类

一般根据母线运动方式的不同,把曲面分为以下两大类。

①回转曲面。这类曲面由母线绕一轴线旋转而成,由回转曲面形成的曲面体也称为回转体。

②非回转曲面。这类曲面由母线根据其他约束条件运动而成。

3)根据母线的形状把曲面分为以下两类。

①直纹曲面。由直母线运动而成的曲面称为直纹曲面。

②曲纹曲面。只能由曲母线运动而成的曲面称为曲纹曲面。

2. 圆柱

(1)圆柱体的投影

图 2-40 所示为一轴线垂直于 H 面的圆柱的三面投影。

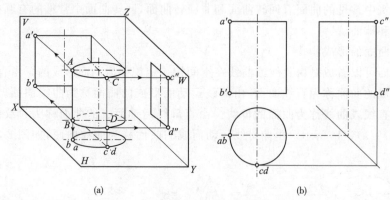

(a)   (b)

图 2-40　圆柱体的投影

(a)圆柱体的投影模型；(b)圆柱体的三面投影

圆柱体在 H 面的投影是一个圆，反映了上、下两端面的实形，且两端面的投影重合，同时又是圆柱面在 H 面的积聚投影。

圆柱体在 V 面的投影是一个矩形，上、下两端面在 V 面内积聚成上下两条水平线，水平线的长度为顶圆和底圆的直径。左、右两条边线是圆柱面上最左与最右两条素线的投影，这两条素线称为轮廓素线，即正面投影中圆柱面前半部与后半部的分界线，前半部分圆柱面的 V 面投影可见，后半部分圆柱面的 V 面投影不可见。

圆柱体在 W 面的投影是一个矩形，上、下两条水平线分别是上、下两个端面的积聚投影，且长度与它们的直径相同。左、右两条边线是圆柱面上最前与最后两条轮廓素线的投影，即圆柱面的 W 面投影中左半部（可见部分）与右半部（不可见部分）的分界线。

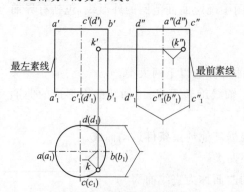

图 2-41　圆柱表面上取点

(2)圆柱表面上取点

已知圆柱表面上的一点 K 在正面上的投影为 k'，现作它的其余两投影。

由于圆柱面上的水平投影有积聚性，因此点 K 的水平投影应在圆周上，因为 k' 可见所以点 K 在前半个圆柱上，由此得到 K 的水平投影 k，然后根据 k'、k 便可求得点 K 的侧面投影 k'' 因点 K 在右半圆柱上，k'' 不可见，应加括号表示不可见性（图 2-41）。

3. 圆锥

（1）圆锥的投影（图 2-42）

圆锥的 H 面投影为一个圆，它是圆锥面和底面的重合投影，反映底面的实形，圆心是锥顶的投影，圆锥面上的点可见，底面上的点不可见。

圆锥的 V 面投影是一个等腰三角形，底边是底面的积聚投影，其长度是底圆直径的实长；两边为圆锥最左和最右素线的 V 面投影，这两条素线称为轮廓素线，它是圆锥面在正面投影中（前半个圆锥面）可见和（后半个圆锥面）不可见部分的分界线。

圆锥的 W 面投影也是一个等腰三角形，底边是底面的积聚投影，其长度反映底圆直径的实长；两边为圆锥最前和最后素线的旧面投影，这两条素线称为轮廓素线，它是圆锥面在侧面投影中（左半个圆锥面）可见和（右半个圆锥面）不可见部分的分界线。

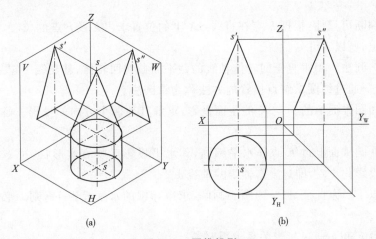

图 2-42　圆锥投影

(a)立体图；(b)投影图

（2）圆锥表面上的点

由于圆锥的三个投影都没有积聚性，因此，若根据圆锥面上点的一个投影求做该点的其他投影时，必须借助于圆锥面上的辅助线，作辅助线的方法有两种如图 2-43 所示。

1）素线法。过锥顶作辅助素线。已知圆锥面上的一点 K 的正面投影 k'，求作它的水平投影 k 和侧面投影 k''。解题步骤如下：

①在圆锥面上过点 K 及锥顶 S 作辅助素线 SA，即过点 K 的已知投影 k' 作 $s'a'$，并求出其水平投影 sa。

②按"宽相等"关系求出侧面投影 $s''a''$。

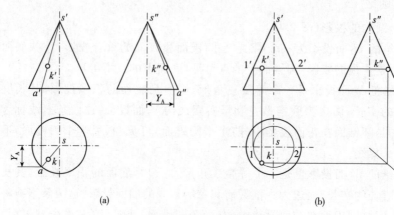

图 2-43　圆锥表面找点的方法

(a)素线法;(b)纬圆法

③判断可见性:根据 k' 点在直线 SA 上的位置求出 k 及 k'' 点的位置,K 在左半圆锥上,所以 k'' 可见。

2)纬圆法。用垂直于回转体轴线的截平面截切回转体,其交线一定是圆,称为"纬圆",通过纬圆求解点位置的方法称为纬圆法。

已知圆锥面上的一点 K 的正面投影,求解其他两个方向的投影。解题步骤如下:

①在圆锥面上过 K 点作水平纬圆,其水平投影反映真实形状,过 k' 作纬圆的正面投影化 $1'2'$,即过 k'' 作轴线的垂线 $1'2'$。

②以 $1'2'$ 为直径,以 s 为圆心画圆,求得纬圆的水平投影 12,则 k 必在此圆周 12 上。

③由 k' 和 k 通过投影关系求得 k''。

4. 球

(1)球的投影

由图 2-44 可以看出,球的三面投影是 3 个大小相同的圆,其直径即为球的直径,圆心分别是球心的投影。

H 面上的圆是球在 H 面投影的轮廓线,也是上半球面和下半球面的分界线,其中上半球面可见,下半球面不可见。

V 面上的圆是球 V 面投影的轮廓线,也是前半球面和后半球面的分界线,其中前半球面可见,后半球面不可见。

W 面上的圆是球在 W 面投影的轮廓线,也是左半球面和右半球面的分界线,其中左半球面可见,右半球面不可见。

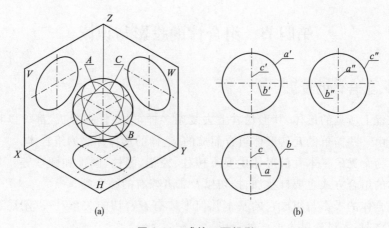

图 2-44　球的三面投影

(a)立体图；(b)投影图

(2)球面上取点

球面上点的投影的求解一般采用纬圆法。

如图 2-45(a)所示，已知球面上点 A 的 V 面投影，求点 A 在其他两个投影面的投影。

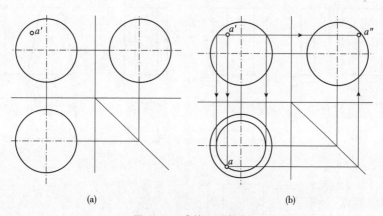

图 2-45　球的三面投影

(a)已知条件；(b)作图过程

由 a' 点得知 A 点在左上半球上，可以利用水平纬圆解题。

1)过 a' 点作水平线，水平线的长度即为水平纬圆的直径。

2)根据直径作出水平纬圆的 H 面投影。由于 A 点在纬圆上，因此 A 点的水平投影也在水平纬圆上，又由于 a' 点可见，可知 A 点在前半纬圆上，过 a' 点向下作垂线，交水平纬圆前半圆于点 a 求得 A 点的水平投影。

3)根据 a' 和 a 作出 a''。

第四节　组合体的投影与识读

一、组合体的投影

工程上所见的形体，其形状看上去复杂多样，但要仔细分析，都可以将它们看成是由一些简单的几何形体组合而成的，这样的形体称之为组合体。

最为常见的基本几何形体主要有棱柱、棱锥、圆柱、圆锥和圆球等。其组成组合体的组合方式主要有叠加、挖切以及二者兼有的综合类。

组合体的投影与组成它的基本几何形体有着密切的关系，所以阐述组合体的投影之前，先讨论基本形体的投影。

常见的基本几何形体中的平面立体有棱柱、棱锥、棱台等；曲面立体有圆柱、圆锥、球等，如图2-46所示。投影图只能表达形体的形状，不能确定形体的真实大小。要完整地表达清楚形体，以便制造、施工，还应在投影图上标注出形体的实际尺寸。

基本几何形体标注尺寸的原则如下。

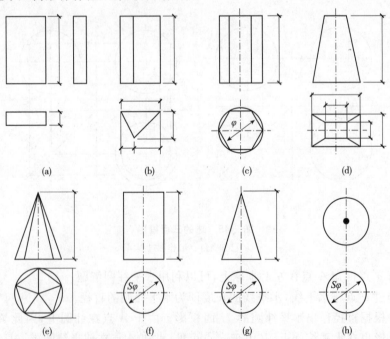

图2-46 常见基本几何形体的投影及尺寸标注

(a)四棱柱；(b)三棱柱；(c)正六棱柱；(d)四棱台；(e)正五棱锥；(f)圆柱；(g)圆锥；(h)球

（1）任何形体均应标注其高度方向的尺寸以及确定其底面形状和大小的尺寸。但如果某个投影是圆周,标注直径后,就可以表示两个方向的尺寸。因此,某个投影为圆周的基本几何形体在标注尺寸后,常常可以减少投影图的数量。如圆柱体或圆锥体,当标注出底圆直径和高向尺寸后,用一个投影图就可表达清楚,但由于直观性较差,一般还是用两个投影图来表达。

（2）底面为正多边形时,可以标注其外接圆直径。

（3）对于球,三个投影图均为同样大小的圆周。因此,标注尺寸后只需一个投影图来表达。为了区别于其他几何形体,规定在球的直径代号"Φ"之前标注"S"字母。

二、组合体投影图的阅读

绘图是将实物或想象（设计）中的形体,按照一定的投影方法,绘制在图纸上。是一种从空间形体到平面投影图上的表达过程。而投影图的阅读,恰恰相反。所谓阅读投影图就是根据平面上绘制出的投影图,想象出组合体的空间形状、大小以及各组成部分相对位置的过程,简称读图。

1. 读图前应具备的基本知识

（1）学会应用"长对正、高平齐、宽相等"的投影规律,联系各投影图,进行对照分析。另外,读图时,还要注意虚、实线的变化。

由于各个投影图是同一形体向不同的投影面作正投影得到的,每个投影图只反映形体某一侧面的特征,而不反映形体的全貌,所以读图时,不能孤立地只看某个投影图,只有联系、对照各投影图,才能想象出形体的空间形状。如图2-47(a),(b),(c),(d)所示分别表示两个不同的形体。

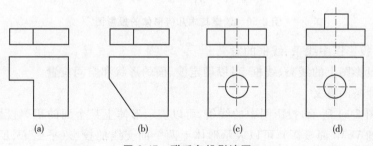

图 2-47 联系各投影读图

另外,投影图中的实线表示形体外表面的投影,而虚线表示形体内部的孔、洞、槽的投影。如图 2-48 和图 2-49 所示形体的 H,W 投影均相同,只是 V 投影有虚线和实线的区别,图 2-48 中的虚线表示三棱柱槽的投影,图 2-49 中的实线表示三棱柱肋板的轮廓线。

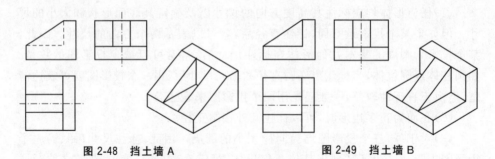

图 2-48　挡土墙 A　　　　　　　　　　图 2-49　挡土墙 B

（2）各种基本几何形体的投影特点及读图方法

由于组合体是由基本几何形体组合而成的,所以读懂组合体的投影图就是根据投影图,弄懂该组合体是由哪些基本几何形体组成的,它们的相互位置和表面连接关系。

如图 2-50(a)所示的基本几何形体,三投影均为矩形,表示四棱柱。(b)图所示,两投影为矩形,一投影为三角形,表示三棱柱。(c)图所示,两投影为矩形,一投影为圆周,表示圆柱体。

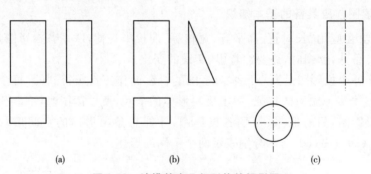

　　(a)　　　　　　　　　(b)　　　　　　　　　(c)

图 2-50　读懂基本几何形体的投影图

（3）投影图中线条、线框的意义

从投影图上的线条、线框,可以确定线、面的形状和空间位置。

1)线条的意义

如图 2-51 所示,投影图中的线条,可以表示形体上某个面的积聚投影(圆柱体顶面的 V、W 面投影),可以表示形体上两个面交线的投影(平面 D、E 交线的 H 面投影),也可以表示曲面体轮廓线的投影(圆柱体侧面的 V、W 面投影)。

2)线框的意义

如图 2-51 所示,投影图中的线框,可以表示形体上某个面的投影(平面 A 的 H 面投影),也可以表示两个面的重影(平面 C 的 V 面投影),也可以表示曲面的投影(圆柱体的 V、W 面投影)。

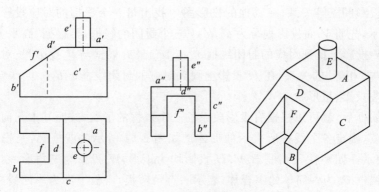

图 2-51　线条、线框的意义

如图 2-51 所示,若 V、W 投影均平行于相应的投影轴,则表示水平面(A 平面),若 V、H 投影均平行于相应的投影轴,则表示侧平面(B 平面),若 H、W 投影均平行于相应的投影轴,则表示正平面(C 平面)。若一个投影为斜线,另外两个投影为类似的图形,则表示投影面的垂直面(D 平面)。若一个投影为曲线,则可能表示空间是曲面(圆柱体侧面 E)。若一个投影为虚线,则可能表示不可见面,如孔、洞、槽的侧面等(F 平面)。

如图 2-52 所示,若一个投影为相邻的两个线框,则可能表示形体上两个平行的平面或两个相交的平面。

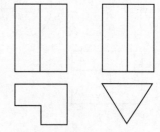

图 2-52　相邻两线框的意义

2. 读图方法

(1)形体分析法

绘图要进行形体分析,读图同样也要进行形体分析。形体分析法读图就是根据组合体投影图的特点,在投影图上将组合体分解为若干个组成部分(基本几何形体或简单的组合体),然后一部分、一部分地想象出它们的空间形状和相对位置,最后综合起来想象出组合体的整体形状。

那么,怎样才能在投影图上将组合体分解为若干个组成部分呢?我们知道,基本几何形体各个投影的轮廓均为封闭的线框,且各线框之间符合"长对正、高平齐、宽相等"的投影规律,所以在投影图上将组合体分解为若干个组成部分就是将组合体的每个投影,分别划分为相互间有着投影对应关系的若干个封闭线框的过程。

按形体分析法读图,具体步骤如下。

1)分线框、对投影

一般先将最能反映组合体形体特征的正面投影划分为若干个封闭线框,然后根据投影的三等关系,在其他的投影图中找出每一个线框的对应投影。如图 2-53 所示,先将 V 面投影划分为 a',b',c' 三个封闭的线框,再根据"高平齐"的关系,在 W 投影上找到对应的封闭线框 a'',b'',c'',最后根据与 V 投影"长对正"、与 W 投影"宽相等"的关系,在 H 投影上找到对应的封闭线框 a,b,c。

  2)按投影、想形状

  分线框后,就可以根据有投影关系的三个线框的形状,按照基本几何形体的投影特点,确定各个线框所表示的形体。如图 2-54 所示的线框 A:三投影均为矩形,表示一四棱柱。线框 B:V、H 投影均为矩形,W 投影为三角形,表示一三棱柱。线框 C:为一简单的组合体,表示一直角弯板,弯板上部为一四棱柱平板,下部为一由四棱柱和半圆柱体组成的侧板,侧板中间挖掉了一个圆柱孔。

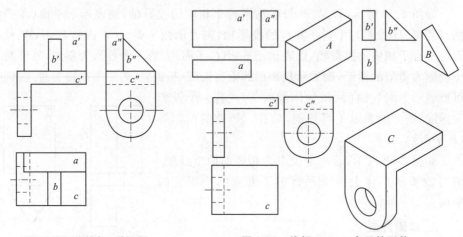

图 2-53　分线框、对投影　　　　图 2-54　线框 A,B,C 表示的形体

  3)根据各部分的相对位置,综合起来想象整体

  确定了各个线框所表示的基本几何形体或简单的组合体后,再根据它们之间上、下、左、右、前、后的位置关系就可以确定组合体的整体形状。如图 2-55 所示,线框 A 表示的四棱柱位于线框 C 表示的弯板之上,并与其后侧面、右侧面平齐,线框 B 表示的三棱柱位于线框 C 表示的弯板之上,后侧面紧靠线框 A 表示的四棱柱,且位于其中部。由此想象出形体的空间形状。

  4)检查、对照、修改

  确定组合体的整体形状后,返回来对照投影图,看是否一致,如有不一致的地方

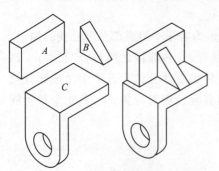

图 2-55　综合想象整体形状

应进行修改。

形体分析法非常适合叠加类、综合类组合体的读图。

(2)线面分析法

形体是由若干个面围成的,而面又是由线围成的,只要将形体上的线、面分析清楚了,形体的形状也就想象出来了。线面分析法读图就是对投影图上必要的线段、线框进行分析,根据它们的投影特性,弄清它们的形状及空间位置,综合起来想象出整体形状。由于一个投影图中的线段、线框很多,若逐条、逐个分析,效率低,而且有时不易形成整体概念,所以线面分析法是一种辅助读图的方法。读图时,先利用形体分析法对投影图进行分析,获得整体印象。倘若还有局部投影读不懂,可对该局部投影的线条、线框加以分析,从而明确其空间形状,以弥补形体分析的不足。

对于挖切类的组合体或对形体分析法难以分析清楚的部分才用此法辅助分析读图。

按线面分析法读图的具体步骤如下。

1)斜线找斜面,曲线找曲面

如图 2-56 所示,V 面投影中的 a' 是一斜线,其相应的其他两个投影是类似的图形,所以其表示空间一正垂面,且位于形体的顶面。

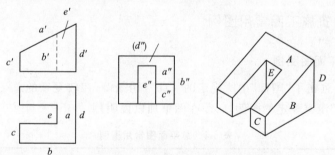

图 2-56　线面分析法读图步骤

2)分析若干投影面的平行面

如图 2-56 所示图形中的正平面 B,侧平面 C、D、E,其中,e' 为虚线,平面 E 表示形体内槽的一个侧面。

3)按各个平面的形状及相对位置,想象出整体形状

4)检查、对照、修改

第三章　建筑施工图识读

第一节　建筑施工图概述

一、建筑施工图的内容、作用和组成

建筑施工图,简称"建施",是其他各类施工图的基础和先导。建施是表示建筑物的总体布局、外部造型、内部布置、细部构造、内外装修和施工要求的图样,它是施工放线、砌筑、安装门窗、室内外装修和编制施工预算以及施工组织计划的主要依据。

建筑施工图包括施工图首页、总平面图、平面图、立面图、剖面图和详图。

二、建筑施工图常用图例

1. 总平面图图例

表 3-1 列出了"国标"中所规定的一些常用图例,在较复杂的总平面图中,若采用"国标"没有规定的图例,必须在图中加以说明。

表 3-1　总平面图常用图例

图例	名称及说明	图例	各称及说明
 8 ▲	新建建筑物;黑三角表示出入口,右上角数字(或用点数)表示层数	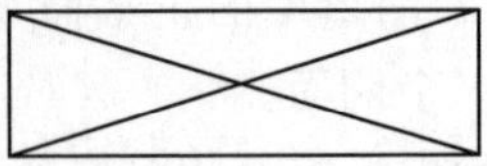	散状材料露天堆场或露天作业场
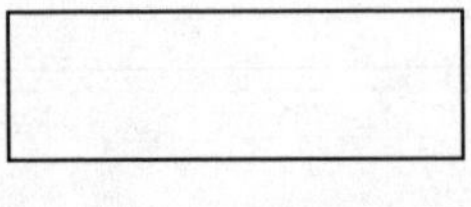	原有建筑物;用细实线表示	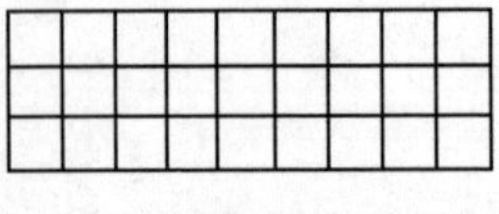	铺砌场地

（续）

图例	名称及说明	图例	各称及说明
	计划扩建的预留地或建筑物（用中粗虚线表示）	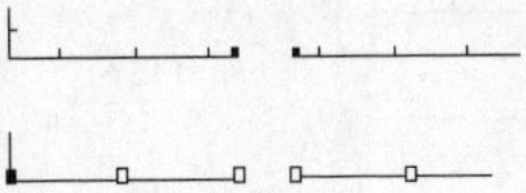	图墙及大门：上图为实体性质的围墙，下图为通透性质的围墙
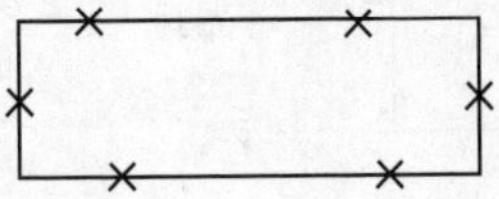	拆除的建筑物：用细实线表示	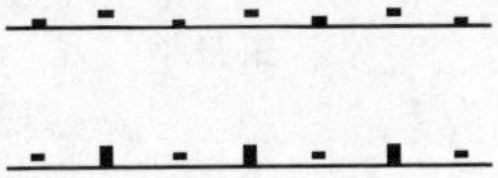	挡土墙：被挡土在"突出"一侧，下图为挡土墙上设围墙
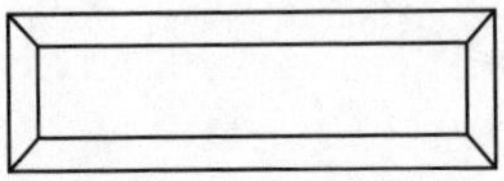	散状材料露天堆场	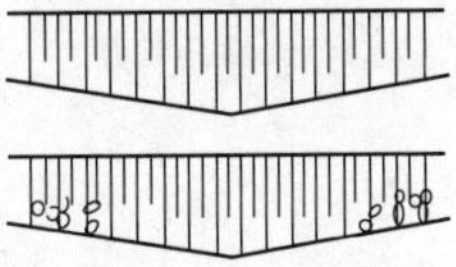	上图为填挖边坡　下图为护坡
	地表排水方向	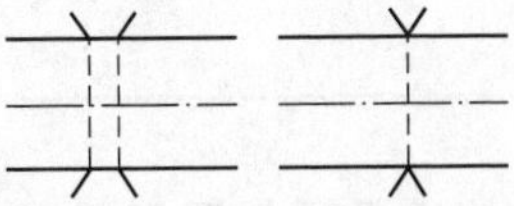	道路涵洞、涵管；左图用于比例较大的图面，右图用于比例较小的图面
	消火栓井	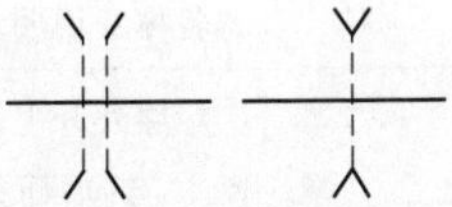	铁路涵洞、涵管；左图用于比例较大的图画，右图用于比例较小的图画
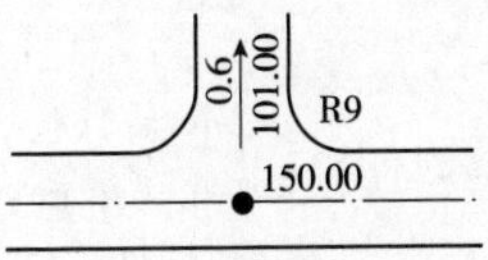 R9　0.6　101.00　150.00	新建的道路：半径9为道路转弯半径为9m，"150.00"为路面中心控制点标高，"0.6"为纵向坡度，"101.00"为变坡点间距离	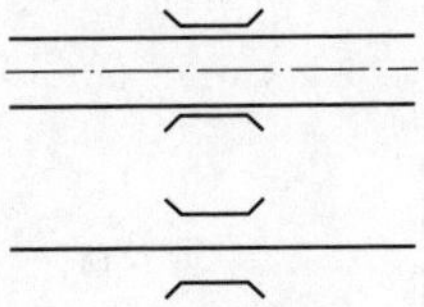	桥染；上图为公路桥，下为铁路桥

（续）

图例	名称及说明	图例	各称及说明
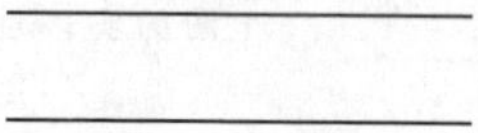	原有道路	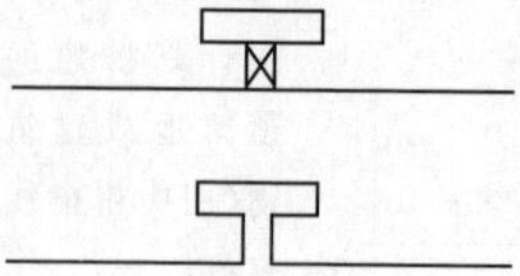	码头：上图为浮动码头，下图为固定码头
	计划扩建的道路	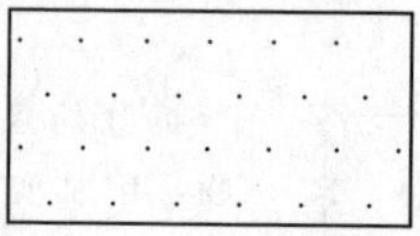	草坪
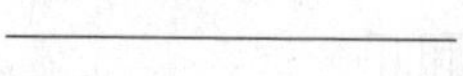	新建的标准轨距铁路	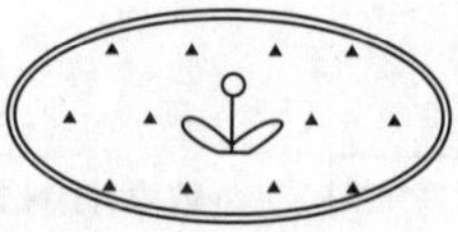	花坛
	原有的标准轨距铁路		铁路隧道

2. 常用建筑构造及配件图例见表 3-2

表 3-2　常用建筑构造及配件图例

图例	名称及说明	图例	名称及说明
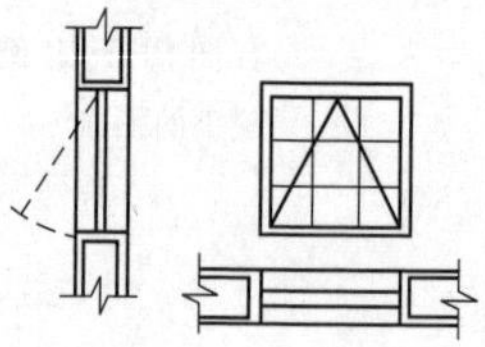	单层外开上悬窗方向：平面图下为外；立面图实线为外开；剖面图左为外右为内	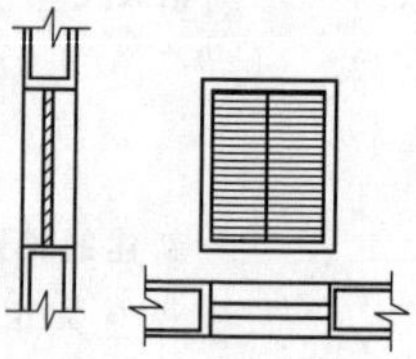	百叶窗
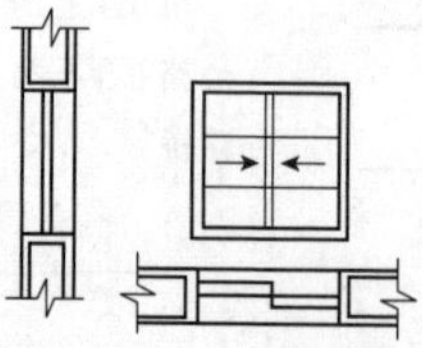	推拉窗	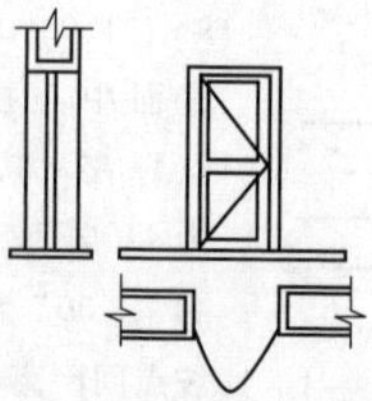	单扇门（包括平开或单面弹簧，门开启方向表示同窗）

（续）

图例	名称及说明	图例	名称及说明
	双扇门（包括平开或单面弹簧）	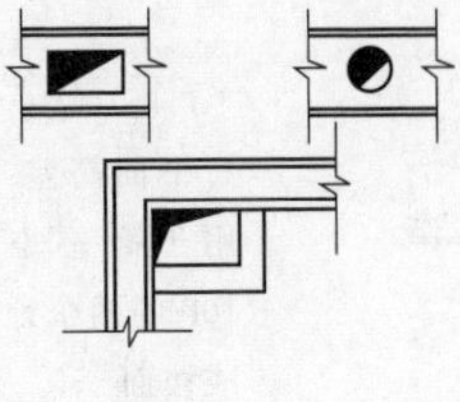	烟道
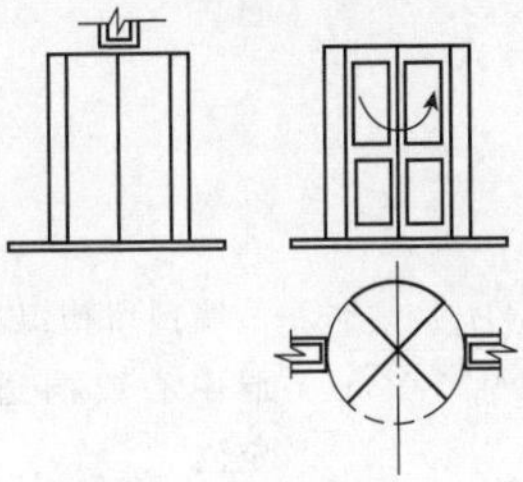	转门	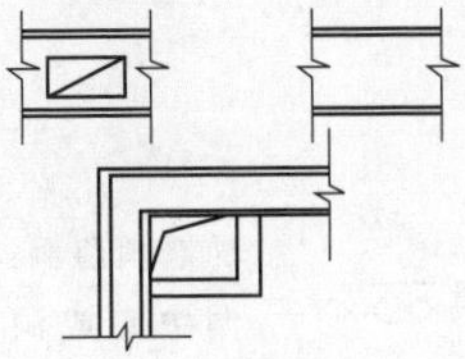	通风道
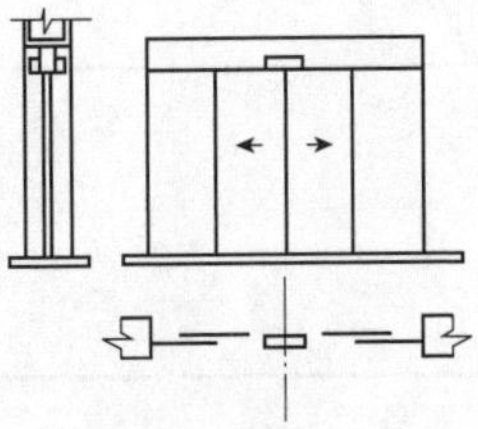	自动门	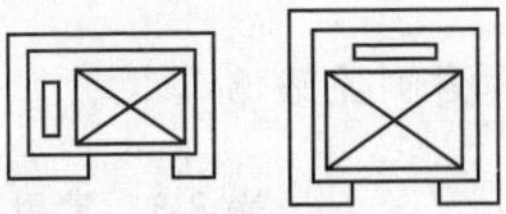	电梯
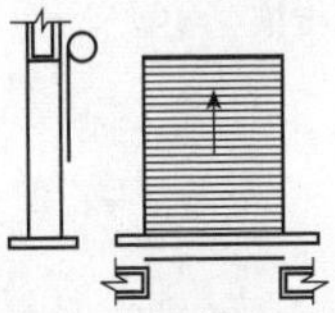	竖向卷帘门	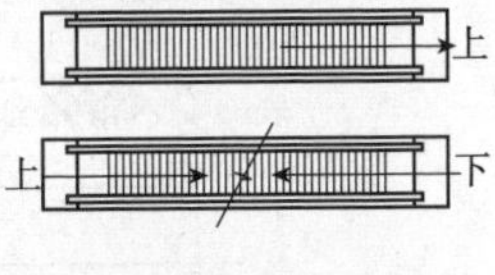	自动扶梯
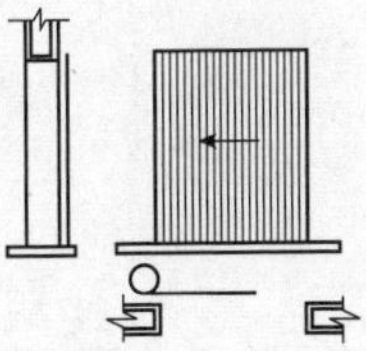	横向卷帘门	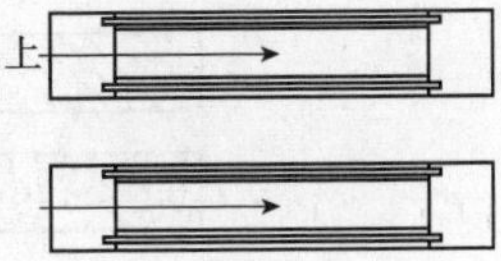	自动人行道及自动人行坡道
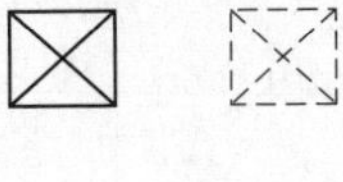	检查孔：左图为可见检查孔，右图为不可见检查孔	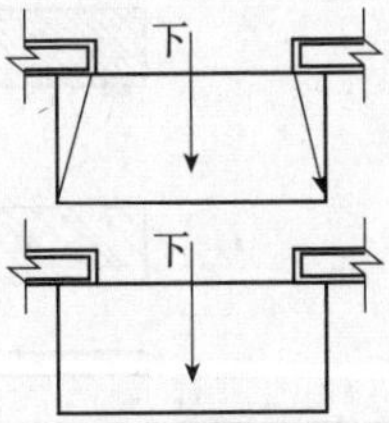	门口坡道

（续）

图例	名称及说明	图例	名称及说明
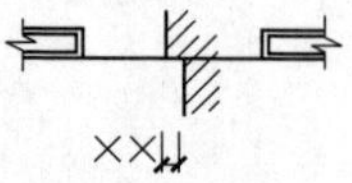	平面高差：适用于高差小于100的两个地面或楼面	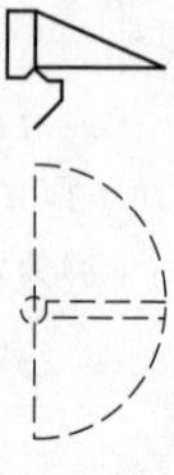	旋臂起重机：G_n—起重机起垂量；S—起重机的跨度或臂长 $G_n=[t]$ $S=[m]$
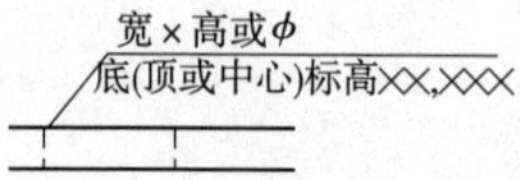 宽×高或ϕ 底(顶或中心)标高××.×××	墙预留洞：以洞中心或洞边定位	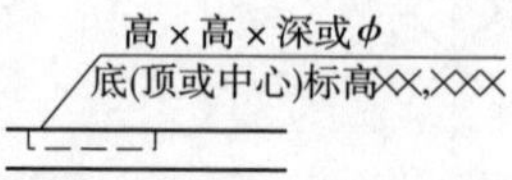 高×高×深或ϕ 底(顶或中心)标高××.×××	墙预留槽：以洞中心或洞边定位

3. 建筑材料图例见表3-3

表3-3　常用建筑材料图例名称

序号	名称	图例	备注
1	自然土壤		包括各种自然土壤
2	夯实上壤		
3	砂、灰土	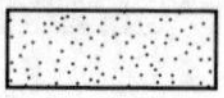	
4	砂砾石、碎砖三台上	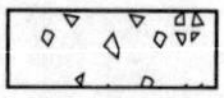	
5	石材		
6	毛石		
7	普通砖	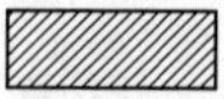	包括实心砖、多孔砖、砌块等砌体。断面较窄不易绘出图例线时，可涂红，并在图纸备注中加注说明，画出该材料图例
8	耐火砖		包括耐酸砖等砌体
9	空心砖	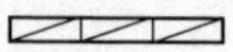	指非承重砖砌体

（续）

序号	名称	图　例	备　注
10	饰面砖		包括铺地砖、马赛克、陶瓷锦砖、人造大理石等
11	焦渣、矿渣		包括与水泥、石灰等混合面成的材料
12	混凝土	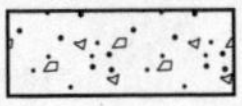	1. 本图例指能承重的混凝土 2. 包括各种强度等级、骨料、添加剂的混凝土 3. 在剖面图上画出钢筋时，不画图例线
13	钢筋混凝土		4. 断面图形小，不易画出图例线时，可涂黑
14	多孔材料		包括水泥珍珠岩、沥青珍珠岩、泡沫混凝土、非承重加气混凝土、软木、蛭石制品等
15	纤维材料	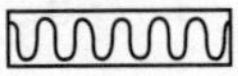	包括矿棉、岩棉、玻璃棉、麻丝、木丝板、纤维板等
16	泡沫塑料材料	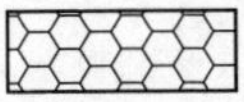	包括聚苯乙烯、聚乙烯、聚氨脂等多孔聚合物类材料
17	木材		1. 上图为横断面，左上图为垫木、木砖或木龙骨 2. 下图为纵断面
18	胶合板	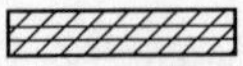	应注明为×层胶合板
19	石膏板	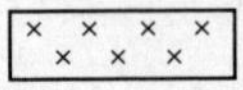	包括圆孔、方孔石膏板、防水石膏板硅钙板、防水板等
20	金属	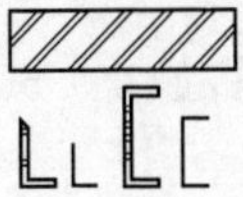	1. 包括各种金属 2. 图形小时，可涂黑
21	网状材料		1. 包括金属、塑料网状材料 2. 应注明具体材料名称
22	液体	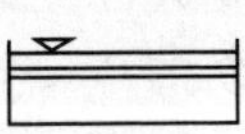	应注明具体液体名称

（续）

序号	名称	图　例	备　注
23	玻璃		包括平板玻璃、磨砂玻璃、夹丝玻璃、钢化玻璃、中空琉璃、夹层玻璃、镀膜玻璃等
24	橡胶		
25	塑料		包括各种软、硬塑料及有机玻璃等
26	防水材料		构造层次多或比例大时，采用上面图例
27	粉刷		本图例采用较稀的点

注：序号1、2、5、7、8、13、14、16、17、18图例中的斜线、短斜线、交叉斜线等均为45°。

第二节　总平面图

一、总平面图及作用

在画有等高线或坐标方格网的地形图上，画上新建工程及其周围原有建筑物、构筑物及拆除房屋的外轮廓的水平投影，以及场地、道路、绿化等的平面布置图形，即为总平面图。

总平面图是表明新建房屋在基地范围内的总体布置图，是用来作为新建房屋的定位、施工放线、土方施工和布置现场（如建筑材料的堆放场地、构件预制场地、运输道路等），以及设计水、暖、电、煤气等管线总平面图的依据。

二、总平面图的基本内容

（1）总平面图常采用较小的比例绘制，如1∶500、1∶1000、1∶2000。总平面图上坐标、标高、距离，均以"m"为单位。

（2）表明新建区的总体布局，如拨地范围、各建筑物及构筑物的位置、道路、管网的布置等。

（3）表明新建房屋的位置、平面轮廓形状和层数；新建建筑与相邻的原有建筑或道路中心线的距离；还应表明新建建筑的总长与总宽；新建建筑物与原有建筑物或道路的间距，新增道路的间距等。

(4)表明新建房屋底层室内地面和室外整平地面的绝对标高,说明土方填挖情况、地面坡度及雨水排除方向。

(5)标注指北针或风玫瑰图,用以说明建筑物的朝向和该地区常年的风向频率。

(6)根据工程的需要,有时还有水、暖、电等管线总平面图、各种管线综合布置图、竖向设计图、道路纵横剖面图以及绿化布置图。

三、阅读总平面图的步骤

总平面图的阅读步骤如下:

(1)看图样的比例、图例及相关的文字说明;

(2)了解工程的性质、用地范围和地形、地物等情况;

(3)了解地势高低;

(4)明确新建房屋的位置和朝向、层数等;

(5)了解道路交通情况,了解建筑物周围的给水、排水、供暖和供电的位置,管线布置走向;

(6)了解绿化、美化的要求和布置情况。

当然这只是阅读平面图的基本要点,每个工程的规模和性质各不相同,阅读的详略也各不相同。

四、识图示例

以某中学新建学生公寓总平面图为例进行说明(图3-1)。

(1)先看新建房屋的具体位置,外围尺寸。从图中可知用粗实线表示的新建房屋位于校园的东南角,是一个三层的学生公寓,尺寸为33.5m×13.1m的一字形建筑。

(2)再了解室内外地面标高(绝对标高)以及周围地形的高低,这是测量水平标高、引进水准点和考虑施工时土方平衡、运输路线、雨期施工规划排水路线的依据。从图中可看出新建房屋的±0.000=48.25m,室内外高差为48.25−47.80=0.45m。

(3)弄清新建房屋的具体定位(根据尺寸或坐标),作为施工放线时的依据。由图中可以看出,新建房屋的定位是以锅炉房东北角为定位依据的,公寓西侧距锅炉房6m,北侧退后锅炉房4m。

(4)看新建房屋的朝向和该地区常年的主导风向。

(5)查看管道,有的总平面图上,还有比较简单的水、暖、电等管道及检查井、化粪池等,比较复杂的另有单独的室外管线平面图和竖向布置图,应注意与总平

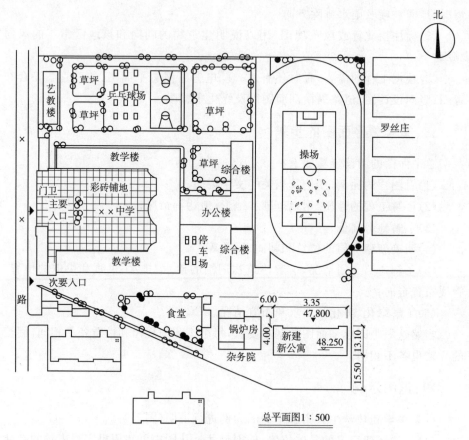

图 3-1　某中学新建学生公寓楼总平面图(单位:m)

面图对照查看,以便考虑这些设施与新建房屋的关系,如管道的坡度、建造的先后等。

五、新建房屋的定位

为了保证新建建筑物放线准确,根据地形情况,总平面图中常用以下两种方法表示新建建筑物的位置。

(1)根据已有的建筑或道路为依据进行定位。如图 3-1 中的新建学生公寓楼是根据其西侧的锅炉房东北角为定位依据的。

(2)坐标定位。在大范围和复杂地形的总平面图中,为了保证施工放线正确,往往以坐标表示新建建筑物、道路或管线的位置。坐标分为测量坐标和施工(建筑)坐标两种系统,如图 3-2 所示。

测量坐标是由国家或地区测绘的，X 轴方向为南北方向，Y 轴方向为东西方向，以 100m×100m 或 50m×50m 为一方格，在方格交点处画交叉十字线表示。用新建房屋的两个角点或三个角点的坐标值标定其位置，放线时根据已有的导线点，用仪器测出新建房屋的坐标，以便确定其位置。

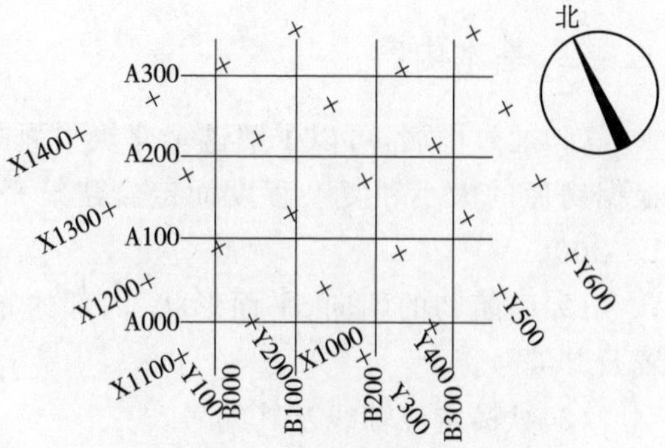

图 3-2　两种坐标系统

施工坐标将建设地区的某一点定为"0"，轴线用 A、B 表示，A 相当于测量坐标网的 X 轴，B 相当于测量网的 Y 轴（但不一定是南北方向），其轴线应与主要建筑物的基本轴线平行，用 100m×100m 或 50m×50m 的尺寸画成网格通线。放线时根据"0"点可导测出新建房屋的两个角点的位置，如图 3-3 所示。对于朝向偏斜的房屋采用施工坐标较适合。

总平面图上有测量和施工两种坐标系统时，应在附注中注明两种坐标系统的换算公式。建筑物朝向倾斜时，如不采用施工坐标网，则应标出主要建筑群的轴线与测量坐标轴线的交角。

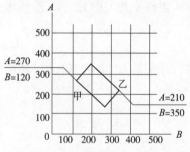

图 3-3　施工坐标中建筑物的定位

第三节　建筑平面图

一、建筑平面图的形成与作用

建筑平面图是假想用一水平的剖切平面沿房屋的门窗洞口将整个房屋切开，移去上半部分，对其下半部分作出水平剖面图，称为建筑平面图。

建筑平面图是表达了建筑物的平面形状，走廊、出入口、房间、楼梯卫生间等的平面布置，以及墙、柱、门窗等构配件的位置、尺寸、材料和做法等内容的图样。

建筑平面图是建筑施工图中最重要、最基本的图样之一，它用以表示建筑物某一层的平面形状和布局，是施工放线、墙体砌筑、门窗安装、室内外装修的依据。

二、基本内容

(1)通过图名,可以了解这个建筑平面图表示的是房屋的哪一层平面,比例根据房屋的大小和复杂程度而定。建筑平面图的比例宜采用 1：50、1：100、1：200。

(2)建筑物的朝向、平面形状、内部的布置及分隔,墙(柱)的位置、门窗的布置及其编号。

(3)纵横定位轴线及其编号。

(4)尺寸标注。

1)外部三道尺寸:总尺寸、轴线尺寸(开间及进深)、细部尺寸(门窗洞口、墙垛、墙厚等)。

2)内部尺寸:内墙墙厚、室内净空大小、内墙上门窗的位置及宽度等。

3)标高:室内外地面、楼面、特殊房间(卫生间、盥洗室等)楼(地)面、楼梯休息平台、阳台等处建筑标高。

(5)剖面图的剖切位置、剖视方向、编号。

(6)构配件及固定设施的定位,如阳台、雨篷、台阶、散水、卫生器具等,其中吊柜、洞槽、高窗等用虚线表示。

(7)有关标准图及大样图的详图索引。

三、识图示例

1. 底层平面图

图 3-4 为某办公楼底层平面图。采用 1：100 比例绘制。该住宅楼平面形状为"T"形。总长为 29700mm,总宽为 15000mm(不包括门厅宽度)。从指北针可以看出,住宅楼为南北朝向,大门朝北。房屋的定位轴线是以框架柱来确定的。横向轴线①~⑨,纵向轴线 A~F。墙体的中心与轴线重合,墙厚均为 240mm。门厅在⑤、⑥轴线之间。楼梯间在⑤~⑥轴线和 A~C 轴线之间,其开间尺寸为 4500mm,进深尺寸为 6900mm。从图中门窗的图例和编号了解到底层平面图上有 5 种共 8 扇门,即 M1、M2、M3、M1a 和 M1b;有窗 14 扇,C1 为铝合金推拉窗。1—1 剖面图的剖切符号和编号标注在⑤、⑥轴线之间,剖切后向左侧投影。由于平面图形上下、左右不对称,所以在图形四周均标注了尺寸。从各道尺寸的标注,可以了解到各房间的开间和进深。底层各房间的用途已用文字说明,其中大部分用作库房,右侧两房间用作财务室和检验室。图中还表示出了室外台阶、门厅两侧入口处的坡道、花池、散水和雨水管的位置和大小。

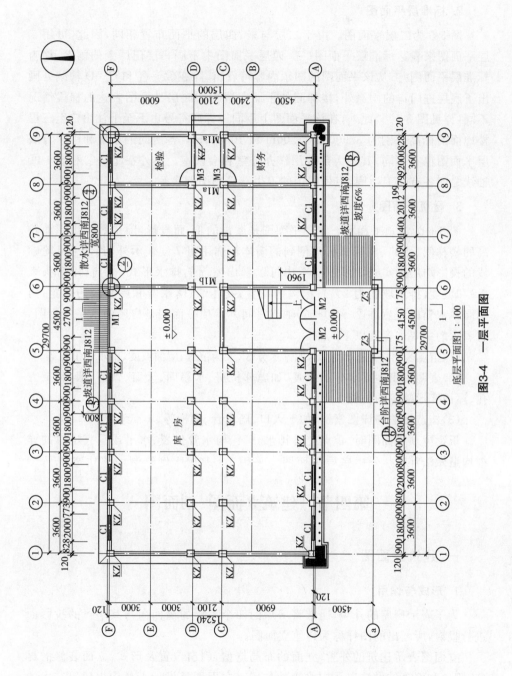

图3-4　一层平面图

底层平面图1：100

2. 标准层平面图

图 3-5 为二层平面图。由于二层与三、四层的平面布置相同,因此,可用二层平面图来表达标准层平面图(三、四层平面图中不画一层门厅上的雨篷,称为标准层平面图)。从该平面图的图示内容可看出,除在⑤～⑥和 C～D 轴线处画出了底层进门口的雨篷外,楼梯间的平面布置也与底层平面图表达的梯段情况不同(详见图 3-4)。此外,在该平面图上用同一标高符号由下至上注出二至三层楼地面的标高分别为 3.900m,7.200m 和 10.500m。各房间的布置和用途与底层平面图也有不同,其中大部分用作办公室和会议室。另外在①～②和⑧～⑨轴线之间各有一卫生间,卫生间中的卫生器具用图例表示。

3. 屋顶平面图

图 3-6 为屋顶平面图。屋顶平面图是屋顶的 H 面投影,除少数伸出屋面较高的楼梯间、水箱、电梯机房被剖到的墙体轮廓用粗实线表示外,其余可见轮廓线的投影均用细实线表示。从图中可以看出屋面的排水形式、方向(用箭头表示)和坡度(排水坡度为 2%);檐沟的位置;女儿墙、落水管和屋脊线的位置;两个屋顶水箱的位置在②～③～④轴线之间。屋顶平面图是房屋的水平投影图,它表示的主要内容有以下几点。

(1)重点表明房屋排水情况,如排水分区、天沟位置、屋面坡度、雨水管位置等。

(2)表明突出屋面部分的位置,如电梯机房、水箱间、天窗、管道、烟囱、上人孔、屋面变形缝等的位置。

(3)构造做法的详图索引,如上入口、雨水管、爬梯等。

识读屋顶平面图时,重点应看排水分区、雨水管位置、水平或垂直出口的详细构造做法等。

第四节　建筑立面图、剖面图

一、建筑立面图

1. 形成与作用

为了表示房屋的外貌,通常将房屋的四个主要的墙面向与其平行的投影面进行投射,所画出的图样称为建筑立面图。

立面图表示建筑的外貌、立面的布局造型,门窗位置及形式,立面装修的材料,阳台和雨篷的做法以及雨水管的位置。立面图是设计人员构思建筑艺术的体现。在施工过程中,立面图主要用于室外装修。

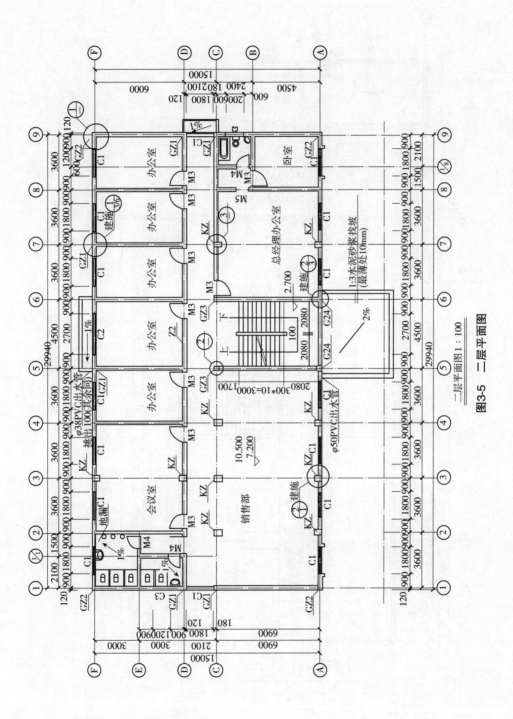

二层平面图 1:100

图3-5　二层平面图

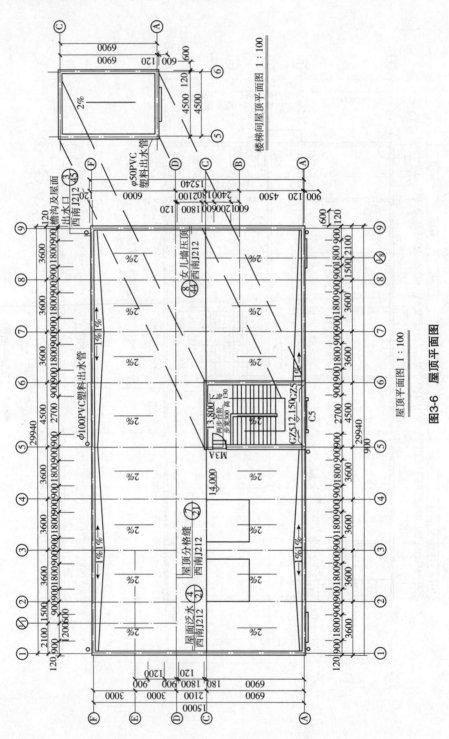

楼梯间屋顶平面图 1：100

屋顶平面图 1：100

图3-6 屋顶平面图

2. 建筑立面图的命名

(1)以建筑墙面的特征命名。将反映主要出入口或比较显著地反映房屋外貌特征的墙面,称为"正立面图"。其余立面称为"背立面图"和"侧立面图"。

(2)按各墙面的朝向命名。如"南立面图"、"北立面图"、"东立面图"和"西立面图"等。

(3)按建筑两端定位轴线编号命名。如①～⑨立面图、A～F 立面图等。

3. 基本内容

(1)建筑立面图的比例与平面图的比例一致,常用 1：50,1：100,1：200 的比例尺绘制。

(2)室外地面以上的外轮廓、台阶、花池、勒角、外门、雨篷、阳台、各层窗洞口、挑檐、女儿墙、雨水管等的位置。

(3)外墙面装修情况,包括所用材料、颜色、规格。

(4)室内外地坪、台阶、窗台、窗上口、雨篷、挑檐、墙面分格线、女儿墙、水箱间及房屋最高顶面等主要部位的标高及必要的高度尺寸。

(5)有关部位的详图索引,如一些装饰、特殊造型等。

(6)立面左右两端的轴线标注。

4. 识图示例

图 3-7、图 3-8 为某办公楼立面图,采用 1：100 比例绘制。①～⑨立面为正立面,整个立面造型大方、简洁,反映了该立面的外形特征和主要出入口的位置。办公楼共四层,总高为 17.10m,一层高 3.90m,二、三、四层均为 3.30m,室内外高差 0.450m。各层窗一律采用铝合金推拉窗。前面楼梯间圆弧形墙有一组铝合金窗从上贯通至二层。立面装修在不同部位用白色瓷砖和紫色瓷砖贴面,勒脚采用青灰色人造剁斧石贴面,给人以素雅、清新的感觉。门厅凸出墙面 4.50m。

图 3-7 为 A～F 右侧立面图和 F～A 左侧立面图。

二、建筑剖面图

1. 形成与作用

建筑剖面图主要用来表达房屋内部沿垂直方向各部分的结构形式、组合关系、分层情况构造做法以及门窗高、层高等,是建筑施工图的基本样图之一。

剖面图通常是假想用一个或多个垂直于外墙轴线的铅垂剖切平面将整幢房屋剖开,经过投射后得到的正投影图,称为建筑剖面图。

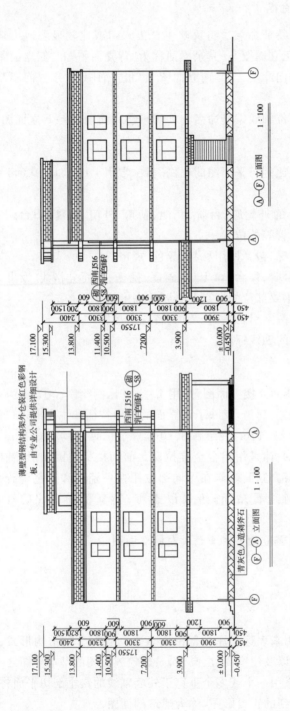

图3-7 某办公楼立面图

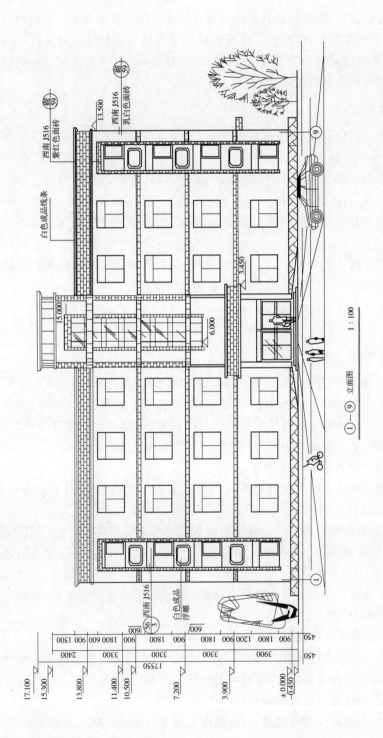

图3-8 某办公楼正立面图

剖面图的数量根据房屋的具体情况和施工的实际需要而决定。一般剖切平面选择在房屋内部结构比较复杂、能反映建筑物整体构造特征以及有代表性的部位剖切。例如楼梯间和门窗洞口等部位。剖面图的剖切符号应标注在底层平面图上,剖切后的方向宜向上、向左。

2. 基本内容

(1)剖面图的比例应与建筑平面图、立面图一致,宜采用 1∶50、1∶100、1∶200 的比例尺绘制。

(2)表明剖切到的室内外地面、楼面、屋顶、内外墙及门窗的窗台、过梁、圈梁、楼梯及平台、雨篷、阳台等。

(3)表明主要承重构件的相互关系,如各层楼面、屋面、梁、板、柱、墙的相互位置关系。

(4)标高及相关竖向尺寸,如室内外地坪、各层楼板、吊顶、楼梯平台、阳台、台阶、卫生间、地下室、门窗、雨篷等处的标高及相关尺寸。

(5)剖切到的外墙及内墙轴线标注。

(6)需另见详图部位的详图索引,如楼梯及外墙节点等。

3. 识图示例

图 3-9 为本例住宅楼的建筑剖面图,图中 1-1 剖面图是按图 3-4 首层平面图中 1-1 剖切位置绘制的,为全剖面图(在此,图中省略了阁楼层的楼梯),绘制比例为 1∶100。其剖切位置通过单元门、门厅、楼梯间,剖切后向左进行投影,得到横向剖面图,基本能反映建筑物内部竖直方向的构造特征。

建筑剖面图主要图示内容包括:

(1)比例及图名。剖面图的绘图比例与平面图和立面图相同,常用 1∶50、1∶100、1∶200 的比例绘制。绘图比例一般注写在图名右侧。

剖面图的名称是根据底层平面图上的剖切符号来命名的,如"1-1 剖面图"、"2-2 剖面图"等,可见图 3-9 所示。图名注写在剖面图下方的中部,并在图名下方画一条粗实线。

(2)定位轴线。在剖面图中通常只画出两端墙的定位轴线及编号,以便与平面图对照,如图 3-9 所示。

(3)尺寸和标高。建筑剖面图上的尺寸有外部尺寸、内部尺寸和标高。

1)外部尺寸:在外墙竖直方向上标注三道尺寸,最外一道尺寸标注房屋室外地坪至女儿墙压顶的总高尺寸;中间一道标注各层高尺寸;最里边一道标注外墙门洞、窗洞、窗间墙以及勒脚和檐口高度尺寸。

在水平方向应标注剖到的墙、柱及剖面图两端的轴线间距。见图 3-9 所示。

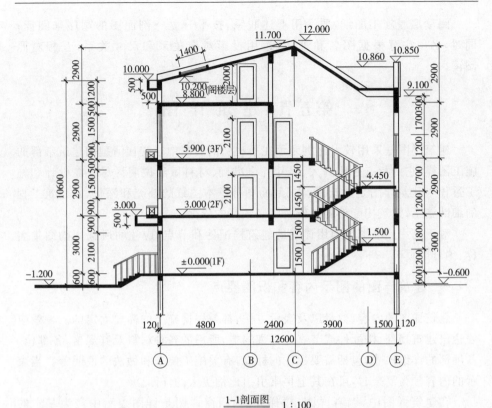

<u>1—1剖面图</u>　1∶100

图 3-9　某建筑剖面图

2)内部尺寸:应标注出室内内墙门洞、窗洞、楼梯、栏杆等高度尺寸。

3)标高:剖面图上应标注出经装修后各层楼地面、楼梯休息平台、台阶顶面,阳台顶面和室外地坪的相对标高,见图 3-9 所示。

(4)其他标注

由于剖面可采用的比例较小,有些部位不可能详细表示,可在该部位外画出详图索引符号,另用详图表示细部结构。

三、平、立、剖面图的关系

平、立、剖面图是建筑施工图的三种基本图纸,它们所表达的内容既有分工又有紧密的联系。平面图重点表达房屋的平面形状和布局,反映长、宽两个方向的尺寸;立面图重点表现房屋的外貌和外装修,主要尺寸是标高;剖面图重点表示房屋内部竖向结构形式、构造方式,主要尺寸是标高和高度。三种图纸之间有着确定的投影关系,又有统一的尺寸关系,具有相互补充、相互说明的作用。定位轴线和标高数字是它们相互联系的基准。

阅读房屋施工图纸,要运用上述联系,按平→立→剖面图的顺序来阅读;同时,必须注意根据图名和轴线,运用投影对应关系和尺寸关系,互相对照阅读。

第五节　建　筑　详　图

建筑详图是采用较大比例表示在平、立、剖面图中未交代清楚的建筑细部的施工图样,它的特点是比例大、尺寸齐全准确、材料做法说明详尽。在设计和施工过程中建筑详图是建筑平、立、剖面图等基本图纸的补充和深化,是建筑工程的细部施工;建筑构配件的制作及编制预算的依据。

对于套用标准图或通用详图的建筑构配件和节点,应注明所选用的图集名称、编号或页码。

一、建筑详图的图示内容和识图要点

建筑详图的内容、数量以及表示方法,都是根据施工的需要而定的。一般应表达出建筑局部、构配件或节点的详细构造,所用的各种材料及其规格,各部位、各细部的详细尺寸,包括需要标注的标高,有关施工要求和做法的说明等。当表示的内容较为复杂时,可在其上再索引出比例更大的详图。

在建筑详图中,墙身详图、楼梯详图、门窗详图是详图表示中最为基本的内容。

1. 墙身详图

墙身详图与平面图配合,是砌墙、室内外装修、门窗洞口、编制预算的重要依据。识读墙身详图时应从以下几点入手(以图 3-10 为例)。

(1)根据墙身的轴线编号,查找剖切位置及投影方向,了解墙体的厚度、材料及与轴线的关系。如该详图是 A 轴、C 轴线上的外墙,墙体材料为黏土砖。墙厚为 360mm,轴线外 240mm,轴线内 120mm,因在各层窗台下留有暖气槽,局部墙厚变为 240mm。

(2)看各层梁、板等构件的位置及其与墙身的关系。如图所示,各层窗上设有钢筋混凝土过梁,截面为矩形,过梁抹灰在外侧梁底部作了滴水线,过梁处墙内侧设有窗帘盒;各层楼板支撑在横墙上,平行于外纵墙布置,靠外纵墙处有一现浇板带,楼板层的材料、构造;尺寸见引出的分层说明。

(3)看室内楼地面、门窗洞口、屋顶等处的标高,识读标高时要注意建筑标高与结构标高的关系,如图中门窗洞口和屋顶处标高为结构标高,楼地面标高为建筑标高。

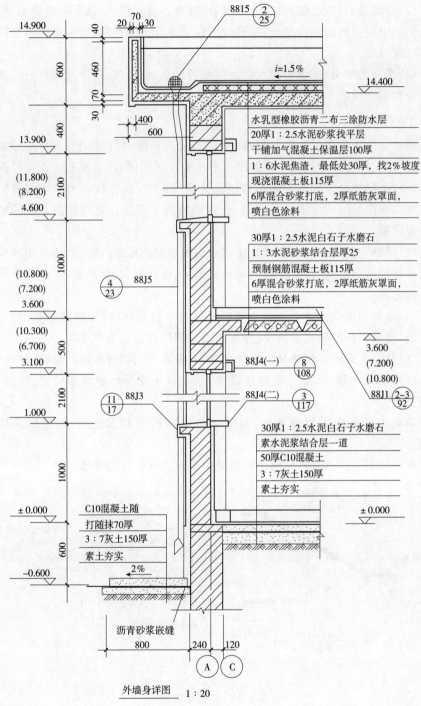

水乳型橡胶沥青二布三涂防水层
20厚1:2.5水泥砂浆找平层
干铺加气混凝土保温层100厚
1:6水泥焦渣，最低处30厚，找2%坡度
现浇混凝土板115厚
6厚混合砂浆打底，2厚纸筋灰罩面，
喷白色涂料

30厚1:2.5水泥白石子水磨石
1:3水泥砂浆结合层厚25
预制钢筋混凝土板115厚
6厚混合砂浆打底，2厚纸筋灰罩面，
喷白色涂料

30厚1:2.5水泥白石子水磨石
素水泥浆结合层一道
50厚C10混凝土
3:7灰土150厚
素土夯实

C10混凝土随
打随抹70厚
3:7灰土150厚
素土夯实

沥青砂浆嵌缝

外墙身详图　1:20

图3-10　某墙身详图

（4）看墙身的防水、防潮做法：如檐口、墙身、勒脚、散水、地下室的防潮、防水做法。图中在室内地坪高度处，墙身设了钢筋混凝土防潮层；散水与墙身之间用沥青砂浆嵌缝。

（5）看详图索引：如图中雨水管及雨水管进水口、踢脚、窗帘盒、窗台板、外窗台等处均引有详图。

2. 楼梯详图

楼梯详图主要表示楼梯的类型、结构形式及梯段、栏杆扶手、防滑条等的详细构造方式、尺寸和材料。楼梯详图一般由楼梯平面图、剖面图和节点大样图组成。一般楼梯的建筑详图与结构详图是分别绘制的，但比较简单的楼梯有时也可将建筑详图与结构详图合并绘制，编入结构施工图中。楼梯详图是楼梯施工的主要依据。

（1）楼梯平面图。可以认为是建筑平面图中局部楼梯间的放大，它用轴线编号表明楼梯间的位置，注明楼梯间的长宽尺寸、楼梯级数、踏步宽度、休息平台的尺寸和标高等。

（2）楼梯剖面图。主要表明各楼层及休息平台的标高，楼梯踏步数，构件搭接方法，楼梯栏杆的形式及高度，楼梯间门窗洞口的标高及尺寸等。

（3）节点大样。即楼梯构配件大样图，主要表明栏杆的截面形状、材料、高度、尺寸，以及与踏步、墙面的连接做法，踏步及休息平台的详细尺寸、材料、做法等。

节点大样图多采用标准图，对于一些特殊造型和做法的，还须单独绘制详图。

图 3-11、图 3-12 为常见现浇钢筋混凝土板式及梁板式楼梯。

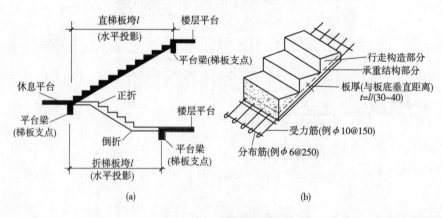

图 3-11 板式楼梯段

（a）梯间剖面图；（b）梯段构造示意

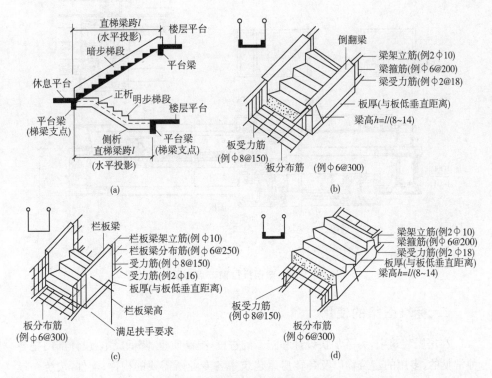

图 3-12　梁板式楼梯段类型及构造

(a)梯间剖面图；(b)暗步式(上翻梁)；(c)栏板梁式；(d)明步式(正梁)

3. 门窗详图

门、窗详图一般由立面图、节点大样图组成。立面图用于表明门、窗的形式，开启方式和方向，主要尺寸及节点索引号等；节点大样是用来表示截面形式、用料尺寸、安装位置、门窗扇与门窗框的连接关系等。

由于以前门、窗材料多为木材，同时又缺少统一的标准，因此门、窗详图是木工加工制作的重要依据，也是施工图中不可缺少的图样之一。目前门、窗的材料已由单一的木材，向多样化发展，例如当前较为流行的塑钢门窗、铝合金门窗等，国家或地区的标准图集对各种门窗，就其形式到尺寸表示得较为详尽，门窗的生产、加工也趋于规模化、统一化，门窗的加工已从施工过程中分离出来。因此施工图中关于门、窗详图内容的表达上，一般只需注明标准图集的代号即可，以便于预算、订货。

图 3-13 为标准图集 98J4(一)中 60 系列塑钢推拉单玻璃窗水平方向节点详图。

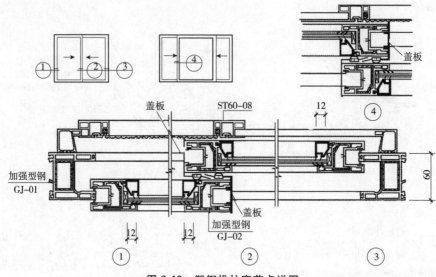

图 3-13　塑钢推拉窗节点详图

二、标准图集的使用

在房屋建筑中,为了加快设计和施工的进度,提高质量,降低成本,设计部门把各种常见的、多用的建筑物以及各类房屋建筑中各专业所需要的构件、配件,按统一模数设计成几种不同的标准规格,统一绘制出成套的施工图,经有关部门审查批准后,供设计和施工单位直接选用。这种图称为建筑标准设计图,把它们分类、编号装订成册,称为建筑标准设计图集或建筑标准通用图集,简称标准图集或通用图集。

1. 标准图集的分类详见表 3-4。

表 3-4　标准图集的分类

分类		具　体　内　容
按使用范围	全国通用图集	经国家标准设计主管部门批准的全国通用的建筑标准设计图集
	地区通用图集	经省、市、自治区批准的建筑标准设计图集,可在相应地区范围使用
	单位内部图集	由各设计单位编制的图集,可供单位内部使用
按表达内容	构配件标准图集 — 建筑配件标准图集	与建筑设计有关的建筑配件详图和标准做法,如门、窗、厕所、水池、栏杆、屋面、顶棚、楼地面、墙面、粉刷等详图或做法
	构配件标准图集 — 建筑构件标准图集	与结构设计有关的构件的结构详图。如屋架、梁、板、楼梯、阳台等
	成套建筑标准设计图集	整幢建筑物的标准设计(定型设计),如住宅、小学、商店、厂房等

2. 查阅方法

（1）根据施工图中构件、配件所引用的标准图集或通用图集的名称、编号及编制单位，查找所选用的图集；

（2）阅读图集的总说明，了解本图集编号和表示方法，以及编制图集的设计依据、适用范围、适用条件、施工要求及注意事项；

（3）根据施工图中的索引符号，即可找到所需要的构、配件详图。

例如木门的编号方法是：

如 $1M_1 37$，其中 $1M_1$ 表示夹板门带玻璃，门宽、高的代号分别为 3 和 7，再由说明可知将宽度和高度代号各乘以 300，即为门的尺寸 900mm×2100mm。

第四章　结构施工图

第一节　结构施工图概述

一、结构施工图的组成、作用及特点

结构施工图，是结构设计时根据建筑的要求，选择结构类型，进行合理的构件布置，再通过结构计算，确定构件的断面形状、大小、材料及构造，反映这些设计成果的图样。

结构施工图由结构设计说明、结构平面图、结构详图和其他详图组成。

结构施工图是施工放线、挖基槽、支模板、绑扎钢筋、设置预埋件、浇筑混凝土、安装预制构件、编制预算和施工组织计划的依据。

房屋由于结构形式的不同，结构施工图所反映的内容也有所不同。如混合结构房屋的结构图主要反映墙体、梁或圈梁、门窗过梁、混凝土柱、抗震构造柱、楼板、楼梯以及它们的基础等内容；而钢筋混凝土框架结构房屋的结构图，主要是反映梁、板、柱、楼梯、围护结构以及它们相应的基础等；另外排架结构房屋的结构图主要反映柱子、墙梁、连系梁、吊车梁、屋架、大型屋面板、波形水泥大瓦等结构内容。因此阅读结构施工图时，应根据不同的结构特点进行阅读。

二、结构施工图常用图示方法及符号

1. 常用构件代号

结构构件种类繁多，为了便于绘图、读图，在结施图中用代号来表示构件的名称，常用构件代号见表 4-1。

表 4-1　常用构件代号

序号	名　称	代号	序号	名　称	代号
1	板	B	4	槽形板	CB
2	屋面板	WB	5	折板	ZB
3	空习板	KB	6	密肋板	MB

（续）

序号	名　称	代号	序号	名　称	代号
7	楼梯板	TB	31	框架	KJ
8	盖板或沟盖板	GB	32	刚架	GJ
9	挡雨板或檐口板	YB	33	支架	ZJ
10	吊车安全走道	DB	34	柱	Z
11	墙体	QB	35	框架柱	KZ
12	天沟板	TGB	36	构造柱	GZ
13	梁	L	37	承台	CT
14	屋面梁	WL	38	设备基础	SJ
15	吊车梁	DL	39	桩	Z
16	单轨吊车梁	DDL	40	挡土墙	DQ
17	轨道连接	DGL	41	地沟	DG
18	车挡	CD	42	柱间支撑	ZC
19	圈梁	QL	43	垂直支撑	CC
20	过梁	GL	44	水平支撑	SC
21	连系梁	LL	45	梯	T
22	基础梁	JL	46	雨篷	YP
23	楼梯梁	TL	47	阳台	YT
24	框架梁	KL	48	梁垫	LD
25	框支架	KZL	49	预埋件	M
26	屋面框架梁	WKL	50	天窗端壁	TD
27	檩条	LT	51	钢筋网	W
28	屋架	WJ	52	钢筋骨架	G
29	托架	TJ	53	基础	J
30	天窗架	CJ	54	暗柱	AZ

注:1. 预制钢筋混凝土构件、现浇钢筋混凝土构件、钢构件和木构件,一般可直接采用。在绘图中,当需要区别上述构件的材料种类时,可在构件代号前加注材料代号,并在图纸中加以说明。

2. 预应力钢筋混凝土构件的代号,应在构件代号前加注"Y−",如 Y−DL 表示预应力钢筋混凝土吊车梁。

2. 钢筋的常用表示方法

(1)钢筋的图示方法

在结构图中,钢筋的图示方法是结构图阅读的主要内容之一。除通常用单根粗实线表示钢筋的立面,用黑圆点表示钢筋的横断面外,还有很多常见的表示方法,见表4-2。

表 4-2　钢筋的图示方法

图例	名称及说明	图例	名称及说明
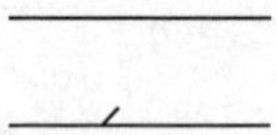	端部无弯钩钢筋 下图表示:长短钢筋投影重叠时短钢筋的端部用斜画线表示	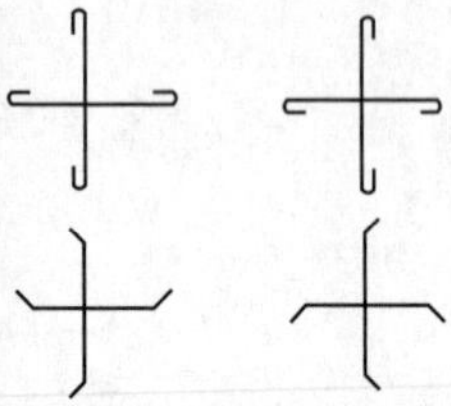	结构平面图中配置双层钢筋时,底层钢筋弯钩向上或向左,顶层钢筋弯钩向下或向右
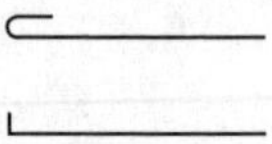	端部是半圆形弯钩或直弯钩的钢筋	(底层)　　(顶层)	
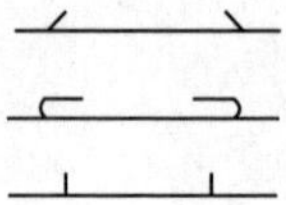	钢筋的搭接 上为无弯钩,中为圆弯钩,下为直弯钩	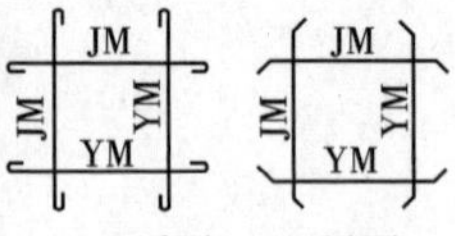 (JM近面;YM远面)	结构墙体配双层钢筋时,配筋立面图中远面钢筋弯钩向上或向左,近面弯钩向下或向右
	带丝扣的钢筋端部	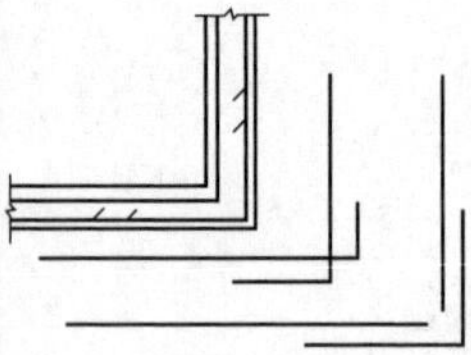	断面图不能表达清楚的钢筋布置,应在断面图增加钢筋大样图
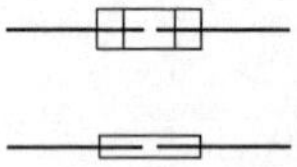	花蓝螺丝钢筋接头 机械连接的钢筋接头		
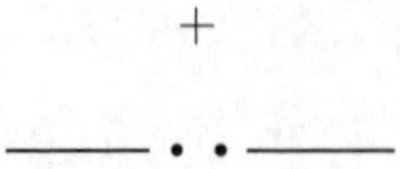 +	单根预应力钢筋断面 预应力钢筋或钢绞线	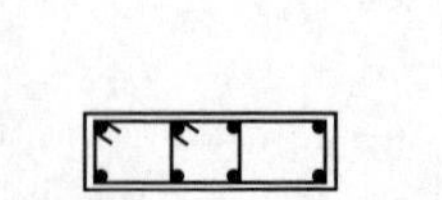 或	箍筋、环筋等若布置复杂时,可加画钢筋大样及说明
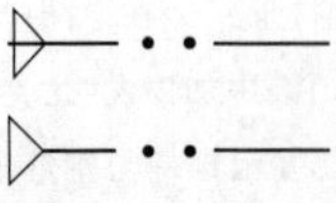	张拉端锚具 固定端锚具	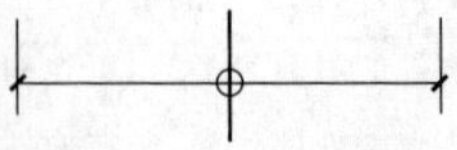	一组相同钢筋、箍筋或环筋可用一根粗线表示,同时要表明起止位置

（2）钢筋的等级符号

钢筋按其强度和种类分成不同的等级，等级符号由直径符号变化而来，见表 4-3。

表 4-3　常用钢筋代号

钢筋种类	符号	钢筋种类	符号
Ⅰ级钢筋	φ	Ⅳ级钢筋	Φ
Ⅱ级钢筋	Φ	冷拔低碳钢丝	ϕ^b
Ⅲ级钢筋	Φ	冷拉Ⅰ级钢	ϕ^l

（3）钢筋的编号及标注

为了便于识读及施工，构件中的各种钢筋应按其等级、形状、直径、尺寸的不同进行编号，标注形式如下：

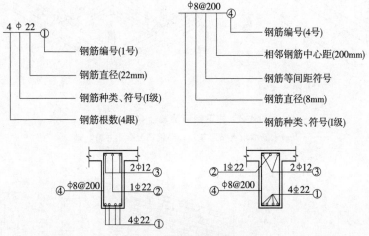

图 4-1　钢筋的标注形式

（4）钢筋构造要求

通常，结构施工图可能不会将钢筋构造要求全部示出。实际施工时，一般按混凝土结构设计规范、建筑抗震设计规范、钢筋混凝土结构构造图集或结构标准设计图集的构造要求，结合结构施工图指导施工。读者可参考上述设计规范、图集，学习识图。

3. 钢结构图

钢结构图的常用表示方法（型钢标注、焊缝代号及标注、螺栓铆钉图例等，见第五节）。

第二节 基 础 图

基础图是建筑物室内地面以下部分承重结构的施工图,它包括基础平面图和基础详图。基础图是施工放线、开挖基槽、砌筑基础、计算基础工程量的依据。

一、基础的基本类型

基础按构造特点可分为六种基本类型,即条形基础、独立基础、井格基础、筏板基础、箱形基础和桩基础等,如图 4-2～图 4-6 所示。

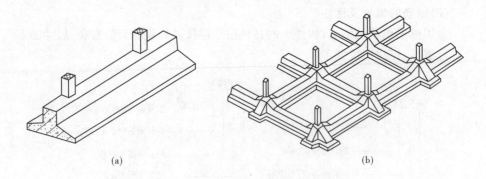

(a)　　　　　　　　　　　　　　　　　　　　(b)

图 4-2　柱下钢筋混凝土条形基础

(a)钢筋混凝土条形基础;(b)钢筋混凝土井格基础

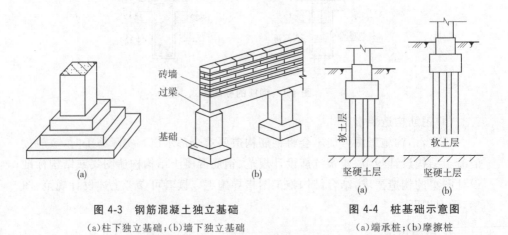

(a)　　　　　　　　　　　(b)　　　　　　　　　　(a)　　　　　　(b)

图 4-3　钢筋混凝土独立基础　　　　　　**图 4-4　桩基础示意图**

(a)柱下独立基础;(b)墙下独立基础　　　　　　(a)端承桩;(b)摩擦桩

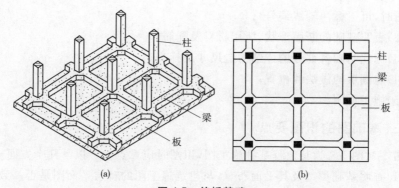

图 4-5 筏板基础

(a)示意图;(b)平面图

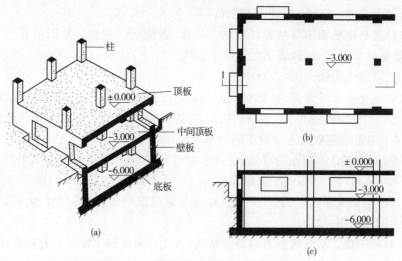

图 4-6 箱形基础

(a)示意图;(b)一层地下室平面图;(c)剖面图

二、基础图的图示内容

1. 基础平面图的内容

(1)表明横、纵向定位轴线及其编号,应与建筑平面图相一致;

(2)表明基础墙、柱、基础底面的形状、大小及其与轴线的关系;

(3)基础梁、柱、独立基础等构件的位置及代号,基础详图的剖切位置及编号;

(4)其他专业需要设置的穿墙孔洞、管沟等的位置、洞口尺寸、洞底标高等;

(5)基础施工说明。

2. 基础详图的内容

(1)基础断面图轴线及其编号(当一个基础详图适用于多条基础断面或采用

通用图时,可不标注轴线编号);

(2)表明基础的断面形状、所用材料及配筋;

(3)标注基础各部分的详细构造尺寸及标高;

(4)防潮层的做法和位置;

(5)施工说明。

三、基础图的识图要点

图 4-7、图 4-8 为某工程基础施工图,识图时应重点注意以下几个方面。

(1)查明基础类型及其平面布置,与建筑施工图的首层平面图是否一致。例如图 4-7 中有两种基础类型,分别为条形基础和独立基础。

(2)阅读基础平面图,了解基础边线的宽度。由图 4-7 可知,该基础边线的宽度分别为 800mm、1200mm、1500mm 等。

(3)将基础平面图与基础详图结合阅读,查清轴线位置。从图中看出,该建筑外墙基础均为偏轴(轴线不在墙的中心线上),外 240mm,内 120mm;内墙基础轴线⑤、⑥轴为偏轴,其他均对中。

(4)结合基础平面图的剖切位置及编号,了解不同部位的基础断面形状(如条形基础的放脚收退尺寸)、材料、防潮层位置、各部位的尺寸及主要部位标高。如图 4-7 中条形基础共有 7 种不同的基础断面详图(即 1-1、2-2、2a-2a……6-6);从图 4-8 所示的 1-1 断面图可知,该条形基础为砖基础,基础垫层为素混凝土,垫层宽 1200mm,高 250mm;条形基础放脚尺寸每层高 120mm,两侧同时收 60mm;防潮层设在标高±0.000 处,材料为钢筋混凝土,断面尺寸为 240mm×60mm,配筋见图标注。

(5)对于独立基础等钢筋混凝土基础,应注意将基础平面图和基础详图结合阅读,弄清配筋情况。如图所示,由基础平面图可知,J1 表示的是⑤、⑥轴入口处,钢筋混凝土柱下独立基础,再由详图进一步了解配筋情况。将 J1 详图的局部剖视平面图和 A-A 断面图对照阅读可知:基础底部纵横向都配置了直径为 12mm 的Ⅱ级钢筋,间距为 200mm,因钢筋长度不同,横向编为①号,纵向编为②号,①号筋位于②号筋下方,说明①号筋的方向为主要受力方向。

(6)通过基础平面图,查清构造柱的位置及数量。其配筋及构造做法,在基础说明中有详细的阐述,应仔细阅读。

(7)查明留洞位置。该基础平面图中有四处留洞,是应水、暖、电等专业的要求布置的。如图 4-7 的 F 轴上有两个预留洞,尺寸相同(300mm×400mm),洞底标高均为−1.500m。

另外基础平面图中①、②轴和⑤、⑥轴楼梯间处分别设有基础梁 JL_1 和 JL_2,它们是为支撑相应的楼梯梯段板而设置的,JL_2 的下面设有条形基础,是为加强

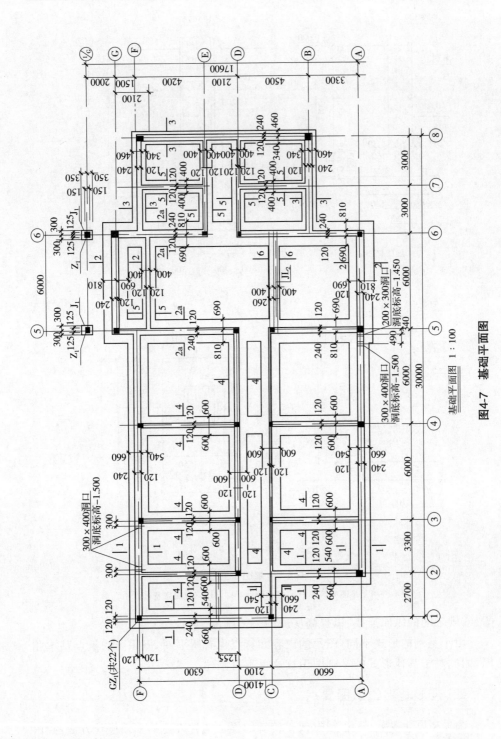

基础平面图 1:100

图4-7　基础平面图

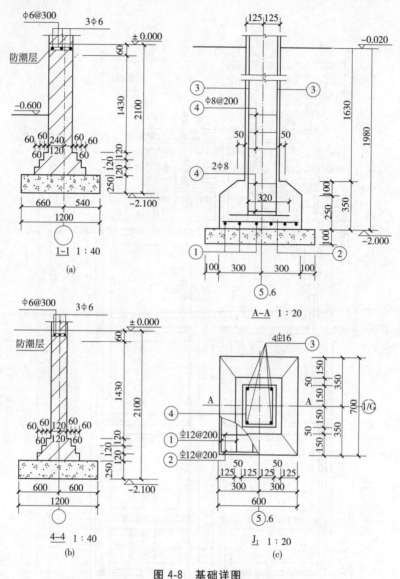

图 4-8 基础详图

(a)外墙条形基础详图;(b)内墙条形基础详图;(c)独立基础详图

⑤、⑥轴之间的纵向连接,以提高房屋的整体刚度。

由于基础的形式不同,图示的内容和特点也有所不同,但识图的重点基本相同,因此对于其他形式的基础图识读这里不再阐述。

四、筏形基础的识图要点

为提高设计效率、简化绘图、改革传统的逐个构件表达的繁琐设计方法,我国推出了国家标准图集《混凝土结构施工图平面整体设计方法制图规则和构造详图》(11G101—1、11G101—2、11G101—3)。建筑结构施工图平面整体设计法(简称平法)的表达方式是对我国混凝土结构施工图的设计表示方法的重大改革。

平法的表达形式,概括来讲,是把结构构件的尺寸和配筋等,按照平面整体表示方法制图规则,整体直接表达在各类构件的结构平面布置图上,再与标准构造详图相配合,即构成一套完整的结构设计。

该图集适用于非抗震和抗震设防烈度为 6、7、8、9 度地区,抗震等级为特一级和一、二、三、四级的砌体结构的现浇楼板与屋面板、现浇混凝土框架、剪力墙、框架—剪力墙和框支剪力墙主体结构施工图的设计。

图集包括常用的现浇混凝土筏形基础、柱、墙、梁、楼梯等构件的平法制图规则和标准构造详图两大部分,其中制图规则是为了规范使用平法,确保设计、施工质量实现全国统一;它既是设计者完成筏形基础、柱、墙、梁、楼梯等平法施工图的依据,也是施工监理人员准确理解和实施平法施工图的依据。标准构造详图是施工人员必须与平法施工图配套使用的正式设计文件。

筏形基础由钢筋混凝土主梁、次梁和地基板组成,形似水中竹筏,所以称作筏形基础,简称筏基。又由于它满布于建筑物下,所以也称"满堂红基础"。筏形基础有梁顶与板顶一平(高板位)、梁底与板底一平(低板位)和板在梁的中部(中板位)三种不同的位置组合。常用的有梁板式筏形基础、平板式筏形基础。先介绍梁板式筏形基础。

1. 梁板式筏形基础平法表示

(1)梁板式筏形基础构件编号,见表 4-4

表 4-4　梁板式筏形基础构件编号

构件类型	代号	序号	跨数及有否外伸
基础主梁(柱下)	JZL	××	(××)或(××A)或(××B)
基础次梁	JCL	××	(××)或(××A)或(××B)
梁板筏基础平板	LPB	××	

注:1. (××A)为一端有外伸,(××B)为两端有外伸,外伸不计入跨数。例 JZL7(5B)表示第 7 号基础主梁,5 跨,两端有外伸。

2. 对于梁板式筏形基础平板,其跨数及是否有外伸分别在 X,Y 两向的贯通纵筋之后表达。图面从左至右为 X 向,从下至上为 Y 向。

(2)条基础主梁与基础次梁的集中标注

基础主梁 JZL 与基础次梁 JCL 的集中标注应在第一跨(X 向为左端跨,Y 向为下端跨)引出指示线,规定如下。

1)注写基础梁的编号,见表4-4。

2)注写基础梁的截面尺寸。以$b×h$表示梁截面宽度与高度;当为加腋梁时,用$b×hYc_1×c_2$表示,其中c_1为腋长,c_2为腋高。

3)注写基础梁的箍筋。

①当具体设计采用一种箍筋间距时,仅需注写钢筋级别、直径、间距与肢数(写在括号内)即可。

②当具体设计采用两种或三种箍筋间距时,先注写梁两端的第一种或第一、二种箍筋,并在前面加注箍筋道数;再依次注写跨中部的第二种或第三种箍筋(不需加注箍筋道数);不同箍筋配置用斜线"/"相分隔。

例如:$11\phi14@150/250(6)$,表示箍筋为HPB300级钢筋,直径14mm,从梁端到跨内,间距150mm设置11道(即分布范围为$150×10=1500$),其余间距为250mm,均为六肢箍。

例如:$9\phi16@100/12\phi16@150/\phi16@200(6)$,表示箍筋为HPB300级钢筋,直径16mm,从梁端向跨内,间距100mm设置9道,间距150mm设置12道,其余间距为200mm,均为六肢箍。

施工时应注意:两个方向基础主梁相交的柱下区域,应有一向截面较高的基础主梁按梁端箍筋全面贯通设置。

4)注写基础梁的底部与顶部贯通纵筋。具体内容如下。

①先注写梁底部贯通纵筋(B打头)的规格与根数(不应少于底部受力钢筋总截面面积的1/3)。当跨中所注根数少于箍筋肢数时,需要在跨中加设架立筋以固定箍筋,注写时,用加号"+"将贯通纵筋与架立筋相连,架立筋注写在加号后面的括号内。

②再注写顶部贯通纵筋(T打头)的配筋值。注写时用分号";"将底部与顶部纵筋分隔开来,如有个别跨与其不同者,按原位注写的规定处理。

例如:$B4\phi32;T7\phi32$表示梁的底部配置$4\phi32$HPB300级的贯通纵筋,梁的顶部配置$7\phi32$HPB300级的贯通纵筋。

③当梁底部或顶部贯通纵筋多于一排时,用斜线"/"将各排纵筋自上而下分开。

例如:梁底部贯通纵筋注写为$B8\phi283/5$,则表示上一排纵筋为$3\phi28$,下一排纵筋为$5\phi28$。

注:a. 基础主梁与基础次梁的底部贯通纵筋,可在跨中1/3跨度范围内采用搭接连接、机械连接或对焊连接;

b. 基础主梁的顶部贯通纵筋,可在距柱的根部1/4跨度范围内采用搭接连接,或在柱根附近采用机械连接或对焊连接(均应严格控制接头百分率);

c. 基础次梁的顶部贯通纵筋,每跨两端应锚入基础主梁内,或在距中间支座(基础主梁)1/4 跨度范围采用机械连接或对焊连接(均应严格控制接头百分率)。

5)注写基础梁的侧面纵向构造钢筋。当梁腹板高度 $hw \geqslant 450mm$ 时,根据需要配置纵向构造钢筋。设置在梁两个侧面的总配筋值以大写字母 G 打头注写,且对称配置。

例如:G8ϕ16,表示梁的两个侧面共配置 8ϕ16 的纵向 HRB335 级构造钢筋,每侧各配置 4ϕ16。

当基础梁一侧有基础板,另一侧无基础板时,梁两个侧面的纵向构造钢筋以 G 打头分别注写并用"+"号相连。

例如:G6ϕ16+4ϕ16,表示梁腹板高度 hw 较高侧面配置 6ϕ16,另一侧面配置 4ϕ16 纵向构造钢筋。

6)注写基础梁底面标高高差(系指相对于筏形基础平板底面标高的高差值),该项为选注值。有高差时需将高差写入括号内(如"高板位"与"中板位"基础梁的底面与基础平板底面标高的高差值),无高差时不注(如"低板位"筏形基础的基础梁)。

(3)条基础主梁与基础次梁的原位标注,规定如下

1)注写梁端(支座)区域的底部全部纵筋,系包括已经集中注写过的贯通纵筋在内的所有纵筋。

①当梁端(支座)区域的底部纵筋多于一排时,用斜线"/"将各排纵筋自上而下分开。

例如:梁端(支座)区域底部纵筋注写为 10ϕ54/6,表示上一排纵筋为 4ϕ25,下一排纵筋为 6ϕ25。

②当同排纵筋有两种直径时,用加号"+"将两种直径的纵筋相连。

例如:梁端(支座)区域底部纵筋注写为 4ϕ28+2ϕ25,表示一排纵筋由两种不同直径钢筋组合。

③当梁中间支座两边的底部纵筋配置不同时,需在支座两边分别标注;当梁中间支座两边的底部纵筋相同时,可仅在支座的一边标注配筋值。

施工时应注意:当底部贯通纵筋经原位修正注写后,两种不同配置的底部贯通纵筋应在两毗邻跨中配置较小一跨的跨中连接区域连接(即配置较大一跨的底部贯通纵筋需越过其跨数终点或起点伸至毗邻跨的跨中连接区域。具体位置见标准构造详图)。

④当梁端(支座)区域的底部全部纵筋与集中注写过的贯通纵筋相同时,可不再重复做原位标注。

2)注写基础梁的附加箍筋或吊筋(反扣)。将其直接画在平面图中的主梁上,用线引注总配筋值(附加箍筋的肢数注在括号内),当多数附加箍筋或吊筋(反扣)相同时,可在基础梁平法施工图上统一注明,少数与统一注明值不同时,再原位标注。

施工时应注意:附加箍筋或吊筋(反扣)的几何尺寸应按照标准构造详图,结合其所在位置的主梁和次梁的截面尺寸而定。

3)当基础梁外伸部位变截面高度时,在该部位原位注写 $b \times h_1/h_2$,h_1 为根部截面高度,h_2 为尽端截面高度。

4)注写修正内容。当在基础梁上集中标注的某项内容(如梁截面尺寸、箍筋、底部与顶部贯通纵筋或架立筋、梁侧面纵向构造钢筋、梁底面标高高差等)不适用于某跨或某外伸部分时,则将其修正内容原位标注在该跨或该跨外伸部位,根据"原位标注取值优先"原则,施工时应按原位标注数值取用。

当在多跨基础梁的集中标注中已注明加腋,而该梁某跨根部不需要加腋时,则应在该跨原位标注等截面的 $b \times h$,以修正集中标注中的加腋信息。

按以上各项规定的组合表达方式,详见图 4-9 基础主梁与基础次梁标注图示。

(4)基础梁底部非贯通纵筋的长度规定

1)为方便施工,凡基础主梁柱下区域和基础次梁支座区域底部非贯通纵筋的延伸长度 a_0 值,当配置不多于两排时,在标准构造详图中统一取值为自柱中线向跨内延伸至 $l_0/3$ 位置,且对于基础主梁不小于 $1.2l_a + h_b + 0.5h_c$(h_b 为基础主梁截面高度,h_c 为沿基础梁跨度方向的柱截面高度),对于基础次梁不小于 $1.2l_a + h_b + 0.5b_b$(h_b 为基础次梁截面高度,b_b 为基础次梁支座的基础主梁宽度),当非贯通纵筋配置多于两排时,从第二排起向跨内的延伸长度值应由设计者注明。l_0 的取值规定为:对于基础主梁边柱和基础次梁端支座的底部非贯通纵筋,l_0 取本边跨的中心跨度值,对于基础主梁中柱的底部非贯通纵筋,l_0 取中柱中线两边较大一跨的中心跨度值;对于基础次梁中间支座的底部非贯通纵筋,l_0 取中间支座两边较大一跨的中心跨度值。

2)基础主梁与基础次梁外伸部位底部纵筋的延伸长度 a_0 值,当配置不多于两排时,在标准构造详图中统一取值为:第一排延伸至梁端头后,全部上弯封边;第二排延伸至梁端头截断。

(5)梁板式筏形基础平板 LPB 的平面注

梁板式筏形基础平板 LPB 的平面注分板底部与顶部贯通纵筋的集中标注和板底部附加非贯通纵筋的原位标注两部分内容。当仅设置贯通纵筋而未设置附加非贯通纵筋时,则仅做集中标注。

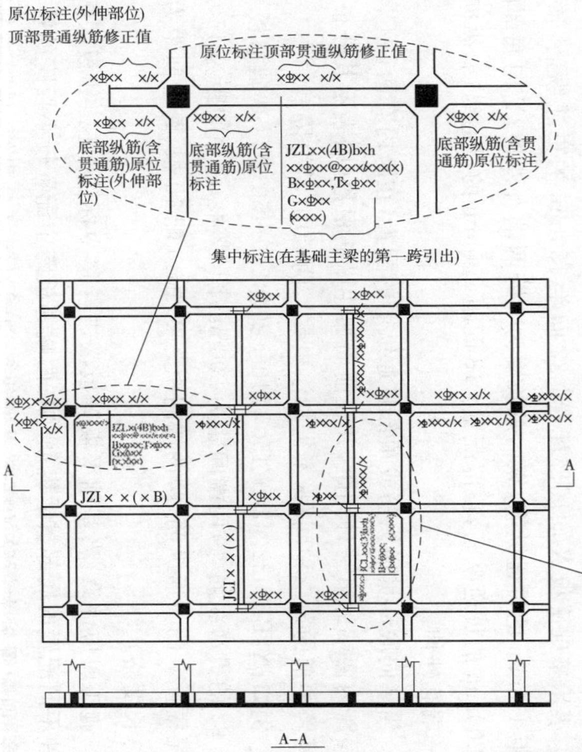

基础主梁JZL与基础次梁JCL标注说明

注写形式	表达内容	附加说明
集中标注说明：(集中标注应在第一跨引出)		
JZL××(×B)或JCL××(×B)	基础主梁JZL或基础次梁JCL编号,具体包括:代号、序号(跨数及外伸状况)	(×A):一端有外伸;(×B):两端均有外伸;无外伸则仅注跨数(×)
b×h	截面尺寸：梁宽×梁高	当加腋时,用b×h Yc_1×c_2表示,其中c_1为腋长,c_2为腋高
××ϕ××@×××/×××(×)	箍筋道数、强度等级、直径、第一种间距/第二种间距(肢数)	ϕ-HPB235，ϕ-HRB335，HRB400，ϕ^R-HRB400,下同
Bׯ××; Tׯ××	底部(B)贯通纵筋根数、强度等级、直径：顶部(T)贯通纵筋根数、强度等级、直径	底部纵筋应有1/2至1/3贯通全跨
Gׯ××	梁侧面纵向构造钢筋根数、强度等级、直径	为梁两个侧面构造纵筋的总根数
(×.×××)	梁平面相对于基准标高的高差	高者前加+号,低者前加−号,无高差不注
原位标注(含贯通筋)的说明：		
注写形式	表达内容	附加说明
ׯ×× ×/×	基础主梁柱下与基础次梁支座区域底部纵筋根数、强度等级、直径,以及用“/”分隔的各排筋根数	为该区域底部包括贯通筋与非贯通筋在内的全部纵筋
ׯ××	附加箍筋总根数(两侧均分)、强度等级、直径	在主次梁相交处的主梁上引出
其他原位标注	某部位与集中标注不同的内容	一经原位标注,原位标注取值优先

注：相同的基础主梁或次梁标注一根,其他仅标注编号,有关标注的其他规定详见制图规则
在基础梁相交处位于同一层面的纵筋相交叉时,设计应注明何梁纵筋在下,何梁纵筋在上

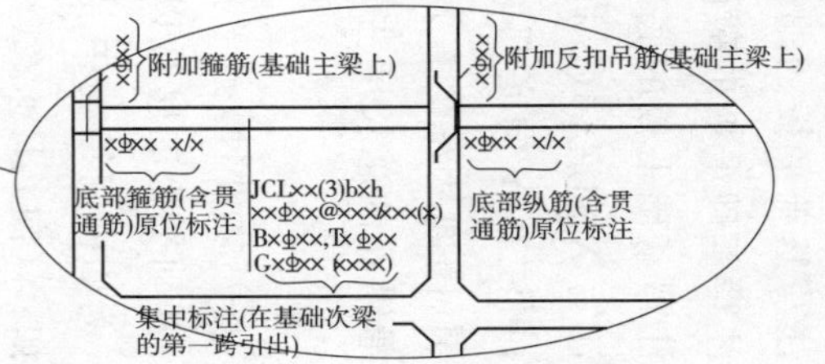

图4-9　基础主梁JZL与基础次梁JCL的标注图示

1)梁板式筏形基础平板 LPB 贯通纵筋的集中标注,应在所表达的板区双向均为第一跨(X 与 Y 双向首跨)的板上引出(图面从左至右为 X 向,从下至上为 Y 向)。

板区划分条件:a. 当板厚不同时,相同板厚区域为一板区;b. 当因基础梁跨度、间距、板底标高等不同时,设计者对基础平板的底部与顶部贯通纵筋分区域采用不同配置时,钢筋配置相同的区域为一板区。各板区应分别进行集中标注。

集中标注的内容,规定如下。

①注写基础平板的编号,见表 4-4。

②注写基础平板的截面尺寸。注写 h=×××× 表示板厚。

③注写基础平板的底部与顶部贯通纵筋及其总长度。

先注写 X 向底部(B 打头)贯通纵筋与顶部(T 打头)贯通纵筋,及其纵向长度范围;再注写 Y 向底部(B 打头)贯通纵筋与顶部(T 打头)贯通纵筋,及其纵向长度范围(图面从左至右为 X 向,从下至上为 Y 向)。

贯通纵筋的总长度注写在括号中,注写方式为"跨数及有无外伸",其表达形式为:

(××)(无外伸)、(××A)(一端有外伸)或(××B)(两端有外伸)。

注:基础平板的跨数以构成柱网的主轴线为准;两主轴线之间无论有几道辅助轴线(例如框筒结构中混凝土内筒中的多道墙体),均可按一跨考虑。

例如:X(向):B Φ 22@150;T Φ 20@150;(5B)

Y:B Φ 20@200;T Φ 18@200;(7A)

表示基础平板 X 向底部配置 Φ 22 间距 150mm 的贯通纵筋,顶部配置 Φ 20 间距 150mm 的贯通纵筋,纵向总长度为 5 跨两端有外伸;Y 向底部配置 Φ 20 间距 200mm 的贯通纵筋,顶部配置 Φ 18 间距 200mm 的贯通纵筋,纵向总长度为 7 跨一端有外伸。

当某向底部贯通纵筋或顶部贯通纵筋的配置,在跨内有两种不同间距时,先注写跨内两端的第一种间距,并在前面加注纵筋根数(以表示其分布的范围);再注写跨中部的第二种间距(不需加注根数),两者用"/"分隔。

例如:X:B1 Φ 22@200/150,T10 Φ 20@200/150 表示基础平板 X 向底部配置 Φ 22 的贯通纵筋,跨两端间距为 200mm 配 12 根,跨中间距为 150mm;X 向顶部配置 Φ 20 的贯通纵筋,跨两端间距为 200mm 配 10 根,跨中间距为 150mm(纵向总长度略)。

施工时应注意:当基础平板分板区进行集中标注,且相邻板区板底一平时,两种不同配置的底部贯通纵筋应在两毗邻板跨中配置较小板跨的跨中连接区域连接(即配置较大板跨的底部贯通纵筋须越过板区分界线,伸至毗邻板跨的跨中连接区域,具体位置见标准构造详图)。

2)梁板式筏形基础平板 LPB 的原位标注,主要表达横跨基础梁下(板支座)的板底部附加非贯通纵筋,规定如下。

①原位注写位置:在配置相同的若干跨的第一跨下注写。

②注写内容。

在上述注写规定位置,水平垂直穿过基础梁绘制一段中粗虚线代表底部附加非贯通纵筋,在虚线上注写编号(如①、②等)、钢筋级别、直径、间距与横向布置的跨数及是否布置到外伸部位(横向布置的跨数及是否布置到外伸部位注在括号内),以及自基础梁中线分别向两边跨内的纵向延伸长度值。当该筋向两侧对称延伸时,可仅在一侧标注,另一侧不注;当布置在边梁下时,向基础平板外伸部位一侧的纵向延伸长度与方式按标准构造,设计不注。底部附加非贯通筋相同者,可仅在一根钢筋上注写,其他可仅在中粗虚线上注写编号。

横向布置的跨数及是否布置到外伸部位的表达形式为:××——外伸部位无横向布置或无外伸部位,××A——一端外伸部位有横向布置,××B——两端外伸部位均有横向布置。横向连续布置的跨数及是否布置到外伸部位,不受集中标注贯通纵筋的板区限制。

例如:某 3 号基础主梁 JZL3(7B),表示 7 跨,两端有外伸。在该梁第 1 跨原位注写基础平板底部附加非贯通纵筋φ18@300(4A),在第 5 跨原位注写底部附加非贯通纵筋φ20@300(3A),表示底部附加非贯通纵筋第 1 跨至第 4 跨且包括第 1 跨的外伸部位横向配置相同,第 5 跨至第 7 跨且包括第 7 跨的外伸部位横向配置相同(延伸长度值略)。

原位注写的底部附加非贯通纵筋,分以下几种方式。

①"隔一布一"方式:基础平板(X 向或 Y 向)底部附加非贯通纵筋与贯通纵筋交错插空布置,其标注间距与底部贯通纵筋相同(两者实际组合后的间距为各自标注间距的 1/2)。当贯通筋为底部纵筋总截面面积的 1/2 时,附加非贯通纵筋直径与贯通纵筋直径相同;当贯通筋界于底部纵筋总截面面积的 1/2 与 1/3 之间时,附加非贯通纵筋直径大于贯通纵筋直径。

例如:原位注写的基础平板底部附加非贯通纵筋为:⑤φ22@300(3),集中标注的底部贯通纵筋应为 Bφ22@300(注写在";"号前),表示该 3 跨范围实际横向设置的底部纵筋合计为φ22@150,其中 1/2 为⑤号附加非贯通纵筋,1/2 为贯通纵筋(延伸长度值略)。其他与⑤号相同的底部附加非贯通纵筋可仅注编号⑤。

例如:原位注写的基础平板底部附加非贯通纵筋为:②φ25@300(4),集中标注的底部贯通纵筋应为 Bφ22@300(注写在";"号前),表示该 4 跨范围实际横向设置的底部纵筋为(1φ25+1φ22)/300,彼此间距为150,其中56％,为②号附加非贯通纵筋,43％为贯通纵筋(延伸长度值略)。

②"隔一布二"方式:基础平板(X向或Y向)底部附加非贯通纵筋为每隔一根贯通纵筋布置两根,其间距有两种,且交替布置,并用两个"@"符分隔:其中较小间距为较大间距的1/2,为贯通纵筋间距的1/3(当贯通筋为底部纵筋总截面面积的1/3时,附加非贯通纵筋直径与贯通纵筋直径相同;当贯通筋界于底部纵筋总截面面积的1/2与1/3之间时,附加非贯通纵筋直径小于贯通纵筋直径)。

例如:原位注写的基础平板底部附加非贯通纵筋为:⑤φ20@100@200(2),集中标注的底部贯通纵筋为Bφ20@300(注写在";"号前),表示该两跨范围实际横向设置的底部纵筋为φ20@100,其中2/3为⑤号附加非贯通纵筋,1/3为贯通纵筋(延伸长度值略)。其他部位与⑤号筋相同的附加非贯通纵筋可仅注编号⑤。

例如:原位注写的基础平板底部附加非贯通纵筋为:①φ20@120@240(3),集中标注的底部贯通纵筋为Bφ22@360(注写在";"号前),表示该3跨范围实际横向设置的底部纵筋为(2φ20+1φ22)/360,各筋间距为120(其中62％为①号附加非贯通纵筋,38％为贯通纵筋。延伸长度值略)。

当底部附加非贯通纵筋布置在跨内有两种不同间距的底部贯通纵筋区域时,其间距应分别对应为两种,其注写形式应与贯通纵筋保持一致:即先注写跨内两端的第一种间距,并在前面加注纵筋根数(以表示其分布的范围);再注写跨中部的第二种间距(不需加注根数),两者用"/"分隔。

③注写修正内容。当集中标注的某些内容不适用于梁板式筏形基础平板某板区的某一板跨时,应由设计者在该板跨内以文字注明,施工时应按文字注明数值取用。

④当若干基础梁下基础平板的底部附加非贯通纵筋配置相同时(其底部、顶部的贯通纵筋可以不同),可仅在一根基础梁下做原位注写,并在其他梁上注明"该梁下基础平板底部附加非贯通纵筋同××基础梁"。

3)应在图注中注明的其他内容。

①当在基础平板周边沿侧面设置纵向构造钢筋时,应在图注中注明。

②应注明基础平板边缘的封边方式与配筋。a. 当采用底部与顶部纵筋弯直钩封边方式时,注明底部与顶部纵筋各自设长直钩的纵筋间距(每筋必弯,或隔一弯一,或其他);b. 当采用U形筋封边方式时,注明边缘U形封边筋的规格与间距;c. 当不采用钢筋封边(侧面无筋)时,亦应注明。

③当基础平板外伸变截面高度时,应注明外伸部位的h_1/h_2,h_1为板根部截面高度,h_2为板尽端截面高度。

④当某区域板底有标高高差时(系指相对于根据较大面积原则确定的筏形基础平板底面标高的高差),应注明其高差值与分布范围。

⑤当基础平板厚度大于 2m 时,应注明设置在基础平板中部的水平构造钢筋网。

⑥当在板的分布范围内采用拉筋时,应注明拉筋的强度等级、直径、双向间距,以及设置方式(双向或梅花双向)等。

⑦当在基础平板外伸阳角部位设置放射筋时,应注明放射筋的强度等级、直径、根数,以及设置方式等。

⑧应注明混凝土垫层厚度与强度等级。

4)梁板式筏形基础平板 LPB 的平面注写规定,同样适用于钢筋混凝土墙下的基础平板。

按以上主要分项规定的组合表达方式,详见图 4-10 梁板式筏形基础平板标注图示。

2. 平板式筏形基础制图规则

(1)平板式筏形基础构件的类型与编号

平板式筏形基础由柱下板带、跨中板带构成;当设计不分板带时,则可按基础平板进行表达。平板式筏形基础构件编号见表 4-5。

表 4-5　平板式筏形基础构件编号

构件类型	代　号	序　号	跨数及有否外伸
柱下板带	ZXB	××	(××)或(××A)或(××B)
跨中板带	KZB	××	(××)或(××A)或(××B)
平板筏基础平板	BPB	××	

(2)柱下板带、跨中板带的平面注写

1)柱下板带 ZXB(视其为无箍筋的宽扁梁)与顶部贯通纵筋的集中标注。

柱下板带与跨中板带的集中标注,应在第一跨(X 向为左端跨,Y 向为下端跨)引出,规定如下。

①注写编号,见表 4-5。

②注写截面尺寸,注写 $b=××××$ 表示板带宽度(在图注中注明基础平板厚度)。确定柱下板带宽度应根据规范要求与结构实际受力需要。当柱下板带宽度确定后,跨中板带宽度亦随之确定(即相邻两平行柱下板带之间的距离)。当柱下板带中心线偏离柱中心线时,应在平面图上标注其定位尺寸。

③注写底部与顶部贯通纵筋,具体内容为:注写底部贯通纵筋(B 打头)与顶部贯通纵筋(T 打头)的规格与间距,用分号";"将其分隔开来。对于柱下板带的柱下区域,通常在其底部贯通纵筋的间隔内插空设有(原位注写的)底部附加非贯通纵筋。

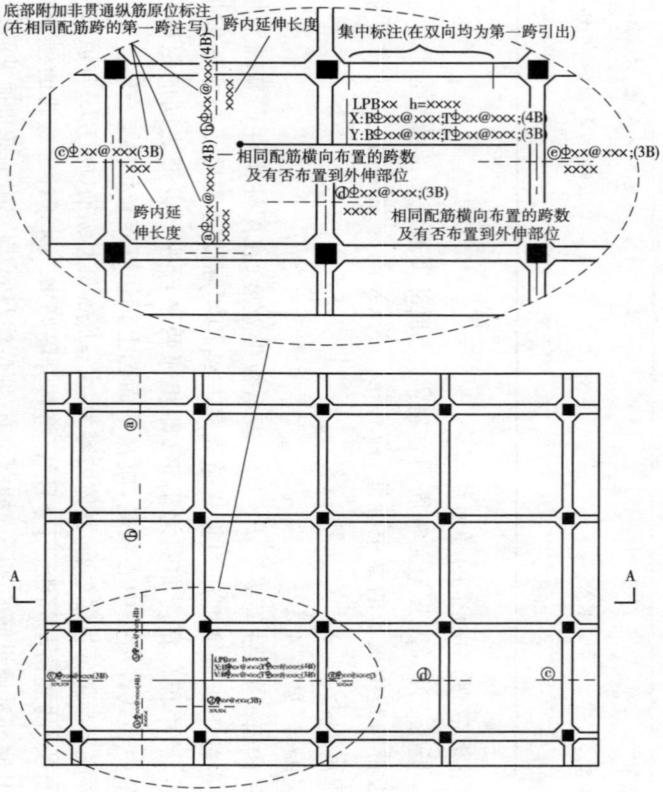

梁板式筏形基础平板LPB标注说明

集中标注（集中标注应在双向均为第一跨引出）		
注写形式	表达内容	附加说明
LPBxx	基础平板编号，包括代号和序号	为梁板式基础平板
h=xxxx	基础平板厚度	
X向:Φ xx @ xxx；（x，．xA，．xB） T Φ xx @ xxx；（x，．xA，．xB） Y向:Φ xx @ xxx；（x，．xA，．xB） T Φ xx @ xxx；（x，．xA，．xB）	X向底部与顶部贯通纵筋强度等级、直径、间距（总长及有无外伸） Y向底部与顶部贯通纵筋强度等级、直径、间距（总长及有无外伸）	底部纵筋应有1/2~1/3贯通全跨，注写与非贯通纵筋配置的具体要求见相关制图规则。顶部贯通纵筋应全跨贯通，用"B"引导底部贯通纵筋，（x×A）；用"T"引导顶部贯通纵筋，（x×B）；两端均为外伸；一端有外伸（x×B），两端均无外伸则仅注跨数（x×）。图面从左至右为X向，从下至上为Y向

板底部附加非贯通纵筋的原位标注说明：（原位标注应在基础平板相同跨第一跨引出）

注写形式	表达内容	附加说明
⊗_x@xxx(xB)〔____基础梁〕	底部附加加强非贯通纵筋编号、强度等级、直径、间距（相同配筋横向布置的跨数及有无布置到梁的外伸部位）；自梁中心线向两边跨内的延伸长度值	当两向侧对称延伸时，延伸长度值省注；外伸部位一侧的延伸长度，与方式标注相同。当设计不注，则按相同非贯通纵筋的上注写一处，与图根据贯通纵筋组合设置的具体要求详见相应制图规则
修正内容 原位标注	某部位与集中标注不同的内容	一经原位注写，原位标注的修正内容取值优先

应在图注中注明的其他内容：
1. 当在基础平板周边设置纵向构造钢筋时，应在图中注明。
2. 应注明基础平板外伸变截面高度与位置。
3. 当基础平板厚度大于2m时，应注明设置的封底构造与配筋。
4. 当某区域采用放射筋时，应注明配筋方式与配筋。
5. 当基础平板外伸为变截面高度时，注明外伸部位的h、b及板边缘的高度。
6. 当基础平板同一层面的纵筋相交叉时，应注明相交叉纵筋的上下关系。
7. 注明混凝土垫层厚度与强度等级。结合基础主梁交叉纵筋的上下关系，当基础平板与基础主梁底部在同一层面时，应注明板向纵筋、梁向纵筋的上下关系。
8. 有关标注的其他规定详见制图规则。

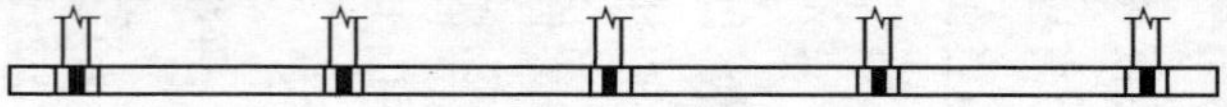

A—A

图4-10 梁板式筏形基础平板标注图示

例如:Bϕ22@300;Tϕ25@150 表示板带底部配置ϕ22 间距 300mm 的贯通纵筋,板带顶部配置ϕ25 间距 150mm 的贯通纵筋。

注:

(1)柱下板带与跨中板带的底部贯通纵筋,可在跨中 1/3 范围内采用搭接连接、机械连接或对焊连接;

(2)柱下板带的顶部贯通纵筋,可在柱下区域采用搭接连接、机械连接或对焊连接;

(3)跨中板带的顶部贯通纵筋,可在柱网轴线附近 1/3 跨度内采用搭接连接、机械连接或对焊连接。

施工时应注意:当柱下板带的底部贯通纵筋配置在从某跨开始改变时,两种不同配置的底部贯通纵筋应在两毗邻跨中配置较小跨的跨中连接区域连接(即配置较大跨的底部贯通纵筋需越过其跨数终点或起点伸至毗邻跨的跨中连接区域。具体位置见标准构造详图)。

2)柱下板带与跨中板带原位标注的内容,主要为底部附加非贯通纵筋,规定如下。

①注写内容。以一段与板带同向的中粗虚线代表附加非贯通纵筋:对柱下板带,贯穿其柱下区域绘制;对跨中板带,横贯柱中线绘制。在虚线上注写底部附加非贯通纵筋的编号(如①、②等)、钢筋级别、直径、间距,以及自柱中线分别向两侧跨内的延伸长度值。当向两侧对称延伸时,长度值可仅在一侧标注,另一侧不注。向外伸部位的延伸长度与方式按标准构造,设计不注。对同一板带中底部附加非贯通筋相同者,可仅在一根钢筋上注写,其他可仅在中粗虚线上注写编号。

底部附加非贯通纵筋的原位注写,分下列几种方式。

a."隔一布一"方式:柱下板带或跨中板带底部附加非贯通纵筋与贯通纵筋交错插空布置,其标注间距与底部贯通纵筋相同(两者实际组合后的间距为各自标注间距的 1/2)。

当贯通筋为底部纵筋总截面面积的 1/2 时,附加非贯通纵筋直径与贯通纵筋直径相同;当贯通筋界于 1/2 与 1/3 之间时,附加非贯通纵筋直径大于贯通纵筋直径。

例如:柱下区域注写底部附加非贯通纵筋③ϕ22@300,集中标注的底部贯通纵筋也应为ϕ22@300(注写在";"号前),表示在柱下区域实际设置的底部纵筋为ϕ22@150,其中 1/2 为③号附加非贯通纵筋,1/2 为贯通纵筋(延伸长度值略)。其他部位与③号筋相同的附加非贯通纵筋仅注编号③。

例如:柱下区域注写底部附加非贯通纵筋②ϕ25@300,集中标注的底部贯通纵筋为 Bϕ22@300(注写在";"号前),表示在柱下区域实际设置的底部纵筋为($1\underline{\Phi}25+1\underline{\Phi}22$)/300,各筋间距为150,其中56%为②号附加非贯通纵筋,43%为贯通纵筋(延伸长度值略)。

b."隔一布二"方式:柱下板带或跨中板带底部附加非贯通纵筋为每隔一根贯通纵筋布置两根,其间距有两种,且交替布置,并用两个"@"符分隔;其中较小间距为较大间距的1/2,为贯通纵筋间距的1/3。当贯通筋为底部纵筋总截面面积的1/3时,附加非贯通纵筋直径与贯通纵筋直径相同;当贯通筋界于1/2与1/3之间时,附加非贯通纵筋直径小于贯通纵筋直径。

例如:柱下区域注写底部附加非贯通纵筋⑤$\underline{\Phi}$20@100@200,集中标注的底部贯通纵筋应为B$\underline{\Phi}$20@300(注写在";"号前),表示在柱下区域实际设置的底部纵筋为$\underline{\Phi}$20@100,其中2/3为⑤号附加非贯通纵筋,1/3为贯通纵筋(延伸长度值略)。其他与⑤号筋相同的附加非贯通纵筋仅注编号⑤。

例如:柱下区域注写底部附加非贯通纵筋①$\underline{\Phi}$20@100@200,集中标注的底部贯通纵筋为B$\underline{\Phi}$22@300(注写在";"号前),表示在柱下区域实际设置的底部纵筋为($2\underline{\Phi}20+1\underline{\Phi}22$)/300,各筋间距为100,其中62%为①号附加非贯通纵筋,38%为贯通纵筋(延伸长度值略)。

c. 当跨中板带在轴线区域不设置底部附加非贯通纵筋时,则不绘制代表附加非贯通纵筋的虚线,亦不做原位注写。

②注写修正内容。当在柱下板带、跨中板带上集中标注的某些内容(如截面尺寸、底部与顶部贯通纵筋等)不适用于某跨或某外伸部分时,则将修正的数值原位标注在该跨或该跨外伸部位,根据"原位标注取值优先"原则,施工时应按原位标注数值取用。

③柱下板带 ZXB 与跨中板带 KZB 应在图注中注明的其他内容。

a. 注明板厚。当整片平板式筏形基础有不同板厚时,应分别注明各自的板厚值及分布范围。

b. 当在基础平板周边沿侧面设置纵向构造钢筋时,应在图注中注明。

c. 应注明基础平板边缘的封边方式与配筋。当采用底部与顶部纵筋弯直钩封边方式时,注明底部与顶部纵筋各自设长直钩的纵筋间距(每筋必弯,或隔一弯一或其他);当采用 U 形筋封边方式时,注明边缘 U 形封边筋的规格与间距;当不采用钢筋封边(侧面无筋)时,亦应注明。

d. 当基础平板外伸变截面高度时,应注明外伸部位的 h_1/h_2,h_1 为板根部截面高度,h_2 为板尽端截面高度。

e. 当某区域板底有标高高差时(系指相对于根据较大面积原则确定的筏形基础平板底面标高的高差),应注明其高差值与分布范围。

f. 当基础平板厚度大于 2m 时,应注明设置在基础平板中部的水平构造钢筋网。

g. 当在板的分布范围内采用拉筋时,应注明拉筋的强度等级、直径、双向间距,以及设置方式(双向或梅花双向)等。

h. 当在基础平板外伸阳角部位设置放射筋时,应注明放射筋的强度等级、直径、根数,以及设置方式等。

④应注明混凝土垫层厚度与强度等级。

⑤柱下板带 ZXB 与跨中板带 KZB 的注写规定,同样适用于平板式筏形基础上局部有剪力墙的情况。

(3)平板式筏形基础平板的平面注写

1)平板式筏形基础平板 BPB 的平面注写,分板底部与顶部贯通纵筋的集中标注和板底部附加非贯通纵筋的原位标注两部分内容。当仅设置底部与顶部贯通纵筋而未设置底部附加非贯通纵筋时,则仅做集中标注。

基础平板 BPB 的平面注写与柱下板带 ZXB、跨中板带 KZB 的平面注写的表达方式不同,但可以表达同样的内容。当整片板式筏形基础配筋比较规律时宜采用 BPB 表达方式。

2)平板式筏形基础平板 BPB 的集中标注,除按表 4-5 注写编号外,所有规定均与梁板式筏形基础相同。

3)平板式筏形基础平板 BPB 的原位标注,主要表达横跨柱中心线下的底部附加非贯通纵筋。注写规定如下。

①原位注写位置:在配置相同的若干跨的第一跨下注写。

②注写内容:在上述注写规定位置水平垂直穿过基础梁绘制一段中粗虚线代表底部附加非贯通纵筋,在虚线上的注写内容与梁板式筏形基础平板 LPB 注写内容相同。

③当某些柱中心线下的基础平板底部附加非贯通纵筋横向配置相同时(其底部、顶部的贯通纵筋可以不同),可仅在一条中心线下做原位注写,并在其他柱中心线上注明"该柱中心线下基础平板底部附加非贯通纵筋同××柱中心线"。

当底部附加非贯通纵筋横向布置在跨内有两种不同间距的底部贯通纵筋区域时,其间距应分别对应为两种,其注写形式应与贯通纵筋保持一致:即先注写跨内两端的第一种间距,并在前面加注纵筋根数;再注写跨中部的第二种间距(不需加注根数);两者用"/"分隔。

④平板式筏形基础平板 BPB 应在图注中注明的其他内容。

a. 注明板厚。当整片平板式筏形基础有不同板厚时,应分别注明各板厚值及其各自的分布范围。

b. 应注明的其他内容,同梁板式筏形基础平板的平面注写。

4)平板式筏形基础平板 BPB 的平面注写规定,同样适用于平板式筏形基础上局部有剪力墙的情况。

按以上规定的组合表达方式,见图 4-11、图 4-12 所示关于"柱下板带 ZXB 与跨中板带 KZB 标注图示"和"平板式筏形基础平板 BPB 标注图示"。

5)原位标注的注写位置:当柱中心线下的底部附加非贯通纵筋(与柱中心线正交)沿柱中心线连续若干跨配置相同时,则在该连续跨的第一跨下原位注写,且将同规格配筋连续布置的跨数注在括号内;当有些跨配置不同时,则应分别原位注写。外伸部位的底部附加非贯通纵筋应单独注写(当与跨内某筋相同时仅注写钢筋编号)。

3. 筏形基础相关构造制图规则

(1)筏形基础相关构造类型与表示方法

梁板式与平板式筏形基础相关构造的平法施工图设计,系在基础平面布置图上采用直接引注方式表达。

筏形基础相关构造类型与编号,按表 4-6 的规定。

表 4-6　筏形基础相关构造类型与编号

构造类型	代　号	序　号	说　明
上柱墩	SZD	××	平板筏基础上设置
下柱墩	XZD	××	梁板、平板筏基础上设置
外包式柱脚	WZJ	××	梁板、平板筏基础上设置
埋入式柱脚	MZJ	××	梁板、平板筏基础上设置
基坑	JK	××	梁板、平板筏基础上设置
后浇带	HJD	××	梁板、平板筏基础上设置

注:1. 上柱墩在混凝土柱根部位,下柱墩在混凝土柱或钢柱柱根投影部位,均根据筏形基础受力与构造需要而设。

2. 外包式与埋入式柱脚为钢柱在筏形基础中的两种锚固构造方式。

(2)相关构造的直接引注

1)上柱墩 SZD,系根据平板式筏形基础受剪或受冲切承载力的需要,在板顶面以上混凝土柱的根部设置的混凝土墩。上柱墩直接引注的内容规定如下。

①注写编号,见表 4-6。

②注写几何尺寸。按"柱墩向上凸出基础平板高度 h_d\柱墩底部出柱边缘宽度 C_1\柱墩顶部出柱边缘宽度 C_2"的顺序注写,其表达形式为"$h_d\backslash C_1\backslash C_2$"。当为等截面柱墩 $C_1 = C_2$ 时,C_2 不注,表达形式为"$h_d\backslash C_1$"。无论 SZD 所包框架柱截面形状为矩形、圆形或多边形,C_1 与 C_2 分别环绕柱截面等宽。

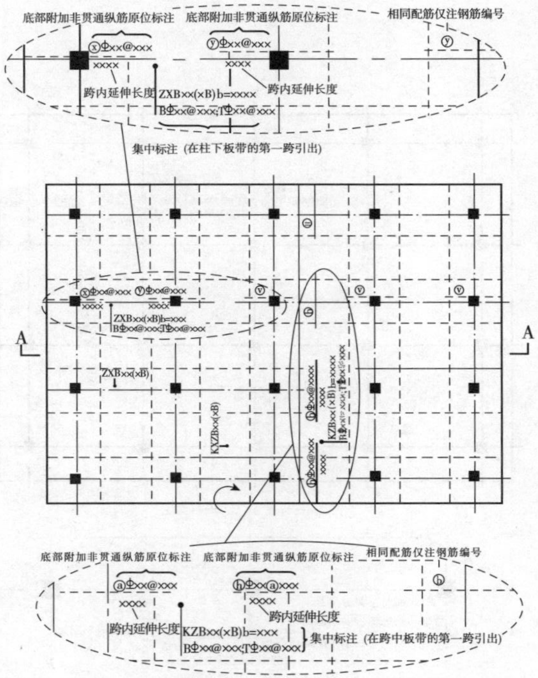

柱下板带 ZXB 与跨中板带 KZB 标注说明

集中标注应注写：（集中标注应在第一跨引出）

注写形式	表达内容	附加说明
ZXBxx(xB) 或 KZBxx(xB)	柱下板带或跨中板带编号、具体包括：代号、序号（xx）及外伸状况	（X A）：一端有外伸；（xB）；两端具有外伸；伸：无外伸则仅注跨数（x）
b=xxxx	板带宽度（在图注中应注明板厚）	板带宽度取值与设置部位应符合规范要求
BΦxxx@xxxx; TΦxx@xxxx	底部贯通纵筋强度等级、直径、间距；顶部贯通纵筋强度等级、直径、间距	底部纵筋设置应有1/2-1/3贯通全跨。注意与贯通纵筋组合设置的具体要求，详见制图规则

板底部附加非贯通纵筋原位标注：

注写形式	表达内容	附加说明
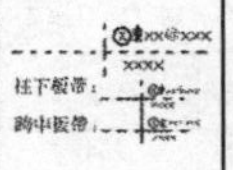	底部非贯通纵筋编号、强度等级、直径、间距、自在中线分别向两边延伸的延伸长度值	同一板带中其他相同非贯通纵筋可仅在中相连线上注写编号。向两侧对称延伸时，可只注写一侧注延伸长度值。向外伸部位的延伸长度与方式等标注构造，设计不注。与贯通纵筋组合设置时的具体要求详见制图规则
修正内容原位注写	某部位集中标注不同的内容	一经原位注写，原位标注的修正内容应取值优先

应在图注中注明的其他内容：

1. 注明板厚。当板有不同板厚时，分别注明板厚及其各自的分布范围。
2. 当板基础平板内有不同配置时，应在图注中注明。
3. 应注明基础平板外伸部位的封边方式与配筋。
4. 当基础平板外伸部位的封边处注明外部的h，注明外部构造根据钢筋。
5. 当某板区或板面厚度不同时，应注明其标高高差。
6. 当板块厚度>2mm时，应注明设置在基础平板中部的水平构造钢筋。
7. 当在板中设置放射筋时，注明放射筋的配置及设置方式与构造花钢。
8. 当基础平板上层钢筋角配筋时，应注明向向纵筋在下，何向纵筋在上。
9. 注明混凝土垫层厚度与强度等级。
10. 当每块平板内跨中板带只标注一条。其他仅注定其他是需详见制图规则。

注：相同配筋仅注写编号。在柱下板带的第一跨引出。

图 4-11　柱下板带 ZXB 与跨中板带 KZB 表注图示

A—A

底部贯通纵筋原位标注　底部附加非贯通纵筋原位标注　相同配筋仅注写钢筋编号

跨内延伸长度　跨内延伸长度（在柱下板带的第一跨引出）

集中标注　ΦDBxx@xxxx　TΦBxx@xxxx

ZXBxx(xB)×xxxx
BΦxx@xxxx(×B)

KZBxx(xB)

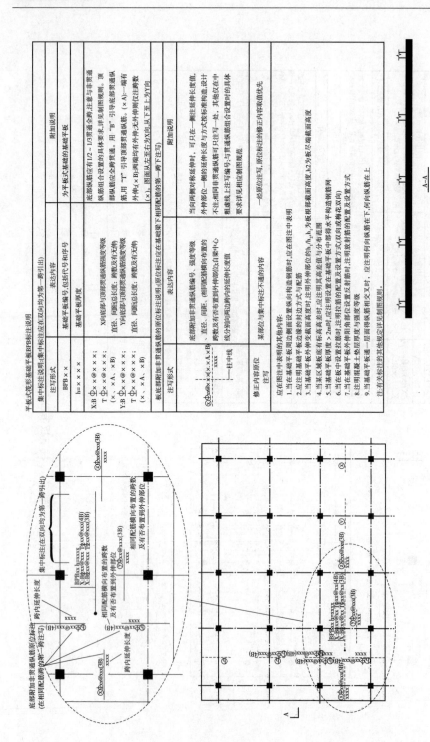

图4-12 平板式筏形基础平板BPB标注图示

③注写配筋。按"竖向($C_1 = C_2$)或斜竖向($C_1 \neq C_2$)纵筋的总根数、强度等级与直径\箍筋强度等级、直径、间距与肢数(X 向排列肢数 $m \times$ Y 向排列肢数 n)"的顺序注写(当分两行注写时,可不用反斜线"\"),具体如下:

a. 当上柱墩为圆形截面时(包括等截面圆柱状与不等截面圆台状),所注纵筋总根数环柱截面均匀分布,并采用螺旋箍筋(L 打头),其表达形式为:"××ɸ××\Lɸ××@×××"。

b. 当上柱墩为矩形截面时(包括等截面棱柱状与不等截面棱台状),所注纵筋总根数环正方形柱截面均匀分布,环非正方形柱截面相对均匀分布(均匀排列后距离角点较近的钢筋移至角点),其表达形式为:"××ɸ××\ɸ××@×××"。

例如:1SZID3,600/350\50,14ɸ16\ɸ10@100(4×4),表示 3 号棱台状上柱墩;凸出基础平板顶面高度为 600,底部出柱边缘宽度为 350,顶部出柱边缘宽度为 50;共配置 14 根ɸ16 斜向纵筋;箍筋直径 10 间距 100,X 向与 Y 向各为 4 肢。

例如:2SZD1,600\350\50,16ɸ16\Lɸ10@100,表示 1 号圆台状上柱墩;凸出基础平板面高度为 600,底部出柱边缘宽度为 350,顶部出柱边缘宽度为 50;共配置 16 根ɸ16 斜向纵筋,螺旋箍筋配置ɸ10@100。

当为非抗震设计,且采用素混凝土上柱墩时,则不注配筋。

2)下柱墩 XZD 系根据平板式筏形基础受剪或受冲切承载力的需要,或根据梁板、平板式筏形基础埋入式钢柱柱脚的受力与构造需要,在柱的所在位置、基础平板底面以下设置的混凝土墩。下柱墩直接引注的内容规定如下。

①注写编号,见表 4-6。

②注写几何尺寸。按"柱墩向下凸出基础平板深度 h_d\柱墩顶部出柱投影宽度 C_1\柱墩底部出柱投影宽度 C_2"的顺序注写,其表达形式为"$h_d\backslash C_1\backslash C_2$"。当为等截面柱墩 $C_1 = C_2$ 时,C_2 不注,表达形式为"$h_d\backslash C$"。

③注写配筋。当下柱墩的水平截面为等截面(倒棱柱)时,按"X 方向底部纵筋\Y 方向底部纵筋\水平箍筋"的顺序注写(图面从左至右为 X 向,从下至上为 Y 向),其表达形式为:"Xɸ××@×××\Yɸ××@×××\ɸ××@×××";当下柱墩的水平截面为不等截面(倒棱台)时,其斜侧面由两向纵筋覆盖,不必配置水平箍筋,则其表达形式为:"Xɸ××@×××\Yɸ××@×××"。

3)外包式柱脚 WZJ,用于钢结构柱与混凝土筏形基础的锚固构造。外包式柱脚直接引注的内容规定如下。

①注写编号,见表 4-6。

②注写几何尺寸。按"柱脚向上凸出基础梁或基础平板顶面高度 h_j\柱脚出钢柱外轮廓线宽度 C_1"的顺序注写,其表达形式为:"$h_j\backslash C_1$"。无论钢柱是何种截面形状,C_1 环绕钢柱矩形成圆形截面(或异形截面的外接矩形)等宽。

③注写配筋。按"竖向纵筋总根数、强度等级与直径\箍筋强度等级、直径与间距"的顺序注写,其表达形式为:"××$\underline{\Phi}$××\$\underline{\Phi}$××@×××";当为圆形柱脚(包括圆形钢柱)时,采用螺旋箍筋,其表达形式为"××$\underline{\Phi}$××\L$\underline{\Phi}$××@×××"。当配置双层竖向纵筋时,用"+"号连接两层(外层+内层)竖向纵筋的配筋值;内、外层箍筋取同样配置,其表达形式为"××$\underline{\Phi}$××+××$\underline{\Phi}$××\$\underline{\Phi}$××@×××"或"××$\underline{\Phi}$××+××$\underline{\Phi}$××\L$\Phi$××@×××"。

4)埋入式柱脚 MZJ,用于钢结构柱与混凝土筏形基础的锚固构造。埋入式柱脚直接引注的内容规定如下。

①注写编号,见表 4-6。

②注写几何尺寸。按"柱脚向下凸出基础梁或基础平板高度 h_j\柱脚暗柱出钢柱外轮廓线宽度 C_1"的顺序注写,其表达形式为:"h_j\C_1"。无论钢柱是何种截面形状,C_1 环绕钢柱截面外接矩形或圆形等宽。

当基础平板厚度 h 能够满足埋入式柱脚 MZJ 的受力要求和规范规定的埋入深度要求,不需要向下凸出基础平板底面时,其"$h_j=0$",表达形式为"0\C_1"。

③写配筋,按"竖向纵筋总根数、强度等级与直径\箍筋强度等级、直径与间距的顺序注写,其表达形式为:"××$\underline{\Phi}$××\$\underline{\Phi}$××@×××";当为圆形柱脚(包括圆形钢柱)时,采用螺旋箍筋,其表达形式为"××$\underline{\Phi}$××\L$\underline{\Phi}$××@××/×××"。

5)基坑 JK 直接引注的内容规定如下。

①注写编号,见表 4-6。

②注写几何尺寸。按"基坑深度 h_k/基坑平面尺寸 $x×y$,"的顺序注写,其表达形式为:"h_k\$x×y$"。$x$ 为 X 向基坑宽度,y 为 Y 向基坑宽度(图面从左至右为 X 向,从下至上为 Y 向)。

当为圆形基坑时,按"基坑深度 h_k/基坑直径 $D=×××$"的顺序注写。考虑到施工方便,当条件许可时,圆形基坑可设计为矩形,然后将坑内壁找圆。

在平面布置图上应标注基坑的平面定位尺寸。

6)后浇带 HJD 直接引注的内容规定如下。

①注写编号,见表 4-6。

②注写后浇带宽度。

③注写"后浇带留筋方式/后浇带混凝土强度等级"。

后浇带混凝土强度等级通常高于筏形基础主体的混凝土强度等级,且应采用不收缩混凝土或微膨胀混凝土。应在结构设计总说明中注明配置方法。

在平面布置图上应标注后浇带的平面定位尺寸。

筏形基础各类相关构造直接引注分项规定的组合表达方案,见相应的标准构造详图。

第三节 主体结构施工图

主体结构施工图是表达房屋标高±0.000以上的承重构件布置图的图样，主要用来表示楼层(屋面)的梁、板、柱、墙的平面布置和梁、板、墙、圈梁等之间的连接关系，以及构件的配筋情况。它包括楼层(屋面)结构布置图和构件详图，是施工时安装或布置各承重构件、制作圈梁、过梁和现浇板的依据。

较常见的主体结构形式有混合结构、框架结构、框剪结构等。图4-13、图4-14为框架和框剪结构平面示意图。

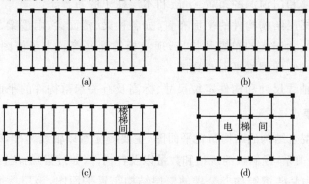

图4-13 框架结构的类型

(a)纵横向布置剪力墙；(b)横向布置剪力墙；(c)利用楼梯间布置剪力墙；(d)利用楼梯、电梯布置剪力墙

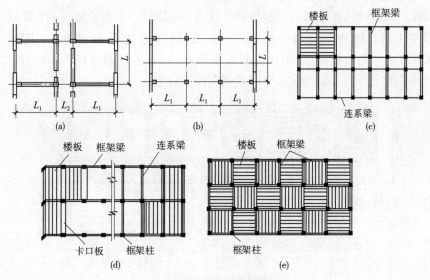

图4-14 框剪结构的类型

(a)内廊式框架；(b)等跨式框架；(c)横向框架承重方案；(d)纵向框架承重方案；(e)纵横向框架承重方案

一、楼层结构布置图

楼层结构布置图是表示该层楼面板及其下面的墙、梁（楼面梁、圈梁、门窗过梁）、柱等承重构件的布置，以及构造与配筋等情况。其内容包括楼层（屋面）结构布置图、局部剖面详图、构件统计表和文字说明等。由于楼层和屋面的结构布置及表示方法基本相同，这里仅以楼层为例介绍结构布置图的图示内容及阅读方法。

1. 图示内容

（1）表达楼层的轴网布置及其编号（应与建筑平面图一致）。

（2）承重墙和门窗洞的布置，下层和本层柱子的布置。

（3）表达楼层结构构件的平面布置，如各种梁（楼面梁、雨篷梁、阳台梁、门窗过梁、圈梁等）、预制板的布置及代号，现浇板的配筋等。为了使图面清楚，有时圈梁可单独绘制，即圈梁平面布置图。

（4）标出轴线尺寸和构件定位尺寸、标高及有关承重构件的平面尺寸。

2. 识图要点

（1）对于混合结构的结构布置平面图，主要应注意以轴线为准，确定预制楼板与墙体的搭接关系，预制板的规格和数量以及各构件（如过梁）的位置、规格等。

图 4-15 为某砖混结构办公楼的二层结构布置平面图，该层楼面全部采用预应力钢筋混凝土板，铺板相同的结构单元可用同一代号标明，如甲、乙……。从图中可看出：预制板的种类有 Y－KB365－4、Y－KB366－4、CB365－6、CB366－6四种板，在甲房间上铺放的 5 块 Y－KB365－4 和 3 块 Y－KB366－4 的预应力空心板，与纵轴线平行；①、②轴线间的两个房间使用的是 CB365－6 和 CB366－6 的槽板；C、D 轴线上有 7 根小梁（L21）和门过梁（GL10240），沿外墙上有门窗过梁（GL18240、GL15240、GL12241）等。

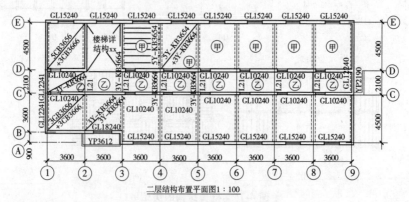

二层结构布置平面图1:100

图 4-15　楼层结构布置平面图

注意梁、板的编号,各地区有所不同,该图中梁、板的编号含义见表4-7。

表 4-7　梁、板的编号含义

梁	过　梁
L ××-×: L——梁的代号 ××——跨度代号 ×——荷载级号代号 如"L51-4"表示该梁轴线跨度为5100mm,荷载等级为4	GL ××××-×: GL——钢筋混凝土矩形截面过梁代号 ××——洞口净跨 ××——过梁宽度 ×——荷载级号代号 如"GL15240"表示该过梁的洞口净跨为1500mm,过梁宽度为240mm,荷载等级为0
预应力多孔板 Y-KB ×××-×: Y-KB——预应力钢筋混凝土空心板 ××——板跨 ×——板宽 ×——荷载等级 如"Y-KB365-4"表示预应力钢筋混凝土空心板板跨3600mm,板宽为500mm,荷载等级为4级	槽板 CB ××××: CB——槽板代号 ××——板跨 ×——板宽 ×——荷载等级 如"CB365-6"表示槽板跨度为3600mm,板宽为500mm,荷载等级为6

(2)对于框架结构布置平面图,应重点识读柱网距离(即轴线尺寸)、框架编号、框架梁(主梁和次梁)的编号和尺寸、楼板厚度、配筋和标高等。

图 4-16 为某多层框架结构布置平面图。根据框架结构的特点,结构平面图多采用一半模板图,一半配筋图,相同部分省略的方法。①、②轴线处的模板图代表了整个模板平面布置图,⑥、⑦轴线处的钢筋配筋图,代表了整个楼板的配筋情况。从图中可以看出:

1)①~⑦轴线间的柱距为6m,Ⓐ~Ⓒ轴线间的柱距为8m。

2)7 根框架主梁,编号分别为 KJL$_1$ 和 KJL$_2$,断面尺寸为 300mm×700mm;9 根次梁,编号分别为 L$_1$、L$_2$ 和 L$_3$,断面尺寸为 200mm×500mm;另外还有 21 根柱子。

3)楼板结构标高为 4.45m,楼板厚度为 80mm。

4)楼板钢筋配置属分离式配筋,上层采用直径为 8mm 的弓形Ⅰ级钢筋,间距为 150mm;下层主筋采用直径 8mm 的Ⅰ级钢筋,间距为 200mm,与其垂直的分布筋是直径 6mm 的Ⅰ级钢筋,间距为 300mm。

(3)结合局部剖面详图,弄清梁、板、墙、圈梁等之间的连接关系及构造处理。图 4-17 为某工程结构布置图的几个局部剖面详图。

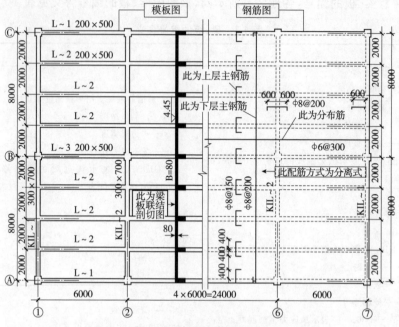

图 4-16　框架结构平面图

3-3 剖面表示的是板的侧面、圈梁和砖墙的构造关系以及板缝配筋，从图中可以看出，圈梁与预制板之间的现浇带宽为 220mm，配筋情况是两根Φ10 的受力筋，每隔 300mm 放一根Φ6 的分布筋；圈梁的断面尺寸为 240mm×130mm，配筋情况是 4 根Φ10 的受力筋，间距为 250mm 的Φ6 箍筋；圈梁、现浇带、预制板的底标高均为 3.140m。

4-4 剖面表示的是墙、圈梁、板与轴线之间的关系。从图中可以看出，板的搭接长度为 110mm，板高为 130mm，板底标高是 3.140m；圈梁断面尺寸为130mm×130mm，配筋情况是 4 根Φ10 的受力筋，间距为 250mm 的Φ6 箍筋，圈梁底标高与板底标高相同。

二、构件详图

钢筋混凝土构件是民用和工业建筑中最主要的结构构件，包括梁、板、柱等。钢筋混凝土构件分预制和现浇两种，预制构件按构件图集选用，只要在结构平面图中注明型号、数量即可。现浇钢筋混凝土构件则需要另画详图，表示其配筋、尺寸等情况，图纸内容包括模板图（形状较简单的可省略模板图）、立面图、断面图、钢筋详图、钢筋表、文字说明等，它是加工制作钢筋、浇筑混凝土的依据。

识读构件详图应注意以下几点：

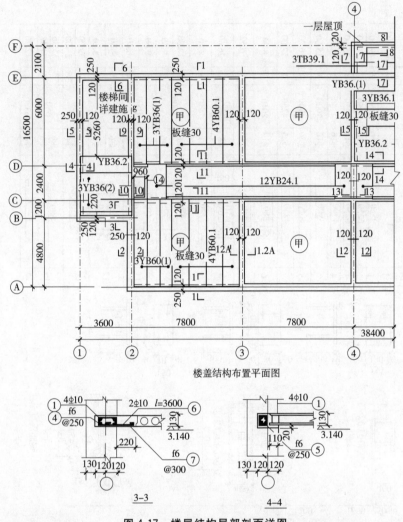

图 4-17　楼层结构局部剖面详图

（1）查明构件的外形、断面尺寸；

（2）弄清预埋件、预留孔洞的位置；

（3）结合图表弄清各种钢筋的形状、数量及在构件中的位置；

（4）结合文字说明了解混凝土强度等级及施工、构造要求。

图 4-18 所示的构件详图为某厂房边柱。从模板图上可以看出柱全长为 9.6m，上柱高为 3.3m，下柱高为 6.3m；结合断面图可知，上柱截面为正方形实心柱，断面尺寸为 400mm×400mm，下柱断面为工字形，尺寸为 700mm×400mm，支承吊车梁的牛腿断面为矩形，尺寸为 400mm×1000mm。

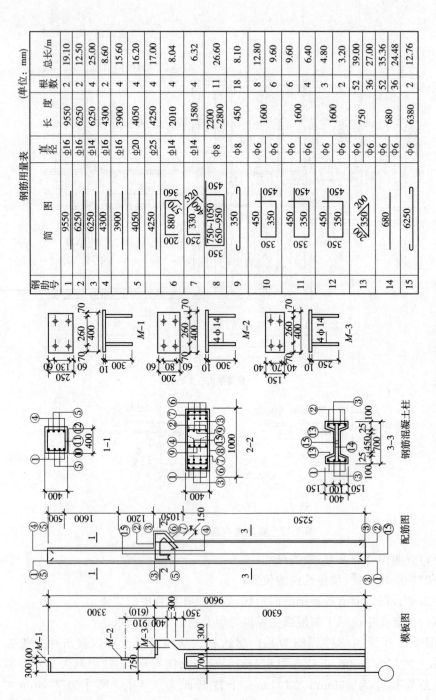

图4-18 构件详图（钢筋混凝土柱）

从模板图上还可以看出三个预埋件（M－1、M－2、M－3），M－1为柱与屋架焊接的预埋件，M－2、M－3为柱与吊车梁焊接的预埋件，它们的形状见详图。

配筋图结合断面图可以看到上柱有1、4、5三个编号的受力筋，10、11、12号筋为上柱箍筋；下柱有1、2、3三个编号的受力筋，腹板内又配两根15号腰筋，以增加刚度，13、14号筋为下柱箍筋；牛腿柱中的配筋为6、7号弯筋，为加强筋，8号钢筋为牛腿中的箍筋，9号筋是单肢箍筋。在钢筋表中列出了各种钢筋的编号、形状简图、级别、直径、根数和长度，看图和配料时应注意阅读。

第四节　平面表示法

一、概述

平面表示法，即"建筑结构施工图平面整体设计方法"，简称"平法"。概括来讲是把结构构件的尺寸和配筋及构造，整体直接表达在各类构件的结构平面布置图上（称为平面整体配筋图），再与标准构造详图相配合，构成一套新型完整的结构施工图。它改变了传统的那种将构件从结构平面布置图中索引出来，再逐一绘制配筋详图的繁琐方法。其制图规则如下。

（1）平法施工图由构件平面整体配筋图和标准构造详图两大部分构成。对于复杂的工业与民用建筑，需另补充模板图和开洞及预埋件的平面图（或立面图）及详图。它适用于各种现浇钢筋混凝土结构的基础、柱、剪力墙、梁、板、楼梯等构件的施工图平法设计。

（2）平面整体配筋图是按照各类构件的制图规则，在结构平面布置图上直接表示各构件的尺寸、配筋和所选用的标准构造详图的图样。

（3）在平面图上表示各构件尺寸和配筋值的方式，分平面注写方式、列表注写方式和截面注写方式三种，可根据具体情况选择使用。

（4）绘制平面整体配筋图时，应将图中所有构件进行编号，编号中含有类型代号和序号等，类型代号的主要作用是指明所选用的标准构造详图；在标准构造详图上，应按其所属构件类型注有代号，明确该详图与平面整体配筋图中相同构件的互补关系，两者合并构成完整的施工图。

（5）对混凝土保护层厚度、钢筋搭接和锚固长度，除图中注明者外，均需按标准构造详图中的有关构造规定执行。

二、柱平面整体表示方法

柱平面整体配筋图采用的表达方式是列表注写方式或截面注写方式。

1. 列表注写方式

即在柱平面布置图上,分别在不同编号的柱中各选择一个截面标注几何参数代号,在柱表中注写几何尺寸与配筋具体数值,并配以各种柱截面形状及其箍筋类型图的方式,来表达柱平面整体配筋图。

图 4-19 为柱平面整体配筋图列表注写方式示例,阅读时应注意柱表内容包括以下六项。

(1)柱编号由类型代号和序号组成,见下表。

表 4-8　柱　编　号

柱类型	代号	序号	柱类型	代号	序号
框架柱	KZ	××	梁上柱	LZ	××
框支柱	KZZ	××	剪力墙上柱	QZ	××

如图 4-19 的柱表表示的柱编号为"KZ1",即序号为 1 号的框架柱。

(2)各段柱的起止标高,自柱根部往上以变截面位置或截面未变但配筋改变处为界分段注写。注意:框架柱和框支柱的根部标高指基础顶面标高;梁上柱的根部标高指梁顶面标高;剪力墙上柱的根部标高分两种,当柱纵筋锚固在墙顶部时,其根部标高为墙顶面标高,当柱与剪力墙重叠一层时,其根部标高为墙顶下面一层的楼层结构标高。如图 4-19 的柱表中分三段高度进行分段注写,标高"−0.030～19.470"段,柱截面尺寸为"750×700";标高"19.470～37.470"段,柱截面尺寸为"650×600";标高"37.470～59.070"段,柱截面尺寸为"550×500"。另外,三段的配筋也有所不同,因此将其标高分三段进行注写。

(3)柱截面尺寸 $b×h$ 及与轴线关系 b_1、b_2 和 h_1、h_2 的具体数值,需对应于各段柱分别注写,其中 $b=b_1+b_2$,$h=h_1+h_2$。

如图 4-19 的柱表中的"$b1$",三段的数值分别为 375、325、275。

(4)柱纵筋分角筋、截面 b 边中部筋和 h 边中部筋三项(对称截面对称边可省略),当为圆柱时,表中角筋一栏注写圆柱的全部纵筋。

如图 4-19 的柱表中标高为"−0.030～19.470"段,配筋情况是角筋为 4 根直径 25mm 的 Ⅱ 级钢筋,截面的 b 边一侧中部筋为 5 根直径 25mm 的 Ⅱ 级钢筋,截面的 h 边一侧中部筋与 b 边相同。

(5)柱箍筋类型号,具体工程所设计的各种箍筋类型图须画在表的上部或图中的适当位置,编上类型号,并标注与表中相对应的 b、h 边。

如图 4-19 中,在柱表的上部画有该工程的各种箍筋类型图,柱表中箍筋类型号一栏,表明该柱的箍筋类型采用的是类型 1,小括号中表示的是箍筋肢数组合,5×4 组合见图所示。

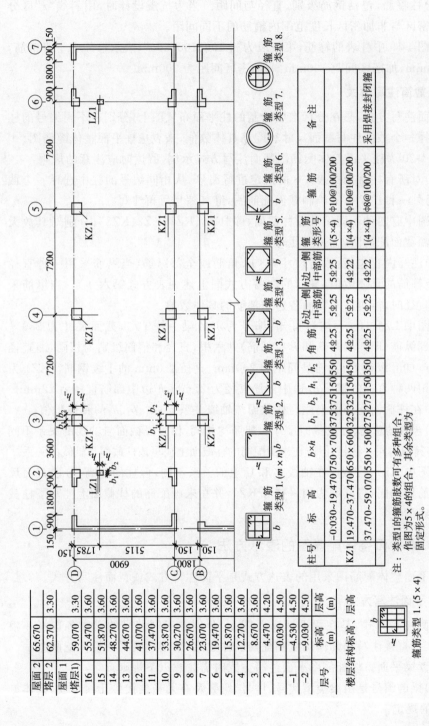

图4-19 柱平面整体配筋图例表注写式主式示例

(6)柱箍筋,包括钢筋级别、直径与间距。当为抗震设计时,用斜线"/"区分箍筋加密区与非加密区长度范围内箍筋的不同间距。

如图 4-19 中柱表的箍筋,第一段为"φ10@100/200",表示箍筋为Ⅰ级钢筋,直径 10mm,加密区间距 100mm,非加密区间距为 200mm。

2. 截面注写方式

截面注写方式,是在分标准层绘制的柱平面布置图上,分别在不同编号的柱中各选择一个截面注写截面尺寸和配筋具体数值,来表达柱平面整体配筋图。

图 4-20 为柱平面整体配筋图截面注写方式示例,阅读时应注意的规则:

(1)对所有柱截面按表 4-8 的规定进行编号,从相同编号的柱中选择一个截面,按另外一种比例放大绘制截面配筋图,继其编号后再注写。

如图中有四种不同编号的柱截面,即"LZ1、KZ1、KZ2、KZ3",分别对其放大比例绘制截面配筋图,并进行注写。

(2)注写内容包括:截面尺寸 $b \times h$、角筋或全部纵筋(当纵筋采用一种直径时)以及箍筋的具体数值(箍筋的注写方式同上述列表方式第六条)。当纵筋采用两种直径时,需再注写截面各边中部筋的具体数值。

从图中 LZ1 的注写内容可知:编号为 1 的梁上柱 LZ1,截面尺寸为 250×300,全部纵筋(即四根角筋和 h 中部筋)共六根,直径和钢筋级别均相同,即直径为 16mm 的Ⅱ级钢筋;箍筋是间距为 200mm、直径是 8mm 的Ⅰ级钢筋。KZ1 为纵筋采用两种直径的情况,b 边中部筋直径为 25mm,h 边中部筋直径为 22mm。

(3)在柱截面配筋图上注写柱截面与轴线关系 b_1、h_1、b_2、h_2 的具体数值。

(4)当柱的总高、分段截面尺寸和配筋均相同,仅分段截面与轴线的关系不同时,可将其编为同一柱号,但应在未画配筋的柱截面上注写该柱截面与轴线的关系。

如图中 KZ1,柱截面在轴线 B 和 C 上的关系不同,但柱的总高、分段截面尺寸和配筋均相同,将其编为同一柱号 KZ1,并在未画配筋的柱截面上注写了柱截面与轴线的关系。

三、梁平面整体配筋图的表示方法

梁平面整体配筋图采用的表达方式是平面注写方式或截面注写方式。

1. 平面注写方式

平面注写方式,是在梁平面布置图上,分别在不同编号的梁中各选择一根梁,在其上直接注写梁几何尺寸和配筋具体数值,来表达梁平面整体配筋图。

阅读梁平面整体配筋图平面注写方式时需注意以下规则:

(1)梁的编号是由梁类型代号、序号、跨数及有无悬挑代号几项组成,具体见表 4-9 的规定。

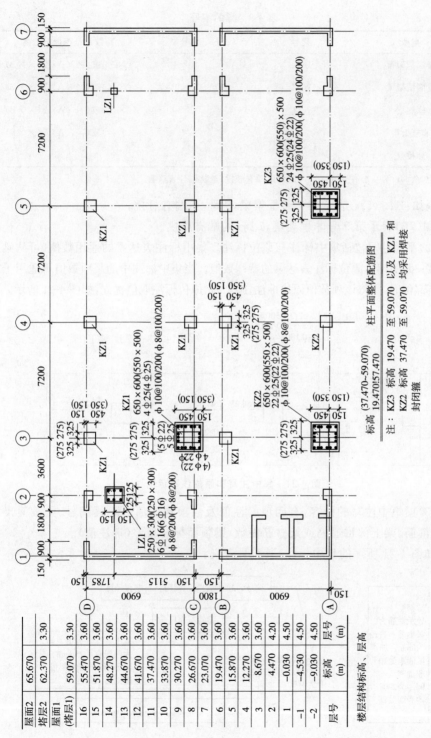

图4-20 柱平面整体配筋图截面注写方式示例

表 4-9　梁的编号

类型	代号	序号	跨数及是否带有悬挑
楼层框架梁	KL	××	(××)或(××A)或(××B)
屋面框架梁	WKL	××	(××)或(××A)或(××B)
框支梁	KZL	××	(××)或(××A)或(××B)
非框架梁	L	××	(××)或(××A)或(××B)
悬挑梁	XL	××	

注:(××A)为一端有悬挑,(××B)为两端有悬挑,悬挑不计入跨数。

例如:KL7(5A)表示第 7 号框架梁,5 跨,一端有悬挑;

L9(7B)表示第 9 号非框架梁,7 跨,两端有悬挑。

(2)平面注写包括集中标注与原位标注。集中标注表达梁的通用数值(可从梁的任意一跨引出),原位标注表达梁的特殊数值。当集中标注中的某项数值不适用于梁的某部位时,则将该项数值原位标注;施工时,原位标注取值优先,如图 4-21 所示。

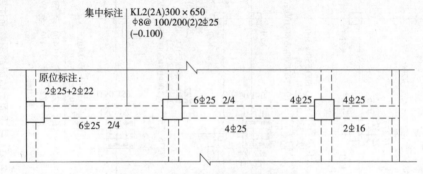

图 4-21　集中注写和原位注写示例

(3)梁集中注写的内容,有四项必注值及一项选注值,即:梁编号、梁截面尺寸、梁箍筋、梁上部贯通筋或架立筋根数、梁顶面标高高差(选注值)。

如图 4-21 所示的集中标注,其符号含义:

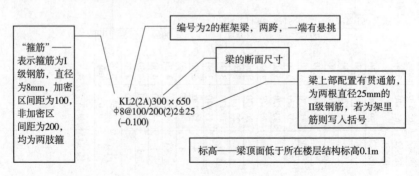

（4）梁原位标注的内容，包括梁支座上部纵筋、梁下部纵筋、侧面纵向构造钢筋或侧面抗扭纵筋、附加箍筋或吊筋。图 4-21 所示原位标注含义如下。

梁上部纵筋"$2 \oplus 25 + 2 \oplus 22$"表示，当上部同排有两种直径的钢筋时，用"+"表示，直径为 25mm 的在角部，直径为 22mm 的在中部。

梁下部纵筋"$6 \oplus 25 \quad 2/4$"表示，当下部纵筋多于一排时，用"/"将各排纵筋自上而下分开。此标注表示上排纵筋为两根，下排为四根，钢筋均为直径 25mm 的 II 级钢筋。

注意当梁某跨有抗扭纵筋时，标注时应在配筋值前加"*"号；当有附加箍筋或吊筋，可将其直接画在平面图中的主梁上，用引线注配筋值，如图 4-22。

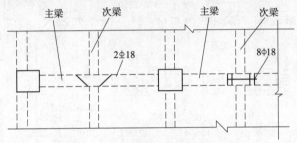

图 4-22　附加箍筋或吊筋注法示例

（5）注意梁截面非等截面时的截面尺寸注写（图 4-23）。

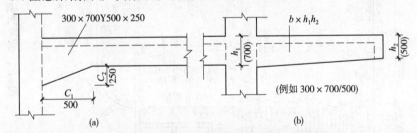

图 4-23　非等截面梁截面尺寸注法示例

（a）加腋梁截面尺寸的注写；（b）悬挑梁不是等高截面尺寸的注写

2. 截面注写方式

截面注写方式，是在梁平面布置图上，分别在不同编号的梁中各选择一根梁，在用剖面符号引出的截面配筋图上注写截面尺寸与配筋具体数值，来表达梁平面整体配筋图。

截面注写方式既可以单独使用，也可与平面注写结合使用。当梁平面整体配筋图中局部区域的梁布置过密时或表达异形截面梁的尺寸、配筋时，用截面注写方式比较方便。图 4-25 是图 4-24 中某局部 L3、L4 梁采用截面注写的示例，可以看出，梁布置过密时，采用截面注写较清楚。

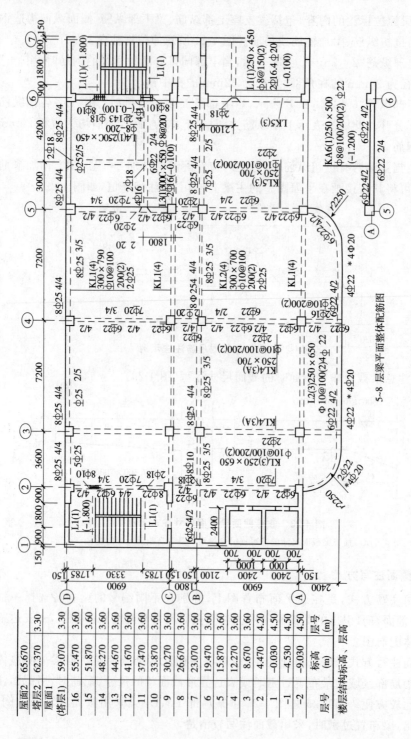

图4-24　梁平面整体配筋图平面注写示例

层号	标高/m	层高/m
层面2	65.670	
塔层2	62.370	3.30
层面1(塔层1)	59.070	3.30
16	55.470	3.30
15	51.870	3.60
14	48.270	3.60
13	44.670	3.60
12	41.070	3.60
11	37.470	3.60
10	33.870	3.60
9	30.270	3.60
8	23.070	3.60
7	23.070	3.60
6	19.470	3.60
5	15.870	3.60
4	12.270	3.60
3	8.670	3.60
2	4.470	4.20
1	−0.030	4.50
−1	−4.530	4.50
−2	−9.030	4.50
层号	标高/m	层高/m

楼层结构标高、层高

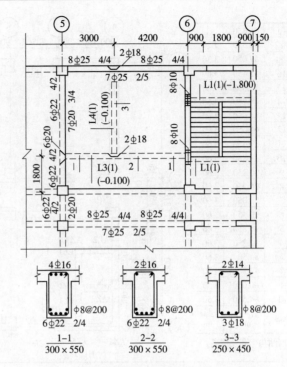

5~8层梁平面整体配筋图(局部)

图 4-25　梁平面整体配筋图截面注写示例

四、剪力墙平面整体配筋图的表示方法

剪力墙平面整体配筋图采用的表达方式是列表注写方式,即在剪力墙柱表、剪力墙身表和剪力墙梁表中,对应于剪力墙平面布置图上的编号,分别绘制截面配筋图和注写几何尺寸与配筋具体数值,来表达剪力墙平面整体配筋图。示例参见图 4-26。

阅读剪力墙平面整体配筋图时,需注意以下规则。

(1)编号:墙柱、墙身、墙梁的编号分别由类型代号和序号组成。墙身编号的表达形式为"Q××",墙柱、墙梁的编号见表 4-10。

表 4-10　墙柱、墙梁编号

墙柱类型	代号	序号	墙柱类型	代号	序号
暗柱	AZ	××	连梁	LL	××
端柱	DZ	××	暗梁	AL	××
小墙肢	XQZ	××	边框梁	BKL	××

注:在具体工程中,当某些墙身需设置暗梁或边框梁时,宜在剪力墙平面整体配筋图中绘制暗梁或边框梁的平面布置简图并编号,以明确其具体位置。

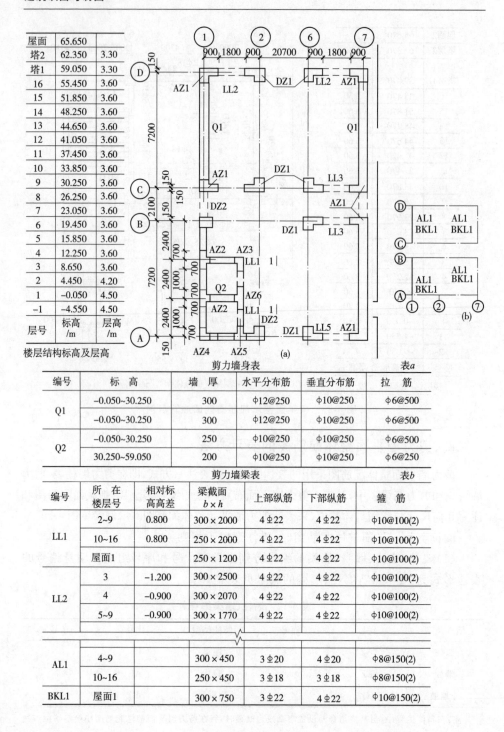

层号	标高/m	层高/m
屋面	65.650	
塔2	62.350	3.30
塔1	59.050	3.30
16	55.450	3.60
15	51.850	3.60
14	48.250	3.60
13	44.650	3.60
12	41.050	3.60
11	37.450	3.60
10	33.850	3.60
9	30.250	3.60
8	26.250	3.60
7	23.050	3.60
6	19.450	3.60
5	15.850	3.60
4	12.250	3.60
3	8.650	3.60
2	4.450	4.20
1	−0.050	4.50
−1	−4.550	4.50

楼层结构标高及层高

剪力墙身表　　表a

编号	标　高	墙　厚	水平分布筋	垂直分布筋	拉　筋
Q1	−0.050~30.250	300	φ12@250	φ10@250	φ6@500
	−0.050~30.250	300	φ12@250	φ10@250	φ6@500
Q2	−0.050~30.250	250	φ10@250	φ10@250	φ6@500
	30.250~59.050	200	φ10@250	φ10@250	φ6@250

剪力墙梁表　　表b

编号	所在楼层号	相对标高高差	梁截面 $b \times h$	上部纵筋	下部纵筋	箍　筋
LL1	2~9	0.800	300×2000	4⊈22	4⊈22	φ10@100(2)
	10~16	0.800	250×2000	4⊈22	4⊈22	φ10@100(2)
	屋面1		250×1200	4⊈22	4⊈22	φ10@100(2)
LL2	3	−1.200	300×2500	4⊈22	4⊈22	φ10@100(2)
	4	−0.900	300×2070	4⊈22	4⊈22	φ10@100(2)
	5~9	−0.900	300×1770	4⊈22	4⊈22	φ10@100(2)
AL1	4~9		300×450	3⊈20	4⊈20	φ8@150(2)
	10~16		250×450	3⊈18	3⊈18	φ8@150(2)
BKL1	屋面1		300×750	3⊈22	4⊈22	φ10@150(2)

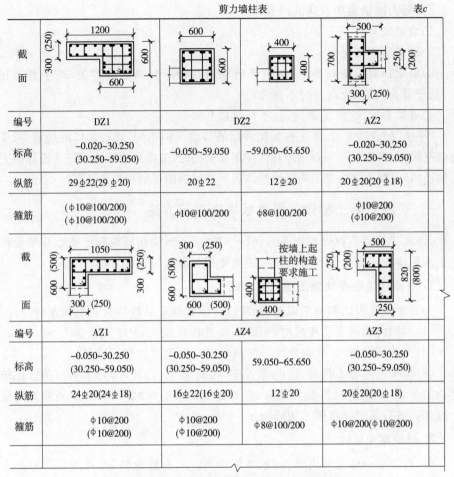

剪力墙柱表 表c

编号	DZ1	DZ2	AZ2
标高	−0.020~30.250 (30.250~59.050)	−0.050~59.050	−0.020~30.250 (30.250~59.050)
纵筋	29Φ22(29Φ20)	20Φ22	20Φ20(20Φ18)
箍筋	(φ10@100/200) (φ10@100/200)	φ10@100/200	φ8@100/200	φ10@200 (φ10@200)

编号	AZ1	AZ4	AZ3
标高	−0.050~30.250 (30.250~59.050)	−0.050~30.250 (30.250~59.050)	59.050~65.650	−0.050~30.250 (30.250~59.050)
纵筋	24Φ20(24Φ18)	16Φ22(16Φ20)	12Φ20	20Φ20(20Φ18)
箍筋	φ10@200 (φ10@200)	φ10@200 (φ10@200)	φ8@100/200	φ10@200(φ10@200)

图 4-26 剪力墙平面整体配筋图示例(列表注写式)

(a)剪力墙平面布置图;(b)暗梁、边框梁布置简图图

(2)剪力墙柱表中表达的内容:

1)墙柱编号和该墙柱的截面配筋图;

2)各段墙柱起止标高,自墙柱根部往上以变截面位置或截面未变但配筋改变处为界分段注写;

3)纵筋和箍筋。

(3)剪力墙身表中表达的内容:

1)墙身编号;

2)各段墙身起止标高,自墙柱根部往上以变截面位置或截面未变但配筋改变处为界分段注写;

3)水平分布筋、竖向分布筋和拉筋。

(4)剪力墙梁表中表达的内容:

1)墙梁编号;

2)墙梁所在楼层号;

3)墙梁顶面标高高差,即相对于墙梁所在楼层标高的高差值,高于者为正值,低于者为负值,无高差时不标注;

4)墙梁截面尺寸、上部纵筋、下部纵筋和箍筋。

"平法"的表达方式、方法根据构件配筋等情况的不同,都有具体的规定,限于篇幅有限,这里不能一一叙述。具体应用和读图时,应参见中国建筑标准设计研究所编制的《混凝土结构施工图平面整体表示方法制图规则和构造详图》一书。

五、现浇混凝土楼面与屋面板平面表示方法

《国家建筑标准设计图集 04G101—4》规定了现浇钢筋混凝土楼板与屋面板的平面整体表示方法。下面来介绍现浇楼板与屋面板表示方法。

1. 有梁楼盖板平法施工图表达方式

为方便设计表达和施工识图,标准设计图集规定结构平面的坐标方向为:

(1)当两向轴网正交布置时,图面从左至右为 X 向,从下至上为 Y 向;

(2)当轴网转折时,局部坐标方向顺轴网转折角度做相应转折;

(3)当轴网向心布置时,切向为 X 向,径向为 Y 向;此外,对于平面布置比较复杂的区域,如轴网转折交界区域、向心布置的核心区域等,其平面坐标方向应由设计者另行规定并在图上明确表示。

2. 板块集中标注

(1)板块集中标注的内容为:板块编号,板厚,贯通纵筋,以及当板面标高不同时的标高高差。

对于普通楼面,两向均以一跨为一板块;对于密肋楼盖,两向主梁(框架梁)均以一跨为一板块(非主梁密肋不计)。所有板块应逐一编号,相同编号的板块可择其一做集中标注,其他仅注写置于圆圈内的板编号,以及当板面标高不同时的标高高差。板块编号规定如表 4-11 所示。

表 4-11 板块编号

板类型	代号	序号
楼面板	LB	××
层面板	WB	××
延伸悬挑板	YXB	××
纯悬挑板	XB	××

注:延伸悬挑板的上部受力钢筋应与相邻跨内板的上部纵筋连通配置。

板厚注写为 $h=\times\times\times$（为垂直于板面的厚度）；当悬挑板的端部改变截面厚度时，用斜线分隔根部与端部的高度值，注写为 $h=\times\times\times/\times\times\times$；当设计已在图注中统一注明板厚时，此项可不注。

贯通纵筋按板块的下部和上部分别注写（当板块上部不设贯通纵筋时则不注），并以 B 代表下部，以 T 代表上部，B&T 代表下部与上部；X 向贯通纵筋以 X 打头，Y 向贯通纵筋以 Y 打头，两向贯通纵筋配置相同时则以 X&Y 打头。当为单向板时，另一向贯通的分布筋可不必注写，而在图中统一注明。

当在某些板内（例如在延伸悬挑板 YXB，或纯悬挑板 XB 的下部）配置有构造钢筋时，则 X 向以 Xc，Y 向以 Yc 打头注写。当 Y 向采用放射配筋时（切向为 X 向，径向为 Y 向），设计者应注明配筋间距的度量位置。当板的悬挑部分与跨内板有高差且低于跨内板时，宜将悬挑部分设计为纯悬挑板 XB。

板面标高高差，系指相对于结构层楼面标高的高差，应将其注写在括号内，且有高差则注，无高差不注。

例如：设有一楼面板块注写为：LB5　　$h=110$

　　　　　　　　　　B：X Φ 12@120；Y ϕ 10@110

系表示 5 号楼面板，板厚 110mm，板下部配置的贯通纵筋 X 向为 Φ 12@120，Y 向为 ϕ 10@110；板上部未配置贯通纵筋。

例如：设有一延伸悬挑板注写为：YXB2　　　$h=150/100$

　　　　　　　　　　B：Xc&Yc ϕ 8@200

系表示 2 号延伸悬挑板，板根部厚 150mm，端部厚 100mm，板下部配置构造钢筋双向均为 ϕ 8@200（上部受力钢筋见板支座原位标注）。

(2)同一编号板块的类型、板厚和贯通纵筋均相同，但板面标高、跨度、面形状以及板支座上部非贯通纵筋可以不同，如同一编号板块的平面形状可矩形、多边形及其他形状等。施工预算时，应根据其实际平面形状，分别计各块板的混凝土与钢材用量。

(3)设计与施工应注意：单向或双向连续板的中间支座上部同向贯通纵筋，不应在支座位置连接或分别锚固。当相邻两跨的板上部贯通纵筋配置相同，且跨中部位有足够空间连接时，可在两跨任意一跨的跨中连接部位连接；当相邻两跨的上部贯通纵筋配置不同时，应将配置较大者越过其标注的跨数终点或起点伸至相邻跨的跨中连接区域连接。

设计应注意板中间支座两侧上部贯通纵筋的协调配置，施工及预算应按具体设计和相应标准构造要求实施。

3. 板支座原位标注

(1)板支座原位标注的内容为：板支座上部非贯通纵筋和纯悬挑板上部受力

钢筋。

板支座原位标注的钢筋,应在配置相同跨的第一跨表达(当在梁悬挑部位单独配置时则在原位表达)。在配置相同跨的第一跨(或梁悬挑部位),垂直于板支座(梁或墙)绘制一段适宜长度的中粗实线(当该筋通长设置在悬挑板或短跨板上部时,实线段应画至对边或贯通短跨),以该线段代表支座上部非贯通纵筋;并在线段上方注写钢筋编号(如①、②等),配筋值,横向连续布置的跨数(注写在括号内,且当为一跨时可不注),以及是否横向布置到梁的悬挑端。例如:(××)为横向布置的跨数,(××A)为横向布置的跨数及一端的悬挑部位,(××B)为横向布置的跨数及两端的悬挑部位。

板支座上部非贯通筋自支座中线向跨内的延伸长度,注写在线段的下方。

当中间支座上部非贯通纵筋向支座两侧对称延伸时,可仅在支座一侧线段下方标注延伸长度,另一侧不注,见图 4-27(a)。图中②φ12@120 表示 2 号钢筋为 1 根 φ12,间距 120mm,两边各延伸 1800mm。

当向支座两侧非对称延伸时,应分别在支座两侧线段下方注写延伸长度,见图 4-27(b)。图中表示 3 号钢筋左边延伸 1800mm,右边延伸 1400mm。

对线段画至对边贯通全跨或贯通全悬挑长度的上部通长纵筋,贯通全跨或延伸至全悬挑一侧的长度值不注,只注明非贯通筋另一侧的延伸长度值,见图 4-27(c)。图中分别表示 3 号钢筋为 1 根 φ10,间距 100mm,南边延伸 1950mm,北边延伸到全跨;5 号钢筋为 1 根 φ10,间距 100mm,南边延伸 2000mm,北边延伸到悬挑端。

当板支座为弧形,支座上部非贯通纵筋呈放射状分布时,设计者应注明配筋间距的度量位置并加注"放射分布"四字,必要时应补绘平面配筋图,见图 4-27(d)。图中 7 号钢筋为 1 根 φ12,间距 150mm,两边各延伸 2150mm,且沿径向放射布置。

关于延伸悬挑板的注写方式见图 4-27(e);图中 3 号钢筋为 1 根 φ12,间距 100mm,南边延伸到悬挑板端,北边延伸 2100mm,且连续相邻 2 跨布置;1 号延伸悬挑板 YXB1,厚度 h=120mm,底部配筋 X 向 φ8@150,Y 向 φ8@200 的贯通钢筋;顶部配有 X 向 φ8@150;这属于集中标注。

关于纯悬挑板的注写方式见图 4-27(f)。图中 5 号钢筋为 1 根 φ12,间距 100mm,南边延伸到悬挑板端,且连续相邻 2 跨布置;2 号纯悬挑板 XB2,根部厚度 h=120mm,板端厚度 h=80mm,底部配 X 向 φ8@150,Y 向 φ8@200 的贯通钢筋;顶部配有 X 向 φ8@150;这属于集中标注。

此外,延伸悬挑板与纯悬挑板的悬挑阳角上部放射钢筋的表示方法,详见关于楼板相关构造制图规则中的有关内容。

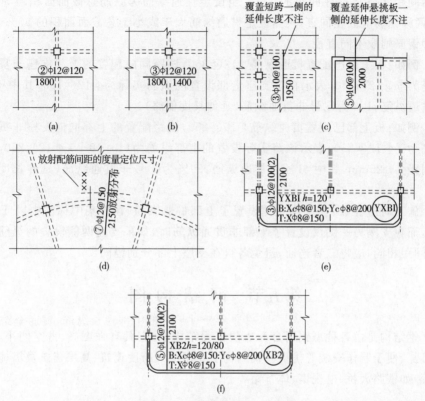

图 4-27　板支座原位标注图例

在板平面布置图中,不同部位的板支座上部非贯通纵筋及纯悬挑板上部受力钢筋,可仅在一个部位注写,对其他相同者则仅需在代表钢筋的线段上注写编号及横向连续布置的跨数(当为一跨时可不注)即可。

例如:在板平面布置图某部位,横跨支承梁绘制的对称线段上注有⑦ϕ12@100(5A)和1500,表示支座上部⑦号非贯通纵筋为ϕ12@100,从该跨起沿支承梁连续布置5跨加梁一端的悬挑端,该筋自支座中线向两侧跨内的延伸长度均为1500mm。在同一板平面布置图的另一部位横跨梁支座绘制的对称线段上注有⑦(2)者,系表示该处布筋同⑦号纵筋,沿支承梁连续布置2跨,且无梁悬挑端布置。

此外,与板支座上部非贯通纵筋垂直且绑扎在一起的构造钢筋或分布钢筋,应由设计者在图中注明。

(2)当板的上部已配置有贯通纵筋,但需增配板支座上部非贯通纵筋时,应结合已配置的同向贯通纵筋的直径与间距采取"隔一布一"方式配置。

"隔一布一"方式,为非贯通纵筋的标注间距与贯通纵筋相同,两者组合后的实际间距为各自标注间距的 1/2。当设定贯通纵筋为纵筋总截面面积的 50％时，两种钢筋应取相同直径；当设定贯通纵筋大于或小于总截面面积的 50％时，两种钢筋则取不同直径。

例如：板上部已配置贯通纵筋ϕ 12@250，该跨同向配置的上部支座非贯通纵筋为⑤ϕ 12@250，表示在该支座上部设置的纵筋实际为ϕ 12@125，其中 1/2 为贯通纵筋，1/2 为⑤号非贯通纵筋（延伸长度值略）。

例如：板上部已配置贯通纵筋ϕ 10@250，该跨配置的上部同向支座非贯通纵筋为③ϕ 12@250，表示该跨实际设置的上部纵筋为（1 ϕ 10＋1 ϕ 12）/250，实际间距为 125mm，其中 41％为贯通纵筋，59％为③号非贯通纵筋（延伸长度值略）。

施工时应注意：当支座一侧设置了上部贯通纵筋（在板集中标注中以 T 打头），而在支座另一侧仅设置了上部非贯通纵筋时，如果支座两侧设置的纵筋直径、间距相同，应将二者连通，避免各自在支座上部分别锚固。

第五节　钢结构图

钢结构是由各种型钢组合而成的工程结构物，它具有强度高、占空间小、安全可靠、便于制作安装等优点。钢结构主要用于大跨度建筑、高层建筑及塔桅结构等，如铁路大桥、电视塔、体育馆等。

一、型钢的规格及其标注

钢结构中所用的钢材主要是热轧成型的钢板和型钢。其中型钢是由轧钢厂按标准规格（型号）轧制而成的。常用的型钢有角钢、工字钢、槽钢等，其规格及标注方法见表 4-12。

表 4-12　常用型钢的标注方法

序号	名　称	截　面	标　注	说　明
1	等边角钢	∟	∟ $b \times t$	b 为肢宽 t 为肢厚
2	不等边角钢	B	∟ $B \times b \times t$	B 为长肢宽 b 为短肢宽 t 为肢厚
3	工字钢	I	N ⫠ N	轻型工字钢加注 Q 字 N 为工字钢的型号

（续）

序号	名 称	截 面	标 注	说 明
4	槽钢		N Q N	轻型槽钢加注 Q 字 N 为槽钢的型号
5	方钢	b	b	
6	扁钢	b	$—b×t$	
7	钢板	——	$\dfrac{-b×t}{l}$	宽×厚 板长
8	圆钢		ϕd	
9	钢管	○	$DN××$ $d×t$	内径 外径×壁厚
10	薄壁方钢管	□	$B□b×t$	
11	薄壁等肢角钢		$B∟b×t$	
12	薄壁等肢卷边角钢	a	$B b×a×t$	薄壁型钢加注 B 字 t 为壁厚
13	薄壁槽钢	h	$B h×b×t$	
14	薄壁卷边槽钢	a	$B h×b×a×t$	
15	薄壁卷边 Z 型钢	h a	$B h×b×a×t$	
16	T 型钢	⊥	$TW××$ $TM××$ $TN××$	TW 为宽翼缘 T 型钢 TM 为中翼缘 T 型钢 TN 为窄翼缘 T 型钢

（续）

序号	名　称	截　面	标　注	说　明
17	H 型钢	H	HW××	HW 为宽翼缘 H 型钢
			HM××	HM 为中翼缘 H 型钢
			HN××	HN 为穿翼缘 H 型钢
18	起重机钢轨		⊥ QU××	
				详细说明产品规格型号
19	轻轧及钢轨		⊥ ××kg/m 钢轨	

二、钢结构的连接方式

钢结构的连接方式有焊接、螺栓连接和铆钉连接等。

1. 焊接表示方法

焊接钢结构的图样，必须用焊缝符号把焊接接头形式、焊缝形式、位置和有关尺寸标注清楚，有时还要注明施焊方法等。焊缝符号主要由图形符号、辅助符号、引出线和焊缝尺寸组成，其中图形符号表示焊缝断面的基本形式，辅助符号表示焊缝表面形状特征，引出线表示焊缝的位置。详见表 4-13、表 4-14、表 4-15。

表 4-13　钢结构焊缝图形符号

焊缝名称	焊缝形式	图形符号
V 形		⋁
V 形（带根）		Y
不对称 V 形（带根）		⋎
单边 V 形		⋁
单边 V 形（带根）		K
I 形		‖
贴角焊		△
塞焊		▽

表 4-14 钢结构焊缝的辅助符号

符号名称	辅助符号	标志方法	焊缝形式
相同焊缝	○	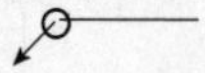	
安装焊缝	⊣	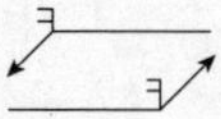	
三面焊缝	⊏	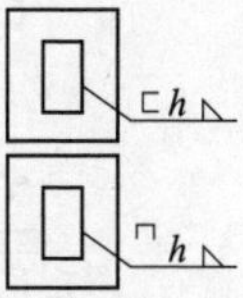 ⊏h	
	⊓	⊓h	
周围焊缝	◻	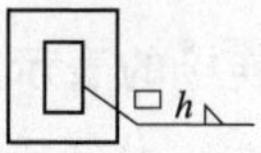 ◻h	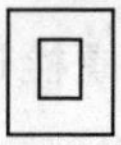
断续焊缝	|	 h sll	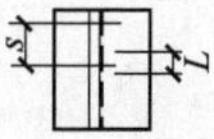

表 4-15 常用焊缝接头的焊缝代号标志方法

名 称	焊缝形式	标志方法
对接 Ⅰ形焊缝	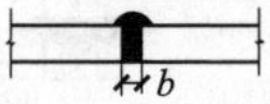 b	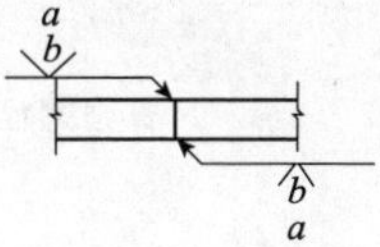 a b ... b a
对接 Ⅰ形双面焊	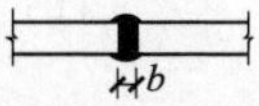 b	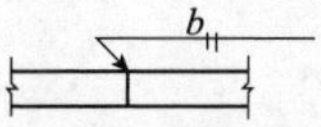 b
对接 Ⅴ形焊缝	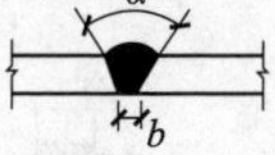 a b	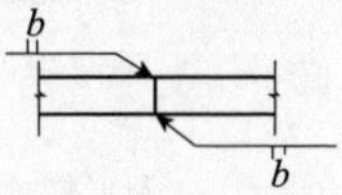 b ... b
对接 单边Ⅴ形焊缝	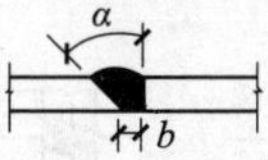 a b	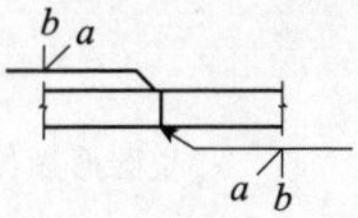 b a ... a b
对接 Ⅴ形带根焊缝	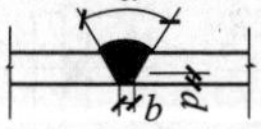 a b p	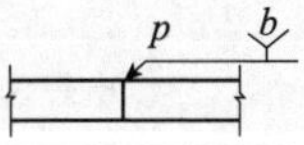 p b

（续）

名称	焊缝形式	标志方法
搭接 周边焊缝		
贴角焊接		
T 形接头		

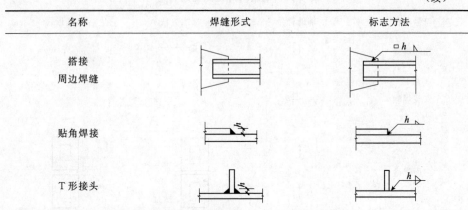

2. 螺栓连接和铆钉连接的表示方法

螺栓连接和铆钉连接的钢结构图样，同样需要用代号表示连接方法，详见表 4-16。

表 4-16　螺栓、螺栓孔、电焊铆钉的表示方法

序号	名称	图　例	说　明
1	永久螺栓		
2	高强螺栓		
3	安装螺栓		1. 细"+"线表示定位线； 2. M 表示螺栓型号； 3. ϕ 表示螺栓孔直径号；
4	膨胀螺栓		4. d 表示膨胀螺栓、电焊铆钉直径；
5	圆形螺栓孔		5. 采用引出线标注螺栓时，横线上标注螺栓规格，横线下标注螺栓孔直径
6	长圆形螺栓孔		
7	电焊铆灯		

三、钢结构图识图要点

钢结构图主要用来解决构件的制作和拼装。钢结构图一般用立面图和剖面图表示,并加节点详图及材料表和必要的文字说明。现以钢屋架结构图为例,说明钢结构图的识图要点。

钢屋架结构图是表示钢屋架的形式、大小、型钢的规格、杆件的组合和连接形式的图样。其主要内容包括:屋架简图、屋架详图(包括立面图和节点图)、杆件详图、连接板详图、预埋件详图以及型钢用量表等。图 4-28 为某厂房钢屋架结构详图,识读时应着重阅读以下几点:

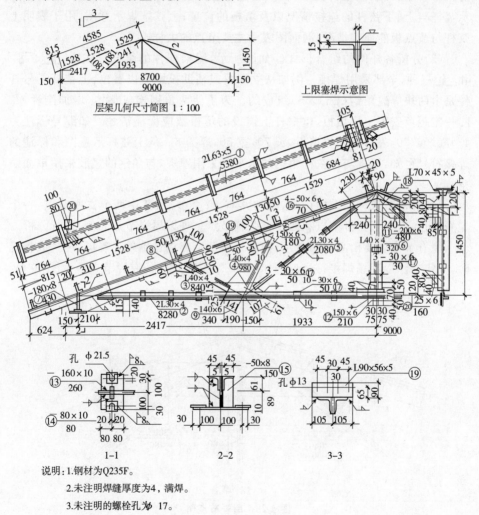

说明:1.钢材为Q235F。

2.未注明焊缝厚度为4,满焊。

3.未注明的螺栓孔为φ17。

WJ1:10　　1:10

图 4-28　某厂房钢屋架结构详图

(1)看简图，了解屋架结构形式及尺寸。简图中上边倾斜的杆件称为上弦杆，水平的杆件称下弦杆，中间杆件称腹杆（包括竖杆和斜杆）。从图中应了解屋架的跨度、高度、节点之间杆件的计算长度以及上弦杆的斜度（图中直角三角形表示）等内容。

(2)看各图形的相互关系，分析表达方案及内容。图 4-28 中由五个图形组成。中间的立面图，左右对称，在表达方法上采用了对称省略的方法。它表示了屋架形状、各杆件、零件的位置、形状及其连接情况；立面图上方的辅助投影图，是为表示上弦杆的实形以及上弦杆上的零件而绘制的，它和立面图保持着一定的投影关系；侧面图是拆去了斜杆、上弦杆并把下弦杆折断后绘出的，它用于表示竖杆与上、下弦杆的连接情况以及填板的位置；上弦塞焊示意图，用于表明上弦杆与节点板的连接情况；剖面图表示主要节点的大样。

(3)分析各杆件的组合形式。如图所示，屋架杆件的组合形式有 ⌐⌐、T、和 ⌐ 三种，全部采用焊接。例如从立面图或辅助投影可以看出，上弦杆①号杆件是由两块等边角钢（L63×5）组成的。为了使两角钢连成整体，增加刚性，每隔一定距离安置一块填板，整根杆上需设的填板数应标注清楚。如编号标注为 4－50×6/70，表示有四块填板，长 70，宽 50，厚为 6。从上弦杆示意图和标注的焊接符号可知：填板与上弦杆角钢的水平肢采用塞焊，与角钢的竖肢采用单面贴角焊。

(4)弄清节点。从图中可知，屋架共有 10 个节点，其中两个支座节点，一个屋脊节点，三个下弦杆节点和四个上弦杆节点。现以屋脊节点为例，进行分析。

屋脊节点主要由立面图表示，如果是将两个半桁运到施工现场，再拼成整桁时，一定要注以现场焊接符号。例如图 4-29 是图 4-28 的屋脊节点放大图，它是

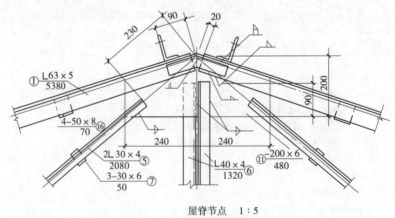

屋脊节点 1：5

图 4-29　屋脊节点图

一整榀屋架,上弦杆的端面与轴线交点之间留有 20mm 的空隙,为的是便于拼接。同时,为了增强连接强度,左右上弦杆接头处,前后各加设了一块拼接角钢,在接头处与两上弦杆焊接。左右两根斜杆和竖杆,都与节点板相连。需要注意的是因竖杆的两根角钢前后交错放置,所以竖杆上的三块填板应一块横放,两块纵向放置。

(5)分析尺寸。屋架的尺寸可分为定形尺寸和定位尺寸,注意查清杆件和节点板的定形尺寸和各杆件、零件间的定位尺寸。一般定位尺寸可从图中直接查到,而定形尺寸有时需要结合材料表进行查找。

第五章　给水排水施工图识读

第一节　给水排水施工图的概述

一、给水系统的分类与组成

1. 室内给水系统的分类

按照供水对象及对水质、水量、水压的不同要求,室内给水系统可以分为生活给水、生产给水和消防给水三类。

一般居住建筑及公共建筑,通常只需供应生活饮用水、盥洗用水、烹饪用水,可以只设生活给水系统。当有消防要求时,则可采取生活—消防联合给水系统。对消防要求严格的高层建筑或大型性建筑,为了保证消防的安全可靠,则应独立设置消防给水系统,消防与生活用水不能联合。工业企业中的生产用水情况比较复杂,其对水质的要求可能高于或低于生活、消防用水的水质要求,究竟采用什么样的供水方式,应根据实际情况确定。仅就生活用水的供应而言,随着城乡人民生活水平的不断提高,对供水质量要求也不断提高,目前也有将生活供水部分分为饮用水和盥洗用水两项,采取分质供应的方法给建筑供水。

2. 室内给水系统的组成

室内给水系统由房屋引入管、水表节点、给水管网(由干管、立管、横支管组成)、给水附件(水龙头、阀门)、用水设备(卫生设备等)、升压和储水设备等附属设备组成。

(1)引入管:建筑小区给水管网与建筑内部各管网之间的联络网段,也称进户管。

(2)水表节点:引水管上装设的水表及其前后设置阀门、泄水装置的总称。阀门用于关闭管网,以便修理和拆换水表;泄水装置作为检修时放空管网、检测水表精度之用。

（3）管道管网：指建筑内部给水水平干管或者垂直干管、立管、支管等组成系统。

（4）给水附件：管路上的截止阀、闸阀、止回阀及各式配水龙头等。

（5）用水设备：指卫生器具、消防设备和生产用水设备等。

（6）升压和储水设备：当建筑小区管网压力不足或者建筑物内部对安全供水、水压稳定有要求时，需设置各种附属设备，如水箱、水泵气压装置、水池等增压和储水设备。

二、排水系统的分类与组成

1. 室内排水系统的分类

室内排水的主要任务就是排除生产、生活污水和雨水。根据排水制度，可以把室内排水分为分流制和合流制两类。

分流制就是将室内的生活污水、雨水及生产污水（废水）用分别设置的管道单独排放的排水方式。分流制排水的主要优点是将不同污染的水单独排放，有利于对污水的处理。但是分流制排水要耗用较多管材，造价也高些。

合流制是将生活污水、生产污（废）水、雨水等两种或三种污水合起来，在同一根管道中排放。合流制的主要优点是排水简单、耗用的管材少，但对污水处理难度加大。

至于什么情况下采用分流制排水，什么情况下采用合流制排水，则要根据污水的性质、室外排水管网的体制、污水处理及综合利用能力等因素来确定。其一般原则是：生活粪便不与雨水合流；冷却系统的污水可与雨水合流；被有机杂质污染的生产污水可与生活粪便合流；含有大量固体杂质的污水、浓度大的酸性或碱性污水、含有有毒物质和油脂的污水，应单独排放，并进行污水处理。

2. 室内排水系统的组成

室内排水系统由污废水收集器、排水系统、通气系统、清通设备、抽升设备和污水局部处理构筑物等组成。

（1）废水收集器：卫生器具或生产设备收水器。

（2）排水系统：它由器具排水管（连接卫生器具和横支管之间的一段管，除坐式大便器外，其间包括存水弯）、有一定坡度的横支管、立管、埋设在室内地下的总横干管和排出到室外的排出管等组成。

（3）通气系统：当建筑物层数不多，卫生器具不多时，在排水立管上端延伸出屋顶的一段管道（自最高层立管检察口算起）称通气管。当建筑物层数较多时，

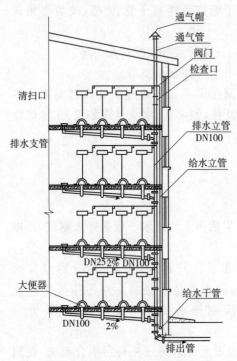

图 5-1 室内给水排水系统的组成

卫生器具甚多时,在排水管系统中应设辅助通气管及专用通气管。

(4)清通设备:一般指作为疏通排水管道之用的检查口、清扫口、检查井以及带有清通门的 90°弯头或三通接头设备。

(5)抽升设备:某些建筑的地下室、半地下室、人防工程、地下铁道等地下建筑物中污水不能自流排至室外,必须设置水泵和集水池等局部抽水设备,将污水抽送到室外水管网中去。

(6)污水局部处理构筑物:室内污(废)水不符合排放要求时,必须进行局部处理。

室内给水排水管网的组成如图 5-1 所示。

一般情况下,压力管道的标高为管中心标高;沟渠和重力流管道的标高为沟(管)内底标高。

三、常用给水排水施工图例

常用给排水施工图例见表 5-1。

表 5-1　常用给排水施工图例

序号	名称	图例	序号	名称	图例
1	给水管	——J——	9	冷却循环给水管	——XJ——
2	排水管	——P——	10	冷却循环回水管	——Xh——
3	污水管	——W——	11	冲霜水给水管	——CJ——
4	废水管	——F——	12	冲霜水回水管	——CH——
5	消火栓给水管	——XH——	13	蒸汽箱	——Z——
6	自动喷水灭火给水管	——ZP——	14	雨水管	——Y——
7	热水给水管	——RJ——	15	空调凝结水管	——KN——
8	热水回水管	——RH——	16	散热器管	——N——

（续）

序号	名称	图例	序号	名称	图例
17	坡向		39	可挠曲橡胶接头	
18	排水明沟	坡向	40	管道固定支架	
19	排水暗沟	坡向	41	保温管	
20	清扫口		42	法兰连接	
21	雨水头	YD	43	承插连接	
22	圆形地漏		44	管堵	
23	方形地漏		45	乙字管	
24	存水管		46	室外消火栓	
25	透气帽		47	室内消火栓（单口）	
26	喇叭口		48	室内消火栓（双口）	
27	吸水喇叭口		49	水泵接合器	
28	异径管		50	自动喷淋头	
29	偏心异径管		51	闸阀	
30	自动冲洗水箱		52	堆止阀	
31	淋浴喷头		53	球阀	
32	管道立管	1 1	54	隔膜阀	
33	管检查口		55	液动阀	
34	套管伸缩器		56	气动阀	
35	弧形伸缩器		57	减压阀	
36	刚性防水套管		58	旋塞阀	
37	预性防水套管		59	温度调节阀	
38	软管		60	压力调节阀	

（续）

序号	名称	图例	序号	名称	图例
61	电磁阀		81	拖布池	
62	止回阀		82	立式小便器	
63	消声止回阀		83	挂式小便器	
64	自动排气阀		84	蹲式大便器	
65	电动阀		85	坐式大便器	
66	湿式报警阀		86	小便槽	
67	法兰止回阀		87	化粪池	HC
68	消防报警阀		88	隔油池	YC
69	浮球阀		89	水封井	
70	水龙头		90	阀门井、检查井	
71	延时自闭冲洗阀		91	水表井	
72	泵		92	雨水口（单算）	
73	离心水泵		93	流量计	
74	管道泵		94	温度计	
75	潜水泵		95	水流指示器	
76	洗脸盆		96	压力表	
77	立式洗脸盆		97	水表	
78	浴盆		98	除垢器	
79	化验盆、洗涤盆		99	疏水器	
80	盥洗槽		100	Y型过滤器	

四、管道的表达方式

（1）管径

镀锌或非镀锌钢管、铸铁管等管材，管径宜以公称直径 DN 表示，如 $DN15$、$DN50$；无缝钢管、焊接钢管（直缝或螺旋缝）、铜管、不锈钢管等管材，管径宜以

外径 D×壁厚表示,如 $D108×4$;钢筋混凝土(或混凝土)管、陶土管、耐酸陶瓷管、缸瓦管等管材,管径宜以内径 d 表示,如 $d23$。

塑料管材,管径宜按产品标准的方法表示。

(2)编号

当建筑物的给水排水进出口数量超过 1 根时,宜进行编号,编号方法如图5-2所示。

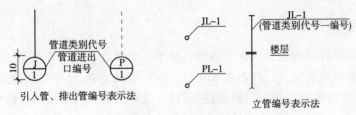

图 5-2　编号表示法

(3)管道交叉、重叠、密集的表示方法

在系统图中,当管道出现交叉情况时,为识别其前后关系,将前面的管道画成连续的,后面的管道断开,用字母引出单独绘制,如图5-3所示。

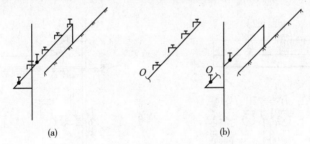

图 5-3　管道重叠、密集处的引出画法

第二节　给水排水施工图的图示内容

一、平面图

平面图示的主要内容有:

(1)用水设备的平面位置、类型;

(2)给水排水管网的干管、立管、支管的平面位置、编号、走向等;

(3)消火栓、地漏、清扫口等平面位置;

(4)给水引入及污水排除的平面位置,以及与室内外管网的关系;

(5)设备及管道安装的预留洞位置以及预埋件、管沟等。

二、系统图

系统图示的内容有：

(1)表明建筑给水排水管网空间位置关系；

(2)各管径尺寸、立管编号、管道标高、安装坡度等；

(3)各种设备的型号、位置。

三、详图

给水排水详图即给水排水设备的安装图。主要表示某些设备或管道上节点的详细构造及安装尺寸。详图要求详尽、具体、视图完整、尺寸齐全,材料规格注写清楚,必要时应附说明。一般情况下,设备及管道节点的安装都有标准图或通用图,如全国通用给水排水标准图集、建筑设备安装图册等,可直接引用;否则应单独绘制详图。详图识读时,应着重掌握详图上的各种尺寸及其要求。图 5-4 所示为一洗脸盆安装详图,图中表明了安装尺寸及要求。如洗脸盆安装高度为770mm,冷热水管道阀门距地 450mm,冷热水龙头间距控制在 40～480mm,以及管道距墙体尺寸、管径尺寸等。

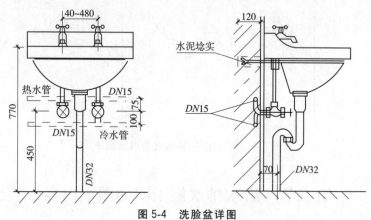

图 5-4　洗脸盆详图

第三节　给水排水施工图的识读

一、识图基本要点

识读给水排水施工图,应将平面图和系统图结合起来,按照水流方向进行识读。如给水系统可按照"由干到支"的顺序,即"室外管网→进户管→干管→立管→支管→用水设备";排水系统可按照"由支到干"的顺序,即"用水设备排水管→干管→立管→总管→室外检查井"。

图 5-5 为某办公楼卫生间底层给水排水平面图及系统图 5-6。从平面图中可看出,给水系统在②～③轴间有两根进户管 $\frac{J}{1}$、$\frac{J}{2}$。其中 $\frac{J}{1}$ 由墙角立管上来,沿墙在水平方向延伸,分别经过四个大便器和一个污水池。结合给水系统图可知,$\frac{J}{1}$ 进户管在 −1.200m 标高处进入,管径为 DN25,在 2.480m 处接 DN20 的水平支管,由水平支管再分四根支管,接大便器水箱,另外水平支管端部下弯至 1.000m 处,接污水池水龙头。其他给水排水管道系统分析方法均同此。

给水排水系统施工图中,一些常见部位的管材、设备等,其详细位置、尺寸、构造要求等,图中一般不作说明。识读时,应参阅有关专业设计规范、标准图集。

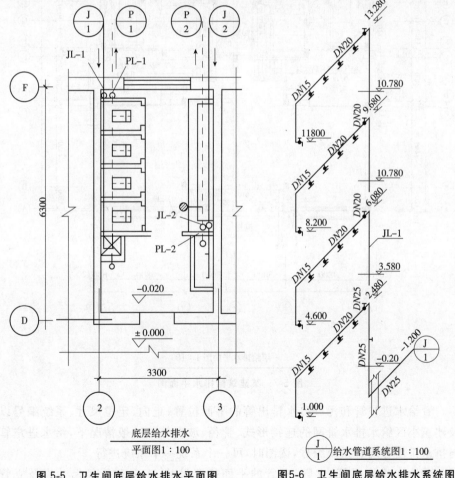

底层给水排水

平面图1∶100

图 5-5 卫生间底层给水排水平面图

图5-6 卫生间底层给水排水系统图

二、看给水排水平面图

一般自底层开始,逐层阅读给水排水平面图,从平面图(图5-7)可以看出下述内容。

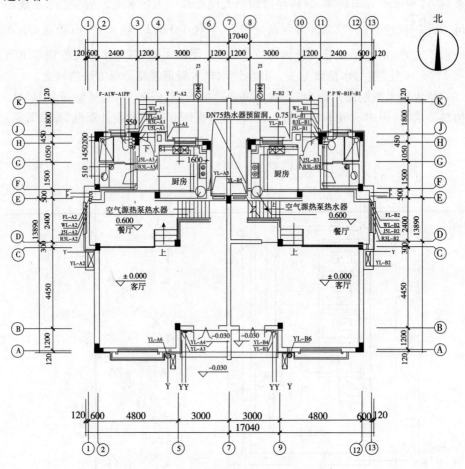

一层给排水平面图 1∶100

图 5-7 某建筑给排水平面图

看给水进户管和污(废)水排出管的平面位置、走向、定位尺寸、系统编号以及建筑小区给水排水管网的连接形式、管径、坡度等。一般情况下,给水进户管与排水排出管均有系统编号,读图时,可一个系统一个系统进行。

看给水排水干管、立管、支管的平面位置尺寸、走向和管径尺寸以及立管编号。

建筑内部给水排水管道的布置一般是：下行上给方式的水平配水干管敷设在底层或地下室天花板下，上行下给方式的水平配水干管敷设在顶层天花板下或吊顶之内，在高层建筑内也可设在技术夹层内；给水排水立管通常沿墙、柱敷设；在高层建筑中，给水排水管敷设在管井内；排水横管应于地下埋设，或在楼板下吊设等。

看卫生器具和用水设备的平面位置、定位尺寸、型号规格及数量。

看升压设备（水泵、水箱）等的平面位置、定位尺寸、型号规格数量等。

看消防给水管道，弄清消火栓的平面位置、型号、规格；水带材质与长度；水枪的型号与口径；消防箱的型号；明装与暗装、单门与双门。

三、看给水排水系统图

室内排水系统图是反映室内排水管道及设备的空间关系的图纸。室内排水系统从污水收集口开始，经由排水支管、排水干管、排水立管、排出管排除。其图形形成原理与室内给水系统图相同。图中排水管道用单线图表示，水卫设施用图例表示。因此在识读排水系统图之前，同样要熟练掌握有关图例符号的含义。室内排水系统图示意了整个排水系统的空间关系，重要管件在图中也有示意，而许多普通管件在图中并未标注，这就需要读者对排水管道的构造情况有足够了解。有关卫生设备与管线的连接，卫生设备的安装大样图也通过索引的方法表达，而不在（也不可能）在系统图中详细画出。排水系统图通常也按照不同的排水系统单独绘制。

在看给水排水系统图时，先看给水排水进出口的编号。为了看得清楚，往往将给水系统和排水系统分层绘出。给水排水各系统应对照给水排水平面图，逐个看各个管道系统图。在给水排水管网平面图中，表明了各管道穿过楼板、墙的平面位置，而在给水排水管网轴测图中，还表明了各管道穿过楼板、墙的标高。

（1）给水系统。识读给水系统轴测图时，从引入管开始，沿水流方向经过干管、立管、支管到用水设备。在给水系统图上卫生器具不画出来，水龙头、淋浴器、莲蓬头只画符号，用水设备如锅炉、热交换器、水箱等则画成示意性立体图，并在支管上注以文字说明。看图时了解室内给水方式，地下水池和屋顶水箱或气压给水装置的设置情况，管道的具体走向，干管的敷设形式，管井尺寸及变化情况，阀门和设备以及引入管和各支管的标高。如图 5-8 所示。

（2）排水系统。识读排水系统轴测图时，可从上而下自排水设备开始，沿污水流向经横支管、立管、干管到总排出管。在排水系统图上也只画出相应的卫生器具的存水弯或器具排水管。看图时了解排水管道系统的具体走向，管径尺寸，横管坡度、管道各部位的标高，存水弯的形式、三通设备设置情况，伸缩节和防火圈的设置情况，弯头及三通的选用情况。如图 5-9 所示。

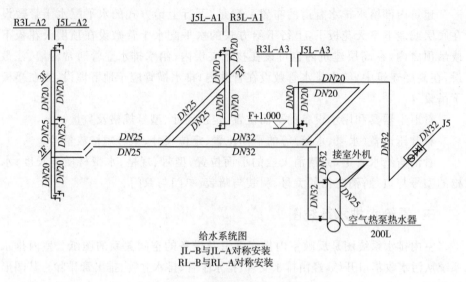

给水系统图
JL-B与JL-A对称安装
RL-B与RL-A对称安装

图 5-8　某建筑给水系统图

四、看详图

建筑给水排水工程详图常用的有：水表、管道节点、卫生设备、排水设备、室内消火栓等。看图时可了解具体构造尺寸、材料名称和数量，详图可供安装时直接使用。

第四节　燃气施工图识读

燃气管道的构造基本上与上水管道是相同的。不同之处在于燃气管道施工时，材质密封性能要求高，管材安装施工质量要求高，地下部分要做防腐，管道必须用焊接来接长，而且闸阀要密封，另外管线上还装有凝水器、抽水装置、检漏管、煤气表等。

燃气施工图一般有平面图、系统图、详图等，绘制和表达方法与给水排水图基本一致，识读的方法也基本相似。以下通过实例进行简要的阐述。

图 5-10(a)为住宅厨房的燃气管线平面图。从图中可以看出，燃气管道是从室外进入，通过立管进入到各层楼，再送入厨房。燃气管入楼位置距轴线270mm，燃气引入管标高为-1.30m，燃气引入口做法可根据索引另见详图。燃气表距地 2.2m，燃气表中心距两墙的距离分别为 1200mm、137mm，燃气表左侧设有立管及闸阀。通过图 5-10(b)可知，燃气管进墙后，向上穿过地坪时使用了89mm×4.5mm 的套管，套管上部超出地坪(±0.000)50mm，向上距地面 0.95m

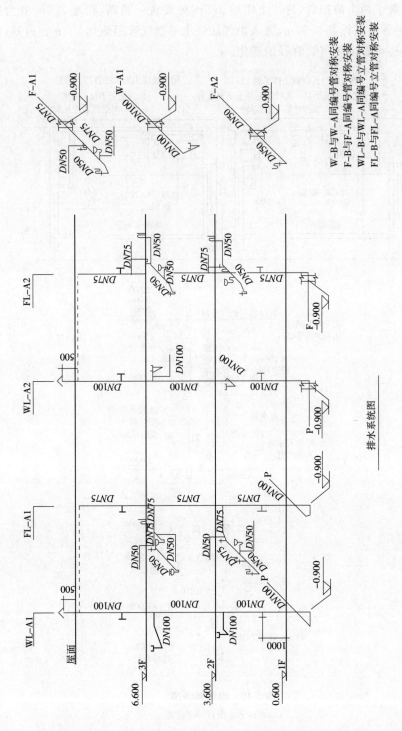

图5-9 某建筑排水系统图

处拐弯设置了两个清扫口,再往上距地 1.5m 处设置一闸阀,距地 2.2m 处为燃气表,水平管最高标高 2.57m,通入燃气灶处水平燃气管距地 0.735m。另外,从系统图中还可看出燃气管管径的变化。

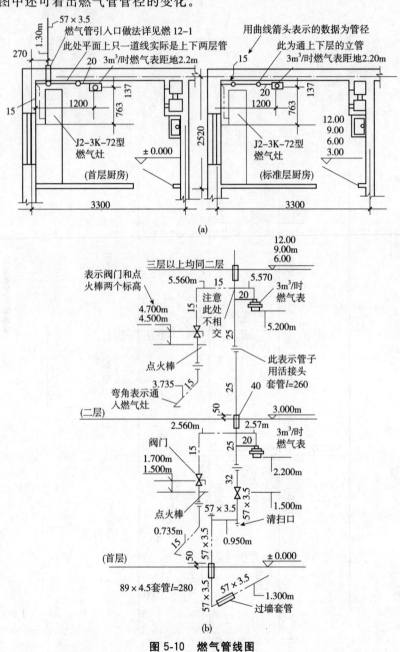

图 5-10 燃气管线图

(a)室内平面图;(b)系统图

第五节　看给水排水、燃气安装详图

我们选了图 5-11 至图 5-17 作为给水、排水、燃气安装详图的看图参考。

图 5-11 为给水进建筑物之前的水表井施工安装详图。

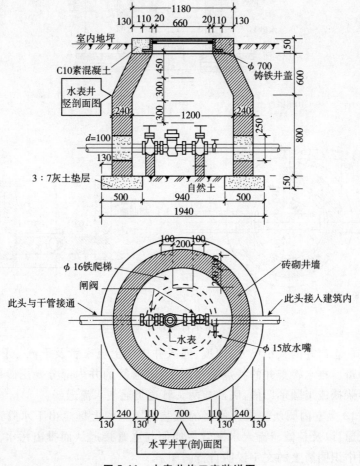

图 5-11　水表井施工安装详图

图上可看出井的大小,井壁厚度,给水管进楼时水表的安装位置。水表的两头有阀门各一个,作为安装修理时控制水流用的。井内有上下的铁爬梯蹬,井口用成品的铸铁井盖。井砌在 3：7 灰土垫层上,中间留出自然土作为放水时渗水用的。只要看懂图纸,我们就可以按图备料施工了。

图 5-12 为排水管的检查井(亦称窨井)的施工详图。排水检查井主要是在排水转弯处及一定长度中需疏通时用的。

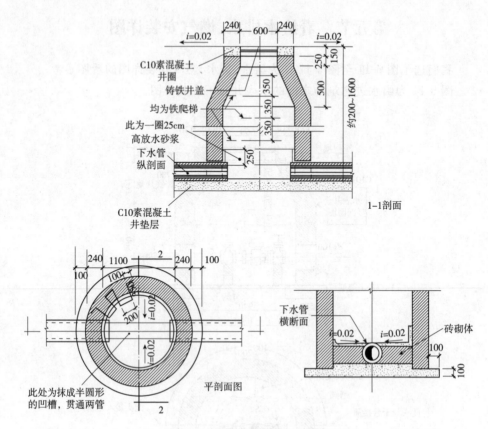

图 5-12　排水管检查井施工详图

　　图上标志出井的大小尺寸、深度、通入井内的上流来管及下流去管,井内也有铁爬梯蹬。排水检查井的特点是接通上、下流管的井内部分要用砖砌出槽并用水泥砂浆抹成半圆形凹槽,底部与两头管道贯通使水流通畅。

　　图 5-13 是室内厕所蹲式大便器的安装详图。图上标志出下水管道与磁便器如何接通,以及各便器流入水平管后如何与立管接通从而排出污水。读者可以结合图中识图箭上的文字说明自行阅图。

　　图 5-14 是清扫口(又称地漏)做法详图,它表示的是弯管的剖切图,主要表示出接口处用水泥捻口封闭的做法。

　　图 5-15 为燃气进墙及穿过楼板、地坪的做法。这是一个剖面图,比较容易看懂。

　　图 5-16 是燃气闸门井的安装详图,也就是一个双闸门井的具体施工图。

　　图上表明是一个长方形井体,井底和井面均为钢筋混凝土板,本图上省去绘制配筋图,着重介绍管道安装和附加设施。可以看到为了便于开关闸门,闸阀安

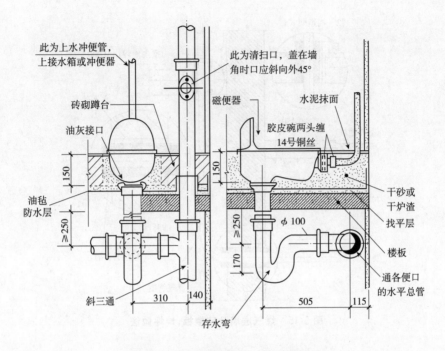

图 5-13　蹲式大便器下水安装详图示意

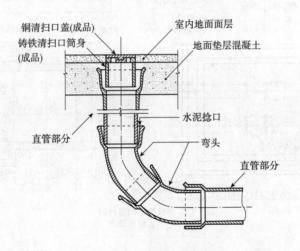

图 5-14　清扫口做法详图示意

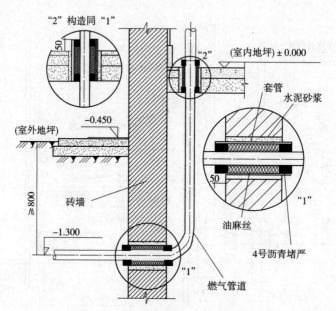

图 5-15 燃气进墙及穿楼板,地坪做法

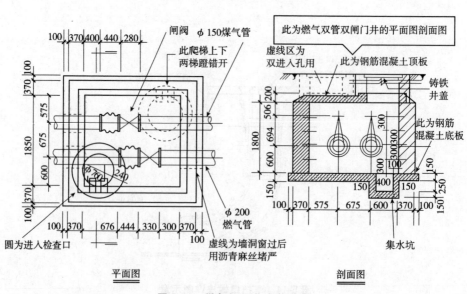

平面图　　　　　　　　　　　剖面图

图 5-16 燃气闸门井安装详图

装时必须互相错开位置。为了进入闸门井,井顶板上开有圆形进入口,一般为一个进口,在井身较大时为两个进口,如图上虚线部分所示。进入口的铁爬梯蹬安装时是上下互相错开放置,便于人下去蹬踏。井内还有一个集水坑,施工时应预留出来,作为集聚外渗水用。其他井墙厚为 37cm,过管墙孔用沥青麻丝堵严,墙洞一般比管径各边大 5~10cm。

图 5-17 是一个低压凝水器(抽水缸)的安装图。上部为地面可见到的井,下部为凝水器,中间为抽燃气管中的凝结水的管子。

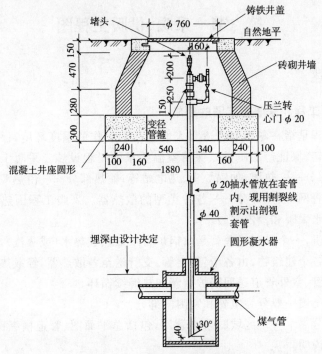

图 5-17 低压凝水器安装图

第六章 采暖、供暖、通风空调施工图识读

第一节 采暖、供暖工程图

一、概述

1. 采暖工程和采暖施工图的组成

采暖工程是指在冬季创造适宜人们生活和工作的温度环境,保持各类生产设备正常运转,保证产品质量以保持室温要求的工程设施。采暖工程由三部分组成:产热部分——热源,如锅炉房、热电站等;输热部分——由热源到用户输送热能的热力管网;散热部分——各种类型的散热器。采暖工程因热媒的不同一般可分为热水采暖和蒸汽采暖。

通俗来讲,一个采暖过程就是由锅炉将水加热成热水(或蒸汽),然后由室外供热管送至各个建筑物,由各干管、立管、支管送至各散热器,经散热降温后由支管、立管、干管、室外管道送回锅炉重新加热继续循环。

采暖施工图一般分为室外和室内两部分。

室外部分表示一个区域的采暖管网,包括总平面图、管道横纵剖面图、详图及设计施工说明。

室内部分表示一幢建筑物的采暖工程,包括采暖平面图、系统图、详图及设计、施工说明。

2. 采暖施工图常用图例(表 6-1)

表 6-1 采暖施工图常用图例

图 例	名 称	图 例	名 称
K—n	空调系统及机组编号	SY—n	消防排烟补风系统编号
XH—n	新风换气机编号	P—n	排风系统编号
JY—n	加压送风系统编号	S—n	补风系统编号
PY—n	消防排烟系统编号	B—n	水泵编号

（续）

图　例	名　称	图　例	名　称
BR—n	热交换器编号	———————	采暖热水供水管
– – – – –	采暖热水回水管	——Lm——	冷媒管
——n——	空气凝结水管	——Z——	蒸汽管
——ZN——	蒸汽凝结水管	——b——	补水管
	球阀		截止阀
	闸阀		平衡阀
	蝶阀		电动蝶阀
	电动调节阀		逆止阀
	自动排气阀	(R)	热表
	压差调节器	KF—n	分体空调器
OA	新风	SA	送风
RA	回风	EA	排风
	疏水器		膨胀节
	软接头		除污器
DX_{XX}　D_{AS}	水管管径标注		压力表
	温度计		水泵
	安全阀		水管固定支架
	水管丝堵	n　　n	散热器及散热器片数
n	带手动跑风散热器	(n)	散热器立管编号

（续）

图　例	名　称	图　例	名　称
$a×b$	风管(宽 a ,高 b)		对开多页调节阀
SD　SD	加压送风口	FD　FD	70℃熔断防火调节阀
FD　FD	70℃熔断,电信号输出,防火调节阀	FD　FD	70℃熔断,电动关闭,电信号输出,防火调节阀
BSFD　BSFD	排烟阀(口),280℃熔断	SFD　SFD	280℃熔断,电信号输出,防火调节阀
SFD　SFD	280℃熔断,防火调节阀		人防密闭阀
	轴流(斜流)风机		离心风机
	排风扇		排风口　回风口
	送风口		

3. 常用管道与散热器连接的表示方法(表 6-2)

表 6-2　常用管道与散热器连接的表示方法

系统形式	楼层	平　面　图	轴　面　图
单管垂直式	顶层	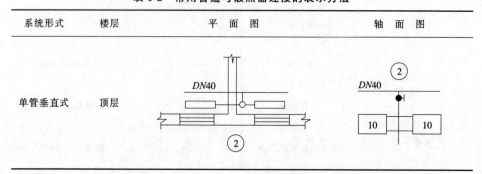	

（续）

系统形式	楼层	平 面 图	轴 面 图
单管垂直式	中间层	②	
	底层	DN40 ②	DN40
双管上分式	顶层	DN50 ③	③ DN50
	中间层	③	
	底层	DN50 ③	DN50
双管下分式	顶层	⑤	⑤

（续）

系统形式	楼层	平　面　图	轴　面　图

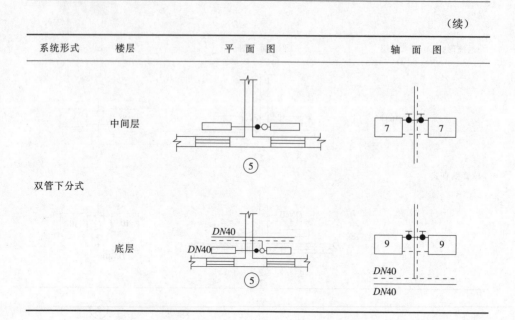

双管下分式　中间层　底层

二、采暖施工图的图示内容

1. 采暖平面图（图6-1）

(1)散热器的平面位置、规格、数量及安装方式；

(2)供热干管、立管、支管的走向、位置、编号及其安装方式；

(3)干管上的阀门、固定支架等部件的位置；

(4)膨胀水箱、排气阀等采暖系统有关设备的位置、型号及规格；

(5)设备及管道安装的预留洞、预埋件、管沟的位置。

2. 采暖系统图（图6-2）

(1)散热设备和主要附件的空间相互关系及在管道系统中位置；

(2)散热器的位置、数量、各管径尺寸、立管编号；

(3)管道标高及坡度。

3. 详图

主要体现复杂节点、部件的尺寸、构造及安装要求，包括标准图及非标准图。非标准图指的是平面及系统图中表示不清，又无国家标准图集的节点、零件等。图6-3为散热器的安装详图，图中表明暖气支管与散热器和立管之间的连接形式、安装尺寸、坡度等。

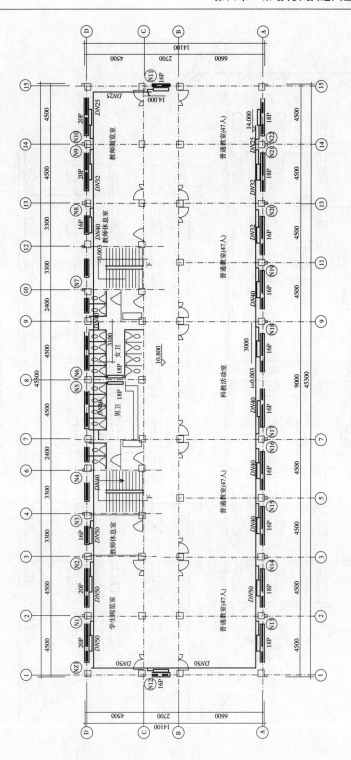

图6-1 某建筑采暖平面图1：100

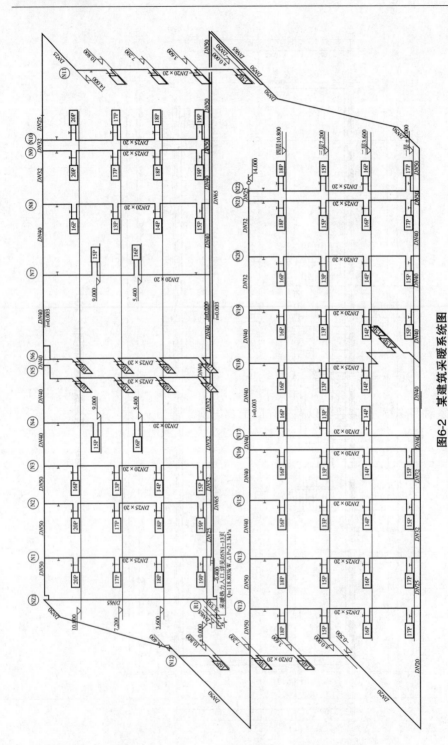

图6-2 某建筑采暖系统图

注：单组散热器片数15片以上者安装手动跑风门

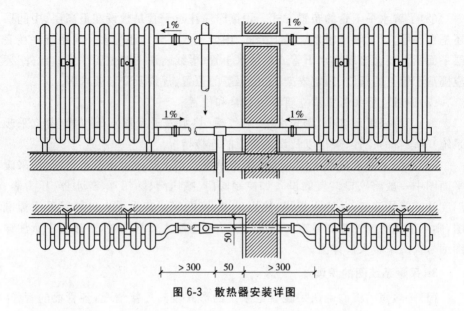

图 6-3　散热器安装详图

三、采暖施工图的识读

识读室内采暖工程图需先熟悉图纸目录,了解设计说明,了解主要的建筑图(总平面图及平、立、剖面图)及有关的结构图,在此基础上将采暖平面图和系统图联系对照识读,同时再辅以有关详图配合识读。

1. 图纸目录和设计说明的识读

(1)熟悉图纸目录。从图纸目录中可知工程图纸的种类和数量,包括所选用的标准图或其他工程图纸,从而可粗略得知工程的概貌。

(2)了解设计和施工说明,它一般包括:

1)设计所使用的有关气象资料、卫生标准、热负荷量、热指标等基本数据;

2)采暖系统的型式、划分及编号;

3)统一图例和自用图例符号的含义;

4)图中未加表明或不够明确而需特别说明的一些内容;

5)统一做法的说明和技术要求。

2. 采暖平面图的识读

(1)明确室内散热器的平面位置、规格、数量以及散热器的安装方式(明装、暗装或半暗装)。散热器一般布置在窗台下,以明装为多,如为暗装或半暗装就一般都在图纸说明中注明。散热器的规格较多,除可依据图例加以识别外,一般在施工说明中均有注明。散热器的数量均标注在散热器旁,这样就可使读者一目了然。

(2)了解水平干管的布置方式。识读时需注意干管是敷设在最高层、中间层还是在底层,以了解采暖系统是上分式、中分式或下分式还是水平式系统。在底层平面图上还会出现回水干管或凝结水干管(虚线),识图时也要注意。此外,还应搞清干管上的阀门、固定支架、补偿器等的位置、规格及安装要求等。

(3)通过立管编号查清立管系统数量和位置。

(4)了解采暖系统中,膨胀水箱、集气罐(热水采暖系统)、疏水器(蒸汽采暖系统)等设备的位置、规格以及设备管道的连接情况。

(5)查明采暖入口及入口地沟或架空情况。当采暖入口无节点详图时,采暖平面图中一般将入口装置的设备如控制阀门、减压阀、除污器、疏水器、压力表、温度计等表达清楚,并注明规格、热媒来源、流向等。若采暖入口装置采用标准图,则可按注明的标准图号查阅标准图。当有采暖入口详图时,可按图中所注详图编号查阅采暖入口详图。

3. 采暖系统图的识读

(1)按热媒的流向确认采暖管道系统的形式及其连接情况,各管段的管径、坡度、坡向,水平管道和设备的标高以及立管编号等。采暖管道系统图完整表达了采暖系统的布置形式,清楚地表明了干管与立管以及立管、支管与散热器之间的连接方式。散热器支管有一定的坡度,其中,供水支管坡向散热器,回水支管则坡向回水立管。

(2)了解散热器的规格及数量。当采用柱形或翼形散热器时,要弄清散热器的规格与片数(以及带脚片数)。当为光滑管散热器时,要弄清其型号、管径、排数及长度。当采用其他采暖设备时,应弄清设备的构造和标高(底部或顶部)。

(3)注意查清其他附件与设备在管道系统中的位置、规格及尺寸,并与平面图和材料表等加以核对。

(4)查明采暖入口的设备、附件、仪表之间的关系,热媒来源、流向、坡向、标高、管径等。如有节点详图,则要查明详图编号,以便查阅。

第二节　通风空调施工图

一、通风工程的概念

1. 什么是通风工程

我们知道人所处的空气环境对人和物都有很大的影响。季节和天气的不同可以使人汗流如雨或冷得发抖;干燥或潮湿也可以使物品发生变质。在长期的生产和生活实践中,人们为了维持一定的空气温度和湿度,保持清新的空气环境,使人们能正常生活和劳动,便采用自然的或人工的方法来调节空气。

房屋建筑上的窗户,起到调节空气的作用,这是一种使自然空气流通的办法来调节空气。而当建筑物本身的功能已不能够解决这个问题时,如纺织厂的纺织车间,要求有一定的温度湿度,电子工业车间要求控制空气含尘量,这些就要在建筑物内增加设备来调节空气了。这些建筑设备就是包括前面讲过的供热和下面要讲的通风和空调设备。

供热采暖是冬季对室内空气加热,以补充向外传热,用来维持空气环境的温度的一种措施。

通风是把空气作为介质,使之在室内环境中流通,用来消除环境中的危害的一种措施。主要指送风、排风、除尘、排毒方面的工程。

空调是在前两者的基础上发展起来的,是使室内维持一定要求的空气环境,包括恒温、恒湿和空气洁净的一种措施。由于空调也要用流动的空气——风来作为媒介,因此往往把通风和空调笼统为一个东西了。事实上空调比通风更复杂些,它要把送入室内的空气进行净化、加热(或冷却)、干燥、加湿等各种处理,使其温、湿度和清洁度都达到要求。通风工程是对通风和空调进行施工的过程。

2. 通风的构造

通风方式可以分为以下几种。

(1)局部排风。即在生产过程中由于局部地方产生危害空气,而用吸气罩等设施排除有害空气的方法。它的形式如图 6-4 所示。

(2)局部送风。工作地点局部需要一定要求的空气,可以采用局部送风的方法。它的形式如图 6-5 所示。

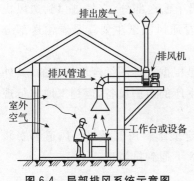

图 6-4　局部排风系统示意图

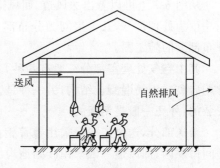

图 6-5　局部送风系统示意图

(3)全面通风。这是整个生产或生活空间均需进行空气调节的时候,就采用全面送风的办法。其形式如图 6-6 所示。

任何一个空调、通风工程都有一个循环系统,由处理、输送、分布以及冷、热源等部分组成。其全过程如图 6-7 所示,称为系统图。

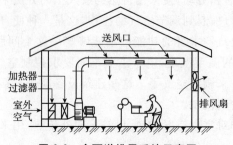

图 6-6　全面送排风系统示意图

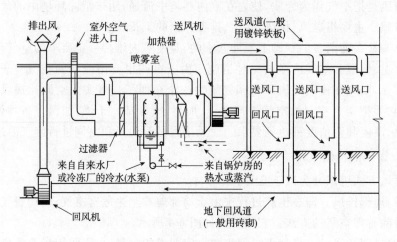

图 6-7　送风回风空调系统示意图

从图 6-7 上可以看出送风道、回风道是属于输送部分,空气进口到送风机中间一段为处理部分,几个房间为分布部分。看通风图纸主要就是看输送部分和分布部分的施工图。

其中空气处理室部分一般有两种,一种是根据设计图纸现场施工的,其外壳常用砖砌或钢筋混凝土结构;另一种是工厂生产的定型设备,运到工地进行现场安装的,外壳一般是钢板的。

输送部分,送风道一般采用镀锌钢板或定型塑料风管做成。风道都安装在房间吊顶内;回风道一般采用砖砌地沟由地坪下通到排风机。

3. 通风图的种类和内容

通风图纸在整个房屋建筑中属于设备图纸一类,在目录表中的图号都注上设×的编号。通风设计尚未有全国统一标准的图例和代号,因此图上所用图例及代号均在设计说明中加以标志。图纸的设计说明还对工程概况、材料规格、保温要求、温湿度要求、粉尘控制程度以及使用的配套设备等加以说明。

施工图纸分为以下几种。

(1)平面图:主要表示通风管道、设备的平面位置、与建筑物的尺寸关系。

(2)剖面图:表示管道竖直方向的布置和主要尺寸,以及竖向和水平管道的连接,管道标高等。

(3)系统图:表明管道在空间的曲折和交叉情形,可以看出上下关系,不过都用线条表示。

(4)详图:主要为管道、配件等加工图,图上表示详细构造和加工尺寸。

二、看通风管道的平、剖面图

1. 看通风管道的平面图

我们取某建筑的首层通风平面布置图作为看图例子,如图 6-8 所示。

从图上看出这是两个通风管道系统,为了明显起见管道上都涂上深颜色。看图时必须想象出这根管子不是在室内底部的平面上面,而是在这个建筑物的空间的上部,一般吊在吊顶内。其中一根是专给会议厅送风的管道;另一根是分别给大餐厅、大客厅、小餐室、客厅四个房间送风的。图上用引出线标志出管道的断面尺寸,如 1000×450 即为管道宽 1m,高 45cm 的长方形断面。在引出线下部写的"底 3250",意思是通风管底面离室内地坪的高为 3.25m。

图上还有风向进出的箭头,剖切线的剖切位置等。从平面图上我们仅能知道管道的平面位置,这还不能了解它的全貌,还需要看剖面图才能全面了解从而进行施工。

2. 看通风管的剖面图

我们根据平面图的剖切线,可以绘成剖面图,看出管道在竖向的走向和与水平方向的连接。如图 6-9 所示。

图为 $A-A$、$B-B$、$C-C$ 三个剖面、$A-A$ 剖面是剖切两根风管的南端,切口处均用孔洞图形表示,并写出断面尺寸,一个是 650×450,一个是 900×450,底面离地坪为 3.25m,还看到风管由首层竖向通到二层拐弯向会议厅送风,位置在会议厅的吊顶内。结合平面可以看出共三个拐弯管弯入二层向会议厅去,并标出送风口离地标高为 4.900m。$A-A$ 剖面上还可以看到地面部分有回风道的入口,图上还注明回风道,看土建图纸建 16,这时就要找出土建图结合一起看图。

$B-B$ 剖面是看到北端风管的空间位置,图上标出了风管的管底标高,几个送风口尺寸。

$C-C$ 剖面主要表示送风管的来源,风管的竖向位置,断面尺寸,与水平管连接采用的三通管,三通中的调节阀等。

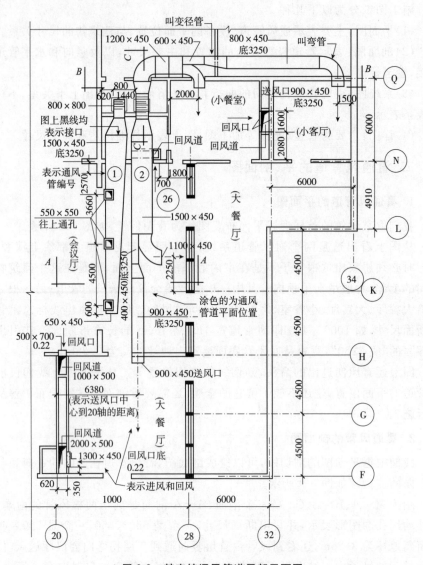

图 6-8　某宾馆通风管道局部平面图

通过平面图和剖面图结合看,就可以了解室内风管如何安装施工。在看图中还应根据施工规范了解到风管的吊挂应预埋在楼板下,这在看图时应考虑施工时的配合预埋。

3. 看通风施工的详图

详图主要用于制作风管等,现介绍几个弯管、法兰的详图,作为对详图的了解,如图 6-10、图 6-11(a)(b)(c)(d)所示。

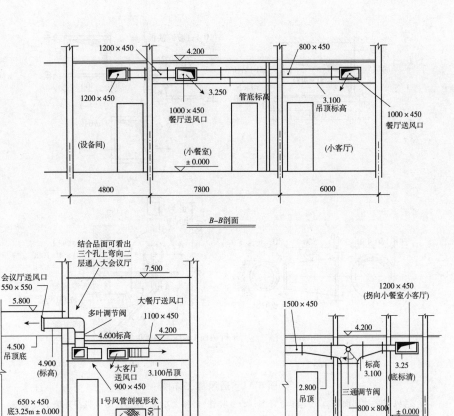

图 6-9　通风管剖面图

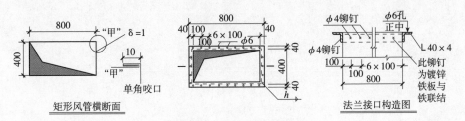

图 6-10　通风施工详图

注：也有圆形通风管的

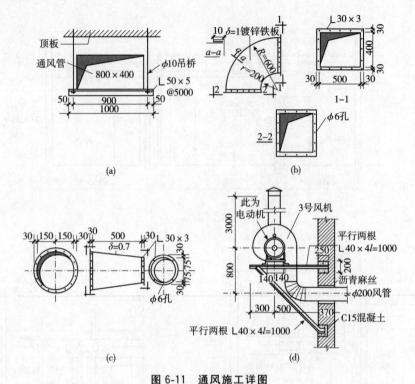

图 6-11　通风施工详图

(a)通风管吊挂剖面图;(b)矩形弯管图;(c)变径管(俗称大小头)详图;(d)风机在外墙上安装图

第七章 建筑电气施工图识读

在现代建筑中,为满足生活、工作、生产用电而安装的与建筑物本体结合在一起的各类电气设备,称为电气系统。电气系统根据作用的不同,又可分为电气照明系统、动力设备系统、变电配电系统、弱电系统、防雷设备系统五部分,其中电气照明系统是与土建工程、日常生活联系最密切的一项,本节所介绍的电气施工图主要是指电气照明系统部分。

电气(照明)施工图的组成主要包括设计说明、供电平面图、系统图和详图等。

第一节 电气施工图的一般概念

一、房屋建筑常用的电气设施

照明设备:主要指白炽灯、日光灯、高压水银灯等,用于夜间采光照明的。为这些照明附带的设施是电门(开关)、插销、电表、线路等。一般灯位的高度、安装方法图纸上均有说明。电门(开关)一般规定是,搬把开关离地面为140cm,拉线开关离顶棚20cm。插销中的地插销一般离地面30cm,上插销一般离地180cm。此外有的规定中提出照明设备还需有接地或接零的保护装置。

电热设备:系指电炉(包括工厂大型电热炉),电烘箱,电熨斗等大小设备。大的电热设备由于用电量大,线路要单独设置,尤其应与照明线分开。

动力设备:系指由电带动的机械设备,如机器上的电动机,高层建筑的电梯、供水的水泵等。这些设备用电量大,并采用三相四线供电,设备外壳要有接地、接零装置。

弱电设备:一般电话、广播设备均属于弱电设备。如学校、办公楼这些装置较多,它们单独设置配电系统,如专用配线箱、插销座、线路等,和照明线路分开,并有明显的区别标志。

防雷设施:高大建筑均设有防雷装置。如水塔、烟囱、高层建筑等在顶上部装有避雷针或避雷网,在建筑物四周还有接地装置埋入地下。

二、电气施工图的内容

电气图也像土建图一样,需要正确、齐全、简明地把电气安装内容表达出来。一般由以下几方面的图纸组成。

1. 目录

一般与土建施工图同用一张目录表,表上注明电气图的名称、内容、编号顺序如电施—01、电施—02 等。

2. 电气设计说明

电气设计说明都放在电气施工图之前,说明设计要求。如说明:

(1)电源来路,内外线路,强弱电及电气负荷等级;

(2)建筑构造要求,结构形式;

(3)施工注意事项及要求;

(4)线路材料及敷设方式(明、暗线);

(5)各种接地方式及接地电阻;

(6)需检验的隐蔽工程和电器材料等。

3. 电器规格做法

主要是说明该建筑工程的全部用料及规格做法。

4. 电气外线总平面图

大多采用单独绘制,有的为节省图纸就在建筑总平面图上标志出电线走向、电杆位置,不单绘电气总平面图。如在旧有的建筑群中,原有电气外线均已具备,一般只在电气平面图上建筑物外界标出引入线位置,不必单独绘制外线总平面图。

5. 电气系统图

主要是标志强电系统和弱电系统连接的示意图,从而了解建筑物内的配电情况。图上标志出配电系统导线型号、截面、采用管径以及设备容量等。

6. 电气施工平面图

包括动力、照明、弱电、防雷等各类电气平面布置图。图上表明电源引入线位置,安装高度,电源方向;配电盘、接线盒位置;线路敷设方式、根数;各种设备的平面位置,电器容量、规格,安装方式和高度;开关位置等。

7. 电器大样图

凡做法有特殊要求的,又无标准件的,图纸上就绘制大样图,注出详细尺寸,以便制作。

三、电气施工图看图步骤

(1)先看图纸目录,初步了解图纸张数和内容,找出自己要看的电气图纸。

(2)看电气设计说明和规格表,了解设计意图及各种符号的意思。

(3)顺序看各种图纸,了解图纸内容,并将系统图和平面图结合起来,弄清意思,在看平面图时应按房间有次序地阅读,了解线路走向,设备装置(如灯具、插销、机械等)。掌握施工图的内容后,才能进行制作及安装。

四、线型

(1)电路中主回路线用粗实线;

(2)事故照明线、直流配电线路、钢索或屏蔽线用虚线;

(3)控制及信号线用单点长画线;

(4)交流配电线路用中粗线;

(5)建筑物的轮廓线用细实线。

五、文字符号

文字符号是电气施工图图示方法的一个特点,它用来表明系统中设备、装置、元件、部件及线路的名称、性能、作用、位置和安装方式等。

(1)配电线路的标注格式:

$$a-b(c\times d+c\times d)e-f$$

式中:a——回路编号,常用数字表示;

　　b——导线型号;

　　c——导线根数;

　　d——导线截面;

　　e——敷设方式及穿管管径;

　　f——敷设部位。

常用导线型号、敷设方式、敷设位置见表 7-1～表 7-4。

表 7-1　常用导线型号

导线型号	导线名称	导线型号	导线名称
BX	铜芯橡皮线	RVS	铜芯塑料绞型软线
BV	铜芯塑料线	RVB	铜芯塑料平型软线
BLX	铝芯橡皮线	BXF	铜芯氯丁橡皮线
BLV	铝芯塑料线	BLXF	铝芯氯丁橡皮线
BBLX	铝芯玻璃丝橡皮线	IJ	裸铝绞线

表 7-2　导线敷设方式符号表

文字符号	含义	文字符号	含义
GBVV	轨型护套线敷设	G	厚电线管敷设
VXC	塑制线槽敷设	GG	水燃气钢管敷设
VG	硬塑制管敷设	GXG	金属线槽敷设
VYG	半硬塑制管敷设	PC	聚氯乙烯硬制管敷设
KRG	可挠型塑制管敷设	SC	焊接钢管敷设
DG	薄电线管敷设		

表 7-3　导线敷设位置符号表

文字符号	含义	文字符号	含义
S	沿钢索敷设	PM、PA	沿顶棚敷设、沿顶暗敷设
LM、LA	沿屋架或屋架下弦敷设、暗设在染内	DA	暗设在地面内或地板内
ZM、ZA	沿柱敷设、暗设在柱内	PNM	在能进入的吊顶棚内敷设
QM、QA	沿墙敷设、暗设在墙内	PNA	暗设在不能进入的吊顶内

表 7-4　灯具常见安装方式

文字符号	含义	文字符号	含义
X	自在器线吊式	G	管吊式
X1	固定线吊式	B	壁装式
X2	防水线吊式	D	吸顶式
L	链吊式	R	嵌入式

如图 7-1 所示的进户线"BLV(3×25＋1×10)GG70－QA",表示三根截面为 25mm² 和一根截面为 10mm² 的铝芯塑料导线,水燃气钢管(管径 70mm)敷设,沿墙敷设、暗设在墙内。

(2)照明灯具的表达格式:

$$a-b\frac{c\times d}{e}f$$

式中:a——灯具数;

b——型号;

c——每盏灯的灯泡数或灯管数;

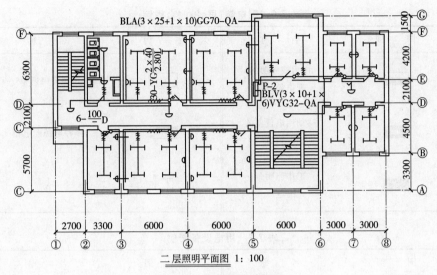

二层照明平面图 1：100

图 7-1　电器照明平面图

d——灯泡容量；

e——安装高度；

f——安装方式。

第二节　电气施工图例及符号

图例和符号是看电气平面图和系统图应先具备的知识,懂了它才能明白图上面一些图样的意思。我们根据国家统一颁发的图例和符号,选绘于下供阅图时参考。

一、图例

图例是图纸上用一些图形符号代替繁多的文字说明的方法。电气施工图中常用的图例见表 7-5～表 7-10。

表 7-5　电动机、变压器等图例

图　例	名　称	图　例	名　称
○	电动机的一般符号	▲	变电所
◎	发电机的一般符号	▲	杆上变电所
⊖⊖	变压器	▲	移动式变电所
⊠	配电所		

表 7-6　配电箱(屏)控制台图例

图　例	名　称	图　例	名　称
	电力或照明的配电箱(屏)		控制屏(台、箱)
	移动用电设备的配电箱(屏)		多种电源配电箱
	工作照明分配电箱		表

表 7-7　用电设备图例

图　例	名　称	图　例	名　称
	电阻加热炉		交流电焊机
	直流电焊机		X 光机

表 7-8　起动控制及信号设备图例

图　例	名　称	图　例	名　称
	起动箱		熔断器
	变阻器		自动空气断路器
	电阻箱		
	高压起动箱		跌开式熔断器
	双线引线穿线盒		
	三向引线穿线盒		刀开关
	分线盒		刀开关(三级)
	按钮		高压熔断器

表 7-9　灯具、开关、插销等图例

图　例	名　　称	图　例	名　　称
○	各种灯具的一般符号	 轴流风扇	轴流风扇
⊗	防水防尘灯	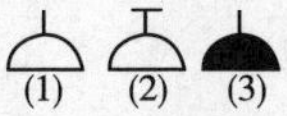 (1)　(2)　(3)	单相插座 (1)一般；(2)保护式； (3)暗装
◑	壁灯		单相插座带接地插孔 (1)一般；(2)保护或 封闭；(3)暗装
●	乳白玻璃球形灯		三相插座带接地插孔 (1)一般；(2)保护或 封闭；(3)暗装
 ✕	顶棚灯座		单极开关 (1)明装；(2)暗装； (3)保护或封闭
✕	墙上座灯		双级开关 (1)明装；(2)暗装； (3)保护或封闭
◖	顶棚吸顶灯	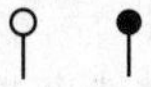	拉线开关 (1)一般；(2)防水
 ▭	荧光屏	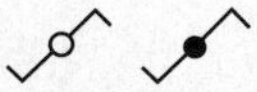	双控开关 (1)明装；(2)暗装
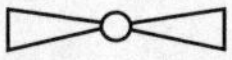 ▷◁	吊式风扇		

表 7-10　电气线路图例

图　例	名　　称	图　例	名　　称
 ——————	配电线路的一般符号	 ———➤———	电源引入标志
 —○———○—	电杆架空线路	 —✕———✕—	避雷线(网)

（续）

图　例	名　称	图　例	名　称
—— V	架空线表示电压等级的		接地标志
	移动式软导线（或电缆）		单根导线的标志
	母线和干线的一般符号		2 根导线的标志
	滑触线		3 根导线的的标志
	接地或接零线路		4 根导线的标志
	导线相交连接		n 根导线的标志
	导线相交但不连接	$a\,b/c$	一般电杆的标志 a—编号；b—杆型； c—杆高
(1)　(2)	(1)导线引上去；(2)导线引下去	$a\,b/c\,Ad$	带照明的电杆 a、b、c 同上 　A—连接相序；d-容量
(1)　(2)	(1)导线由上引来；(2)导线由下引来		带拉线的电杆
	导线引上并引下	→ ◁□□□□Ⅲ⊢	阀型避雷器
(1)　(2)	(1)导线由上引来并引下 (2)由下引来并引上	●	避雷针（平面投影标志）

二、符号

符号是图上用文字来代替繁多的说明，使人看了这些符号就懂得它的意思。常用符号见表 7-11～表 7-13。

表 7-11　文字符号表

名　称	符　号	说　明
电源	$m\sim fu$	交流电，m 为相数，f 为频率，u 为电压
相序	A B C N	A 相(第一相)涂黄色油漆 B 相(第二相)涂绿色油漆 C 相(第三相)涂红色油漆 中性线　涂黑色或白色
用电设备标注法	$\dfrac{a}{b}$ 或 $\dfrac{a}{b}\bigg|\dfrac{c}{d}$	a—设计编号，b—容量，c—电流（安培），d—标高/m
电力或照明配电设备	$a\dfrac{b}{c}$	a—编号，b—型号，c 容量/千瓦
开关及熔断器	$a\dfrac{b}{a/d}$ 或 $a-b-c/I$	a—编号，b—型号，c—电流，d—线规格，I 熔断电流
变压器	$a/b-c$	a——次电压，b—二次电压，c—额定电压
配电线路	$a(b\times c)d-e$	a—导线型号，b—导线根数，c—导线截面，d—敷设方式及穿管管径，e—敷设部位
照明灯具标注法	$a-b\dfrac{c\times d}{e}f$	a—灯具数量，b—型号，c—每盏灯的灯泡数或灯管数，d—灯泡容量(瓦)，e—安装高度，f—安装方式
需标注引入线规格时的标注法	$a\dfrac{b-c}{d(e\times f)-g}$	a—设备编号，b—型号，c—容量，d—导线牌号，e—导线根数，f—导线截面，g—敷设方式
线路敷设方式	M A S CP CJ QD CB G DG VG	明敷 暗敷 用钢索敷设 用瓷瓶或瓷柱敷设 用瓷夹或瓷卡敷设 用卡钉敷设 用木槽板或金属槽板敷设 原电线管敷设 穿电线管敷设 薄电线管敷设 穿硬塑料管敷设

（续）

名　　称	符　　号	说　　明
线路敷设部位	L	沿梁下或屋架下敷设的意思
	Z	沿柱
	Q	沿墙
	P	沿天棚
	D	沿地板
常用照明灯具	J	水晶底罩灯
	T	圆筒型罩灯
	W	碗型罩灯
	P	乳白玻璃平盘罩灯
	S	搪瓷伞型罩灯
灯具安装方式	X	自在器吊线灯
	X_1	固定吊线灯
	X_2	防水吊线灯
	X_3	人字吊线灯
	L	链吊灯
	G	吊杆灯
	B	壁灯
	D	吸顶灯
	R	嵌和灯
计算负荷的标注	P_a	电气设备安装总容量
	K_x	需要系数
	P_{js}	计算容量
	$\cos\varphi$	功率因数
	I_{js}	计算电流
线路图上一般常用编号	①②③	照明编号
	⊖⊜⊜	动力编号
	Ⅰ Ⅱ Ⅲ	电热编号
	钟	电铃
	广	广播

表 7-12　其他符号的含义

文字符号	说明的意义	文字符号	说明的意义
HK	代表开启式负荷开关（瓷底，胶盖闸刀）	QX_1QJ_3	代表系列起动器
HH	代表铁壳开关，亦称系列负荷天关	RCLA	代表瓷插式熔断器

（续）

文字符号	说明的意义	文字符号	说明的意义
DZ	代表自动开关	RM	代表系列无填料密闭管式塑料管熔断器
JR	代表系列热继电器		

表 7-13　常用绝缘电线的型号、名称表

型号		名　称
铜芯	铝芯	
BX	BLX	棉纱编织橡皮绝缘电线
BXF	BLXF	氯丁橡皮绝缘电线
BV	BLV	聚氯乙烯绝缘电线
	BLVV	聚氯乙烯绝缘加护套电线
BXR		棉纱编织橡皮绝缘软线
BXS		棉纱编织橡皮绝缘双绞软线
RX		棉纱总编织橡皮绝缘软线
RV		聚氯乙烯绝缘软线
RVB		聚氯乙烯绝缘平型软线
RVS		聚氯乙烯绝缘绞型软线（花线）
BVR		聚氯乙烯绝缘软线
	YZ　YZW	中型橡胶套电缆
	YC　YCW	重型橡胶套电缆

第三节　电气系统的组成

一、照明电器及用电器

电光源与灯具的组合称为电气照明器，其他设备，如开关、插座、电铃、排气扇、空调等称为用电器。

电光源：电光源指的是灯泡、灯管等提供光源的设备。

电光源按发光原理主要可分为两大类。一类是利用灯丝通电后产生高温，

形成热辐射的光源,如白炽灯、碘钨灯等;另一类是气体放电光源,是利用两极灯丝在一定的电压作用下,两极间的气体电离放电,从而发光形成的电光源,如荧光灯、汞灯、钠灯,金属卤化物灯等。

灯具:灯具又称为灯罩,是光源的配套设备,主要用来控制和改变光源的光强分布,又叫做控照器。

二、其他用电器

开关是用来控制灯具等的设备。根据控制方式可分为单控、双控、多控等;基于使用方式可分为拉线式、跷板式、按钮式等;按照安装方式可分为明装及暗装等。

插座为接插式用电设备提供电源,按其安装方式可分为明装及暗装,按电源相数可分为单相插座和三相插座。

三、电力设备

工业企业及民用建筑中使用的以电动机为原动力的设备及其控制装置和附属设备统称为电力设备。

电动机按其防护等级可分为封闭式、防护式和开启式等,常用的电动机主要是 Y 系列异步电动机。

四、配电箱

配电箱是用来安装断路器、继电器等电气设备的箱体,有标准产品和非标产品两大类。

对标准产品的配电箱可只绘出电气系统图、而非标产品的配电箱还应画出设备布置图、接线图及配电箱的尺寸。

在实际工程设计中,照明和动力配电应单独设置配电箱,根据使用中的需要,还应提供不同电压等级的多种电源配电箱、电气设备控制箱等。

五、配电线路

照明及动力配电线路一般采用塑料电力电缆和塑料绝缘导线,常用的配线方式有电缆桥架配线、瓷瓶配线、线槽配线、线管配线、夹板配线、槽板配线、铝卡片配线及钢索配线等。

室内电气系统的配电方式是:由室外低压配电线路引到(引入线)建筑物内总配电箱,从总配电箱分出若干组干线,每组干线接分配电箱,最后从分配电箱引出若干组支线(回路)接至各用电设备,如图 7-2 所示。

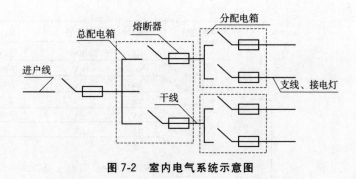

图 7-2 室内电气系统示意图

第四节 电气施工图的图示内容

室内电气施工图的内容包括首页、电气系统图、平面布置图、安装接线图以及大样图和标准图等。

一、首页

内容包括目录、设计说明、设备明细表、图例等。

二、电气系统图

主要表示整个工程或其中某一项的供电方案和供电方式的图纸,它用单线把整个工程的供电线路示意性地连接起来,可以集中地反映整个工程的规模,还可以表示某一装置各主要组成部分的关系。图 7-3 所示为某室内电气照明系统图。

通过系统图可以了解以下内容:

(1)整个变配电系统的连接方式,从主干线到分支回路分几级控制,有多少分支回路;

(2)主要变配电设备的名称、型号、规格及数量;

(3)主干线路的敷设方式。

三、平面布置图

图 7-4 和图 7-5 是某办公楼电气照明平面图实例。通过阅读平面图可知以下内容:

(1)建筑物的平面布置、轴线、尺寸及比例;

(2)各种变配电、用电设备的编号、名称及它们在平面上的位置;

(3)各种变配电线路的起点、终点、敷设方式及在建筑物中的走向。

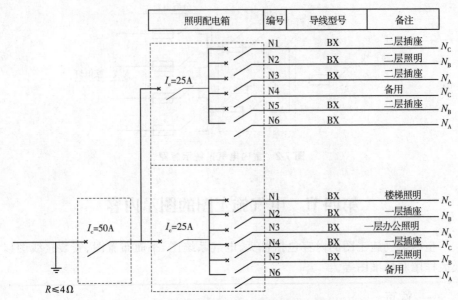

照明配电箱	编号	导线型号	备注	
	N1	BX	二层插座	N_C
	N2	BX	二层照明	N_B
	N3	BX	二层插座	N_A
	N4		备用	N_C
	N5	BX	二层插座	N_B
	N6	BX		N_A
	N1	BX	楼梯照明	N_C
	N2	BX	一层插座	N_B
	N3	BX	一层办公照明	N_A
	N4	BX	一层插座	N_C
	N5	BX	一层照明	N_B
	N6		备用	N_A

图 7-3 某室内电气照明系统图

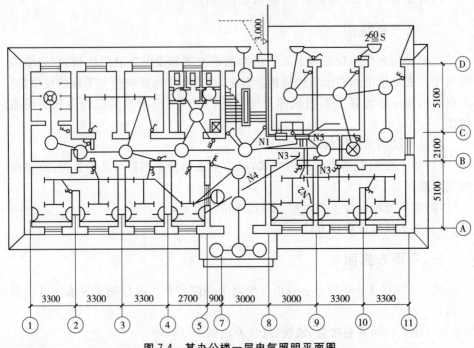

图 7-4 某办公楼一层电气照明平面图

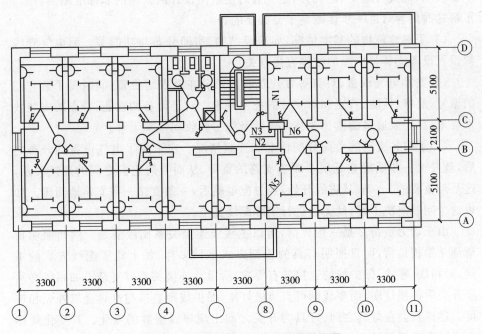

图 7-5　某办公楼二层电气照明平面图

四、安装接线图

安装接线图是表现某一设备内部各种电气元件之间位置及连线的图纸,用来指导电气安装接线、查线。

五、大样图和标准图

大样图是表示电气工程中某一部分或某一部件的安装要求和做法的图纸,一般不绘制,只在没有标准图可用而又有特殊情况时绘出。

第五节　识图要点

一、识读室内电气施工图的一般方法

(1)应按阅读建筑电气工程图的一般顺序进行阅读。首先应阅读相对应的室内电气系统图,了解整个系统的基本组成,相互关系,做到心中有数。

(2)阅读设计说明。平面图常附有设计或施工说明,以表达图中无法表示或

不易表示，但又与施工有关的问题。有时还给出设计所采用的非标准图形符号。了解这些内容对进一步读图是十分必要的。

（3）了解建筑物的基本情况，如房屋结构、房间分布与功能等。因电气管线敷设及设备安装与房屋的结构直接有关。

（4）熟悉电气设备、灯具等在建筑物内的分布及安装位置，同时要了解它们的型号、规格、性能、特点和对安装的技术要求。对于设备的性能、特点及安装技术要求，往往要通过阅读相关技术资料及施工验收规范来了解。

（5）了解各支路的负荷分配情况和连接情况。在了解了电气设备的分布之后，就要进一步明确它是属于哪条支路的负荷，从而弄清它们之间的连接关系，这是最重要的。一般从进线开始，经过配电箱后，一条支路一条支路地阅读。如果这个问题解决不好，就无法进行实际配线施工。

由于动力负荷多是三相负荷，所以主接线连接关系比较清楚。然而照明负荷都是单相负荷，而且照明灯具的控制方式多种多样，加上施工配线方式的不同，对相线、零线、保护线的连接各有要求，所以其连接关系较复杂。如相线必须经开关后再接灯座，而零线则可直接进灯座，保护线则直接与灯具金属外壳相连接。这样就会在灯具之间、灯具与开关之间出现导线根数的变化。其变化规律要通过熟悉照明基本线路和配线基本要求才能掌握。

（6）室内电气平面图是施工单位用来指导施工的依据，也是施工单位用来编制施工方案和编制工程预算的依据。而常用设备、灯具的具体安装图却很少给出，这只能通过阅读安装大样图（国家标准图）来解决。所以阅读平面图和阅读安装大样图应相互结合起来。

（7）室内电气平面图只表示设备和线路的平面位置而很少反映空间高度。但是我们在阅读平面图时，必须建立起空间概念。这对预算技术人员特别重要，可以防止在编制工程预算时，造成垂直敷设管线的漏算。

（8）相互对照、综合看图。为避免建筑电气设备及电气线路与其他建筑设备及管路在安装时发生位置冲突，在阅读室内电气平面图时要对照阅读其他建筑设备安装工程施工图，同时还要了解规范要求。

二、室内电气照明工程系统图的识读

读懂系统图，对整个电气工程就有了一个总体的认识。

电气照明工程系统图是表明照明的供电方式、配电线路的分布和相互联系情况的示意图，图上标有进户线型号、芯数、截面积以及敷设方法和所需保护管的尺寸，总电表箱和分电表箱的型号和供电线路的编号、敷设方法、容量和管线的型号规格。

三、室内电气照明工程平面图的识读

根据平面图标示的内容,识读平面图要沿着电源、引入线、配电箱、引出线、用电器具这样沿"线"来读。在识读过程中,要注意了解导线根数、敷设方式,灯具型号、数量、安装方式及高度,插座和开关安装方式、安装高度等内容。

第八章 智能建筑部分系统的识图

第一节 建筑智能化系统工程概述

一、智能建筑的定义及主要功能

为适应智能建筑发展的需要,贯彻执行现行国家标准《智能建筑工程质量验收规范》(GB 50339—2013)和国家现行有关标准,加强对智能建筑工程的质量管理,制定的《智能建筑工程检测规程》规范。

智能建筑定义如下:

具备通信网络系统、信息网络系统、建筑设备监控系统、火灾报警系统和安全防范系统,集结构、系统、服务、管理及其间的最优化组合,能提供安全、高效、舒适、便利环境的建筑。

二、智能建筑施工的组成

1. 深化设计(deep ening design)

在方案设计、技术设计的基础上进行施工方案细化,并绘制施工图的过程。

2. 综合管线(comprehensive pipeline)

建筑智能化系统的基础平台,是各子系统建设和功能正常发挥的基础通道,也是建筑智能化各子系统提供所需的公共管道。

3. 光纤同轴电缆混合网(hybrid fiber coaxial)

以光纤为干线、同轴电缆为分配网的接入网。

4. 广播系统(public address system)

为公共场所服务的所有广播设备、设施及公共覆盖区的声学环境所形成的一个有机整体。

5. 网络控制器(net controlunit)

用于服务器、工作站与现场控制器的通信,完成现场控制网络与 IP 网络的功能转换的器件。

6. 建筑设备监控系统（building automation system）

利用自动控制技术、通信技术、计算机网络技术、数据库和图形处理技术对建筑物（或建筑群）所属的各类机电设备（包括暖通空调、冷热源、给排水、变配电、照明、电梯等）的运行、安全状况、能源使用状况及节能等实行综合自动监测、控制与管理的自动化控制系统。

7. 智能化集成系统（intelligented integration system）

将不同功能的建筑智能化系统，通过统一的信息平台实现集成，以形成具有信息汇集、资源共享及优化管理等综合功能的系统。

8. 安全防范系统（security system）

对入侵报警、视频安防监控、出入口控制等子系统进行集成，实现对各子系统的有效联动、管理和/或监控的电子系统。

9. 会议系统（conference system）

为完成一个完整的会议而设置的由具备讨论、表决、身份识别、收听、记录、音视频播放等功能或部分功能的设备或装置组成的系统。

10. 自检自验（test by）

施工方对检验项目进行量测、检查、试验等，并将结果与标准规定要求进行比较，以确定每项所进行的活动是否合格。

第二节　智能建筑施工图的图示内容

智能化工程所提供的智能化专业施工图中，一般包括：综合布线系统、有线电视系统和火灾自动报警系统等常用系统。在识图过程中，一般先阅读图纸目录、设计施工说明、设备材料表和图例等文字叙述较多的图纸，了解设计图纸的基本情况、各系统大致概况、主要设备材料情况以及各设备材料图例表达方式的综合概念，再进入具体识图过程。

一、图纸目录

智能建筑专业的施工图组成，通常单独一套图纸时，第一张是封面（如果跟其他专业在一起放，直接是图纸目录）。在本书所提供的某综合楼建筑施工图当中，第一张是图纸目录。

（1）封面内容大致由项目名称、设计单位和设计时间等组成。

(2)智能建筑工程施工图图纸目录的内容一般有:设计/施工/安装说明、平面图、原理图、系统图、设备表、材料表和设备/线箱柜接线图或布置图等。

二、设计说明和安装/施工、系统说明

设计说明部分介绍工程设计概况和智能建筑设计依据、设计范围、设计要求和设计参数,凡不能用文字表达的施工要求,均应以设计说明表述。

安装/施工说明介绍设备安装位置、高度、管线敷设、注意事项、安装要求、系统形式、调测和验收、相关标准规范和控制方法等;系统说明一般包括系统概念、功能和特性等。

智能建筑工程施工图设计说明的内容如下:

(1)设计依据

1)建设单位提供的与本工程有关资料和设计任务书。

2)建筑以及各相关专业提供的设计资料。

3)国家现行有关民用、消防等设计规范及规程。

《自动喷水灭火系统设计规范》(GB 50084—2001)(2005年版)、《高层民用建筑设计防火规范》(GB 50045—95)(2005年版)、《建筑灭火器配置设计规范》(GB 50140—2005)、《汽车库、修车库、停车场设计防火规范》(GB 50067—97)、《工程建设标准强制性条文》(房屋建筑部分)(2002年版)《火灾自动报警系统设计规范》(GB 5086—2013)、《建筑内部装修防火施工及验收规范》(GB 50354—2005)、《建筑设计防火规范》(GB 50016—2006)、《火灾自动报警系统施工及验收规范》(GB 50166—2007)和《建筑电气工程施工质量验收规范》(GB 50303—2002)等。

(2)设计范围

智能化工程施工图设计范围包括综合楼以内的综合布线系统、火灾报警系统、有线电视系统等。

(3)工程概况

(4)火灾自动报警及消防联动及智能布线系统等

三、设备表、主要材料表

设备表:主要是对设计中选用的主要运行设备进行描述,其组成主要有:设备科学称谓、在图纸中的图例标号、设备性能参数、设备主要用途和特殊要求等内容。(表8-1)

表 8-1　设　备　表

序号	图例	名称及规格		单位	数量	备注
1		落地式机柜	40U	台	1	
2		壁挂式配线架	9U	台	14	
3		双孔信息插座面板	PF1322	个	301	
4	—	电话、数据梯快	PM1011	个	602	
5		4B 口配线架	PD1148	个	B	
6		100 对 110 配线架	PI2100	个	4	
7		电视插座		个	84	
8		100×50 金属线槽		米		

四、图例及标注

图例:在图纸上采用简洁、形象、便于记忆的各种图形、符号,来表示特指的设备、材料、系统。如果说图纸是工程师的语言,那么图例就是这种语言中的单词、词组和短句。(如表 8-2)

表 8-2　综合布线工程图例

序号	图形符号	说　　明	符号来源
1	NDF	总配线架	YD/T 5015—95
2	ODF	光纤配线架	YD/T 5015—95
3	FD	楼层配线架	YD/T 926.1—2001
4	FD	楼层配线架	
5		楼层配线架(FD 或 FST)	YD/T 926.1—2001
6		楼层配线架(FD 或 FST)	YD/T 926.1—2001
7	BD	建筑物配线架(BD)	YD/T 926.1—2001
8		建筑物配线架(BD)	YD 5082—99

(续)

序号	图形符号	说　明	符号来源
9	CD	建筑群配线架(CD)	YD/T 926.1—2001
10		建筑群配线架(CD)	
11		家居配线装置	CECS 119:2000
12	CP	聚合点	YD 5082—99
13	DP	分界点	
14	TO	信息插座(一般表示)	YD/T 926.1—2001
15		信息插座	
16	n70	信息插座(n 为信息孔数)	GJBT-532/00DX001
17	on70	信息插座(n 为信息孔数)	GJBT-532/00DX001
18	TP	电话出线口	GB/T 4728.11—2000
19	TV	电视出线口	GB/T 4728.11—2000
20		程控用户交换机	GB/T 4728.9—99
21	LAN	局域网交换机	
22		计算机主机	
23	HDB	集线器	YD 5082—99
24		计算机	
25		电视机	GB/T 5465.2—1996
26		电话机	GB/T 4728.9—1999
27		电话机(简化形)	YD/T 5015—95
28		光纤或光缆的一般表示	GB/T 4728.9—1999
29		整流器	GB/T 4728.6—2000

智能化工程的图例一般都比较形象和简单,线路敷设方式及导线敷设部位的标注如表 8-3 所示。

表 8-3　敷设部位标注表

序号	代号	安装方式	英文说明
1	M	钢索敷设	supported by Messenger wire
2	AB	沿梁或跨梁敷设	along or across Beam
3	AC	沿柱或跨柱敷设	along or across Column
4	WS	沿墙面敷设	on Wall Surface
5	CE	沿天棚面顶板面敷设	along Ceiling or slab
6	SC	吊顶内敷设	in hollow Spaces of Ceiling
7	BC	暗敷设在梁内	Concealed in Beam
8	CLC	暗敷设在柱内	Concealed in Column
9	BW	墙内埋设	Burial in Wall
10	F	地板或地板下敷设	in Floor
11	CC	暗敷设在屋面或顶板内	in Cailing or slab

第三节　综合布线系统施工图识图

一、综合布线系统及其组成

随着城市建设及信息通信事业的发展,现代化的商住楼、办公楼、综合楼及园区等各类民用建筑及工业建筑对信息的要求已成为城市建设的发展趋势。在过去设计大楼内的语音及数据业务线路时,常使用各种不同的传输线、配线插座以及连接器件等。

智能建筑综合布线系统一般包括建筑群子系统、设备间子系统、垂直子系统、水平子系统、管理子系统和工作区子系统 6 个部分,如图 8-1 所示。

二、综合布线系统构成的要求

1. 综合布线系统的构成应符合以下要求

(1)综合布线系统基本组成应符合如图 8-2 所示的要求。

(2)综合布线子系统构成应符合如图 8-3 所示的要求。

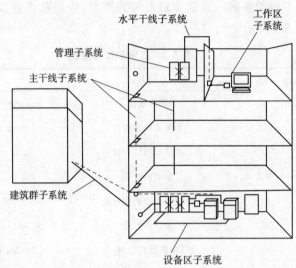

注： —— 非屏蔽双绞线(24AWG,0.5mm)
     --·--·-- 光纤(62.5/125μm)

图 8-1　综合布线系统组成

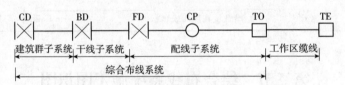

图 8-2　综合布线系统基本组成

注：配线子系统中可以设置集合点(CP 点)，也可不设置集合点。

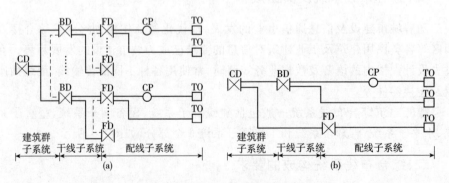

图 8-3　综合布线子系统构成

注：①图 8-3 中的虚线表示 BD 与 BD 之间，FD 与 FD 之间可以设置主干缆线。

②建筑物 FD 可以经过主干缆线直接连至 CD，TO 也可以经过水平缆线直接连至 BD。

③综合布线系统入口设施及引入缆线构成应符合如图 8-4 所示的要求。

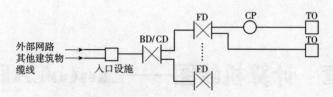

图 8-4 综合布线系统引入部分构成

注：对设置了设备间的建筑物，设备间所在楼层的 FD 可以和设备
中的 BD/CD 及入口设施安装在同一场地。

2. 光纤信道等级

光纤信道分为 OF－300、OF－500 和 OF－2000 三个等级，各等级光纤信道应支持的应用长度应分别不小于 300m、500m 及 2000m。

3. 缆线长度划分

配线子系统各缆线长度应符合如图 8-5 所示的划分，并应符合下列要求。

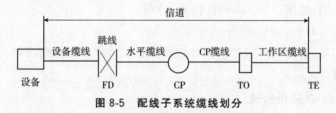

图 8-5 配线子系统缆线划分

（1）配线子系统信道（通俗理解即从交换设备到电脑）的最大长度应不大于 100m。

（2）工作区设备缆线、电信间配线设备的跳线和设备缆线之和应不大于 10m，当大于 10m 时，水平缆线长度（90m）应适当减少。

（3）楼层配线设备（FD）跳线、设备缆线及工作区设备缆线各自的长度应不大于 5m。

第九章　计算机绘图——AutoCAD 基础

第一节　AutoCAD 软件的界面介绍

一、AutoCAD 简介

1. 启动 AutoCAD 软件

软件全称：Auto Computer Aided Design（自动计算机辅助设计）

开发公司：美国 Autodesk（欧特克）公司

首次发布时间：1982 年

软件用途：自动计算机辅助设计软件，用于二维绘图、详细绘制、设计文档和基本三维设计。

2. AutoCAD 应用领域

广泛应用于土木建筑、装饰装潢、城市规划、园林设计、电子电路、机械设计、服装鞋帽、航空航天、轻工化工等诸多领域。

在不同的行业中，Autodesk（欧特克）开发了行业专用的版本和插件，在机械设计与制造行业中发行了 AutoCAD Mechanical 版本。

3. AutoCAD 软件特点

AutoCAD 软件具有以下特点：

（1）具有完善的图形绘制功能。

（2）有强大的图形编辑功能。

（3）可以采用多种方式进行二次开发或用户定制。

（4）可以进行多种图形格式的转换，具有较强的数据交换能力。

（5）支持多种硬件设备。

（6）支持多种操作平台。

（7）具有通用性、易用性，适用于各类用户，此外，从 AutoCAD2000 开始，该系统又增添了许多强大的功能，如 AutoCAD 设计中心（ADC）、多文档设计环境（MDE）、Internet 驱动、新的对象捕捉功能、增强的标注功能以及局部打开和局部加载的功能。

4. AutoCAD 的所有产品

（1）AutoCAD　V(ersion)1.0：1982.11 正式出版，容量为一张 360Kb 的软盘，无菜单，命令需要背，其执行方式类似 DOS 命令。

（2）AutoCAD　V1.2：1983.4 出版，具备尺寸标注功能。

（3）AutoCAD　V1.3：1983.8，具备文字对齐及颜色定义功能，图形输出功能。

（4）AutoCAD　V1.4：1983.10，图形编辑功能加强。

（5）AutoCAD　R2.0：1984.11，尽管功能有所增强，但仅仅是一个用于二维绘图的软件。

（6）AutoCAD　V2.17－V2.18：1985 年出版，出现了 ScreenMenu，命令不需要背，Autolisp 初具雏形，二张 360K 软盘。

（7）AutoCAD　V2.5：1986.7，Autolisp 有了系统化语法，使用者可改进和推广，出现了第三开发商的新兴行业，五张 360K 软盘。

（8）AutoCAD　V2.6：1986.11，新增 3D 功能，AutoCAD 已成为美国高校的 inquired course。

（9）AutoCAD　R12.0：1992.8，采用 DOS 与 WINDOWS 两种操作环境，出现了工具条。

（10）AutoCAD　R13.0：1994.11，AME 纳入 AutoCAD 之中。

（11）AutoCAD　R14.0：1997.4，适应 Pentium 机型及 Windows95/NT 操作环境，实现与 Internet 网络连接，操作更方便，运行更快捷，无所不到的工具条，实现中文操作。

（12）AutoCAD　2004：2003.7，增强了文件打开、外部参照、DWF 文件格式、CAD 标准、设计中心等功能，增加了工具选项板、真彩色、密码保护、数字签字等功能。

（13）AutoCAD　2005：2004.5，增强了工具选项板、图层管理、块属性管理、多行文字注释、打印管理、图纸集、标记集、表格、字段等功能，提供了更为有效的方式来创建和管理包含在最终文档当中的项目信息。其优势在于显著地节省时间、得到更为协调一致的文档并降低了风险。

（14）AutoCAD　2006：2006.3.19，推出最新功能：创建图形；动态图块的操作；选择多种图形的可见性；使用多个不同的插入点；贴齐到图中的图形；编辑图块几何图形；数据输入和对象选择。

（15）AutoCAD　2007：2006.3.23，拥有强大直观的界面，可以轻松而快速地进行外观图形的创作和修改，07 版致力于提高 3D 设计效率。

(16)AutoCAD 2008：2007.12.3，提供了创建、展示、记录和共享构想所需的所有功能。将惯用的 AutoCAD 命令和熟悉的用户界面与更新的设计环境结合起来，使您能够以前所未有的方式实现并探索构想。

(17)AutoCAD 2009：2008 年 5 月发布，软件整合了制图和可视化，加快了任务的执行，能够满足个人用户的需求和偏好，能够更快地执行常见的 CAD 任务，更容易找到那些不常见的命令。

(18)AutoCAD 2010：该版本继承了 AutoCAD 2009 版本的所有特性，新增动态输入、线性标注子形式、半径和直径标注子形式、引线标注等功能，并进一步改进和完善了块操作，比如块中实体可以如同普通对象一般参与修剪延伸、参与标注、参与局部放大功能等。

(19)AutoCAD 2011：该版本在 3D 设计方面新增了许多功能，使 3D 网面造型和曲面造型更加逼真。另外，在 API 方面也有新增功能。可以安全、高效、精确地共享关键设计数据。

(20)AutoCAD 2012：它易于掌握、使用方便、体系结构开放，能够绘制二维与三维图形、标注尺寸、渲染图形、输入输出打印图纸以及进行联网开发等，该款软件广泛应用于机械、电子、建筑等领域。

(21)AutoCAD 2013：除在图形处理等方面的功能有所增强外，最显著的特征是增加了参数绘图功能。用户可以对图形对象建立几何约束，以保证图形对象之间有准确的位置关系，可以建立尺寸约束，通过该约束，既可以锁定对象，使其大小保持固定，也可以通过修改尺寸值来改变所约束对象的大小。

(22)AutoCAD 2014：美国当地时间 2013 年 3 月 26 日发布，比之前的版本新增了许多特性，增加了社会化合作设计功能，可以通过网络相互交换设计方案。对 Windows8 全面支持，即全面支持触屏操作。

二、相关知识

1. 启动 AutoCAD 软件

(1)桌面快捷方式

双击桌面的 AutoCAD 图标，启动 AutoCAD，进入 AutoCAD 的绘图工作界面。

(2)【开始】菜单

在【开始】菜单的【程序】中，单击 AutoCAD，启动 AutoCAD，进入 AutoCAD 的绘图工作界面。

AutoCAD 的绘图工作界面被分割成不同的区域：标题栏、菜单栏、工具栏、绘图区、命令窗口及状态栏等，如图 9-1 所示。

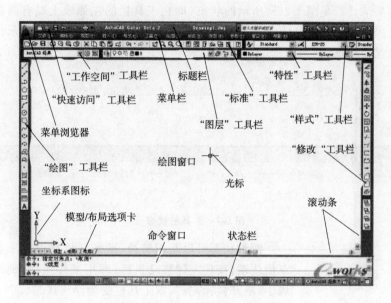

图 9-1 AutoCAD 软件的工作界面

2. AutoCAD 工作界面

AutoCAD 软件的工作界面形式，以 AutoCAD 2009 版本为分界线，以前的版本都是工具栏式的操作界面，以后的版本都是工作台式的操作界面。

以 AutoCAD 2009 版为例进行介绍。

（1）标题栏

标题栏位于屏幕的顶部，其左侧显示当前正在运行的程序名及当前打开的图形文件名。而位于标题栏右面的各按钮可分别实现整个软件窗口的最小化（或最大化）和关闭等操作。

（2）菜单栏

位于界面顶部的下拉式菜单栏，包含所有 AutoCAD 的命令。单击某一个菜单，就可以打开下拉菜单，然后选择需要执行的命令。

（3）工具栏

在 AutoCAD 软件界面中有许多工具栏，工具栏上有许多按钮，每一个按钮代表了 AutoCAD 的一个命令，当然，这些命令都能在菜单栏里找到，放在工具栏里可使设计人员绘图时更快捷地激活命令。工具栏实际上相当于命令的分类显示装置。

1）工具栏的状态

所有的工具栏都有两个状态，即固定状态（形象地称为停靠状态）和浮动状态。如果工具栏是图 9-2(a)所示的状态(即在工具栏的左侧或上端有两道突出的横线表示该工具栏是固定状态。如果是图 9-2(b)所示的状态,则表示该工具栏处于浮动状态。

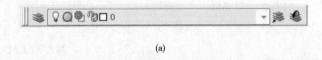

(a)

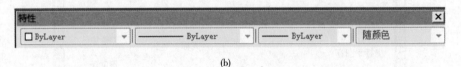

(b)

图 9-2　工具栏状态

图 9-3　工具栏快捷菜单

两种状态可以互相转换,把光标放在固定工具栏的双横线端,按住左键移动鼠标(即用鼠标拖动)到绘图区域中,松开鼠标左键,则工具栏变为浮动状态。

把光标放到浮动工具栏的蓝色区域(即工具栏的标题栏)上,按住左键移动鼠标到上面或左右边,松开鼠标左键,则工具栏变为固定状态。

2)工具栏的打开或关闭

当工具栏是浮动状态,单击标题栏右端的【关闭】按钮 ✖,可以关闭该工具栏。

打开工具栏的方法:把鼠标放到任意一个工具栏上,右击鼠标,会弹出一个快捷菜单,如图 9-3 所示。这是 CAD 软件所提供的所有工具栏的菜单。在这个快捷菜单里,所有打勾的工具栏是界面中显示的。想要打开某个工具栏,就单击该命令。如果想要关闭工具栏,再次单击打勾的工具栏命令即可。

3)工具栏的锁定

无论工具栏处于固定状态还是浮动状态,都是可以随意改动的。如果设计者不愿意让其他人更改工具栏状态可以使工具栏还是锁定状态,即不能更改。

方法是:在软件的右下角有一个图标 🔒,单击该图标,会弹出如图 9-4 所示的菜单。如选择[浮动工具栏],则所有的浮动工具栏将不能更改(即不能移动或关闭)。

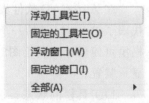

图 9-4　锁定菜单

（4）绘图区

1）背景和光标

绘图区域是绘制二维或三维图形的空间，该空间是无限大的，也是无限小的。默认打开的绘图区域背景是黑色的。光标是十字形的、白色的。

图 9-5　用户坐标系

2）坐标系

在绘图区域的左下角有 UCS（用户坐标系）图标，如图 9-5 所示。用于显示图形方向。AutoCAD 图形是在不可见的栅格或坐标系中绘制的，坐标系以 X、Y 和 Z 坐标（对于三维图形）为基础。

3）【模型和布局】视图标签

【模型】标签和【布局】标签在绘图区的下面，主要是方便用户对模型空间与布局（图纸空间）的切换及新建和删除布局的操作。

在【模型】空间中，可以绘制二维和三维图形，也可以进行打印。

在【布局】空间中，主要是布置图纸进行打印，也可以进行绘图（不推荐）。

（5）命令提示栏

1）命令行窗口大小可以调节，从而使命令的显示行数可以调节。要显示操作命令的记录可按 F2 键调出命令的文本窗口。

2）输入命令：输入命令的全称或快捷命令，按 Enter 键或空格键执行、结束命令，或者重复上一个命令，按 Esc 键撤销命令。

（6）状态栏

状态栏是 CAD 软件最下面的一栏。在状态栏上有光标的坐标动态显示、辅助工具按钮和其他辅助命令图标。

3. 页面设置

CAD 软件的页面设置包括对 AutoCAD 软件的绘图区背景颜色、光标大小、命令行背景、命令行文字大小等进行设置。

激活命令的方法如下。

（1）选择【工具】菜单→【选项】菜单命令。

（2）在绘图区内右击，弹出快捷菜单，选择【选项】命令。

（3）在命令行内右击，弹出快捷菜单，选择【选项】命令。

以上均会弹出【选项】对话框，如图 9-6 所示。

1）更改绘图环境颜色

打开【选项】对话框，切换到【显示】选项卡，在【窗口元素】区域内单击【颜色】按钮，打开【颜色】对话框。

在【模型】选项卡内可以设置 3 个方面的颜色。

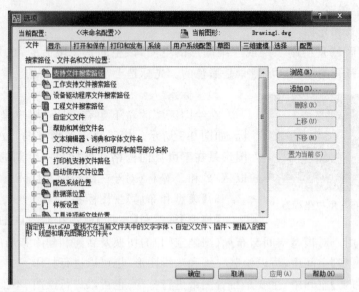

图 9-6 【选项】对话框

①模型空间背景。

②模型空间的光标。

③命令提示行文字。

在【模型】选项卡上单击可以选择以上 3 个元素,也可以在选项卡下面的【窗口元素】下拉菜单中选择,然后单击其下面的【颜色】下列菜单,从中选择颜色。

2)更改命令提示行文字大小

打开【选项】对话框,切换到【显示】选项卡,单击【窗口元素】区域内的【字体】按钮。可以设置命令提示行文字的字体、字形、大小。

3)更改光标的显示大小打开【选项】对话框,切换到【显示】选项卡,在【十字光标大小】区域内,可以在左边的数字文本框内输入数值,或者用光标拖动右侧的滑块。

光标的数值表示相对绘图区域大小的百分比。100 表示无限大。

4)设置文档密码

打开【选项】对话框,切换到【打开和保存】选项卡。在【文件安全措施】区域中单击【安全选项】按钮,进入【设置密码】对话框。

5)图形界限

单击【格式】菜单,选择图形界限—输入坐标,图形界限的设置仅仅影响到缩放命令中页面的设置和打印中按图形界限打印;或者输入命令 limits,设置图形界限。

三、背景设置

（1）要求

设置绘图区域颜色为白色，设置光标颜色为蓝色，设置命令行文字颜色为蓝色、宋体、四号大小，光标大小为 100，设置自己文档的打开密码。

（2）操作过程提示

1）首先选择【工具】→【选项】菜单命令。

2）在打开的【选项】对话框中切换到【显示】选项卡。

3）在【显示】选项卡中设置背景颜色为白色，光标颜色为蓝色，命令行文字颜色为蓝色、字体为宋体、大小为四号；光标大小为 100。

4）切换到【打开和保存】选项卡，单击【安全选项】按钮，设置本文档的打开密码。

第二节　文档和视图操作

一、相关知识

1. 新建文档

激活【新建文档】命令的方法有以下几种。

（1）执行【文件】→【新建】菜单命令。

（2）单击【标准】工具栏中的□按钮。

（3）按 Ctrl＋H 组合键。

（4）在命令行中输入 New 或 QNew，然后按 Enter 键。

双击 AutoCAD 软件的图标，打开 CAD 软件时，软件会自动新建一个空白文档。如果是双击某个 CAD 图形文件时，也可以打开软件，但软件不会新建文件。这时单击【新建】命令打开如图 9-7 所示的对话框，在这个对话框中软件提供了许多图形模板，系统默认的是模板，这个模板和系统自动新建的空白文档是同一个文档。

2. 打开文档

打开调用已存在的文档，其打开方式有以下几种。

（1）执行【文件】→【打开】菜单命令。

（2）单击【标准】工具栏中的【打开】命令按钮。

（3）按 Ctrl＋O 组合键。

（4）在命令行中输入 open，然后按 Enter 键。

图 9-7 【选择样板】对话框

3.【保存】和【另存为】命令

(1)【保存】命令

【保存】命令是指保存当前文档,如果当前的图形是新建的(即没有保存过),选中【保存】命令会打开对话框,系统要求输入保存位置和文件名称、类型;如果该文件是计算机中已经存在的或是已经保存过,这时选中该命令,不会弹出对话框,系统自动将文档替换原来的文件,原来的文件则变成备份文件(即后缀名为上成的文件)所示。

备份文件还可以还原成 CAD 图形文件,方法是将它的后缀更改为 . dwg。但注意更改后缀的文件,其名称不能和其他图形文件重复,否则计算机系统不允许更改。

激活方法如下。

1)执行【文件】→【保存】菜单命令。

2)在【标准】工具栏上单击【保存】按钮。

3)按 Ctrl+S 组合键。

4)在命令行中输入 save 或 qsave,然后按 Enter 键。

(2)【另存为】命令

【另存为】命令是指将当前文件重新保存一份,即重新更改保存位置、文件名称或文件类型。

命令激活方法:执行【文件】→【另存为】菜单命令。

使用【保存】命令进行文档保存时,如果用移动设备将该图形文件复制到其他机器上,打开该文档时,常见的一个问题是忽略了该文档所依赖的文件,如字外部参照和字体文件等。针对这个问题,在 AutoCAD2006 以后的版本新增功能中,可以用【文件】菜单中的【电子传递】命令,该命令功能类似于【另存为】命令,不同点是使用电子传递,图形文件的依赖文件会自动包含在传递压缩包内,从而降低了出错的可能性。

4. 使用帮助

(1)执行【帮助】菜单中的命令。

(2)单击某一命令,按 F1 键;可以直接查找该命令的帮助信息。

(3)实时助手:执行【帮助】→【实时助手】菜单命令,输入任意一个命令时,【实时助手】都会显示出该命令的相关帮助信息。

5. 缩放读图

(1)用滚轮缩放读图

前后鼠标滚轮,进行缩放视图,观察图纸。

其规律是:滑动滚轮放大或缩小图纸时,图纸是以光标为中心向外放大或向内缩小。

注意:用这种方法缩放图纸时,要时刻注意光标所处的位置。

(2)用缩放命令读图

命令激活方法。

1)执行【视图】→【缩放】子菜单中的命令。

2)在命令行中输入 Z 并按 Enter 键。

(3)参数含义

1)实时:选中该命令时,是用鼠标拖动的方式放大或缩小视图,即按住左键不动移动鼠标。

2)窗口:选中该命令后,单击鼠标左键,移动鼠标再单击(鼠标两次单击所构成的直线是一个矩形窗口的对角线),被这个窗口选中的图形将被放大到整个绘图区域进行显示。

3)全部:选中该命令后,如果图形尺寸小于栅格界限,则在绘图区域内最大化显示栅格界限,如果图形尺寸超过栅格界线范围,则绘图区域内将所有图形最大化显示。

4)范围:选中该命令后,将所有图形最大化显示到绘图区内。

5)其他参数,不常用,这里不做介绍,有需要了解该内容的同学可以在【帮助】菜单中查找。

6. 平移读图

按下鼠标滚轮,同时移动鼠标,这时光标变成手的形状,可以进行拖动鼠标进行平移。

用鼠标滚轮是平移视图最常用的方式,还可以在【视图】→【平移】子菜单中激活相关命令,但这种方法不常用,这里不做介绍。

二、文档操作

1. 要求

(1)打开指定文档(AutoCAD 安装目录内,sample 文件夹内一张 AutoCAD 图纸),并用缩放平移命令观察图形。

(2)将文档另存到桌面,名字更改为:学名【一】【目标 1】。

(3)新建一个文档,然后保存到 E 盘,名称为:学名【一】【目标 2】。

2. 操作过程

(1)激活命令:执行【文件】→【打开】菜单命令,打开一个对话框。

(2)在【搜索】下拉列表框中选择 AutoCAD 安装目录中的 sample 文件夹。

(3)C:\programFiles\AutoCAD2009\sample\。

(4)单击该文件夹内的 CAD 图形文件,就会在对话框右侧预览框内显示该图形的预览图。

(5)选择【打开】命令,打开该图形。

(6)用【缩放】和【平移】命令观察该图形。

(7)执行【文件】→【另存为】菜单命令,打开【另存为】对话框。

(8)在【保存于】下拉列表框中选择桌面,在【文件名】文本框内输入名字。

(9)单击【保存】按钮。

第三节　组合体正投影的绘制

一、相关知识

1. CAD 中激活命令的基本方法

(1)通过菜单中的命令

例如,绘图菜单→直线→单击左键选取第一点→单击选取第二点→右键取消。

(2)使用绘图工具栏上的按钮

常用绘图、编辑按钮可以在工具栏里列出。

(3)在命令行内输入命令或按快捷键

例如,在命令行内输入 line 或 L 并按 Enter 键。

(4)通过右键菜单选取命令或按空格键

在绘图区内右击鼠标,可以弹出快捷菜单,在快捷菜单上列出了许多常用命令,如复制、粘贴等,另外刚执行过的命令,或最近执行过的命令也列在菜单的顶端,可以使我们快速地执行。

（5）直接按 Enter 键或空格键

可以激活前一个刚执行过的命令。

2. 命令的取消

取消命令是指某命令被激活后,中断继续的操作。取消的方法是按键盘上的 Esc 键（跳出键）取消该命令。

3. 直线

命令的激活:

（1）绘图菜单→直线命令。

（2）绘图工具栏上的 ╱ 图标按钮。

（3）输入 line 命令或按快捷键 L。

4. 坐标的输入

在 CAD 软件中绘图时,经常需要确定点的位置,即点的坐标。例如,绘制一条直线,只要确定两个点的坐标就可以确定该直线的位置。绘制圆时,先要确定圆心的位置,也就是圆心的坐标。移动图形时,需要确定图形新的位置,也就是图形移动后的坐标。

（1）用鼠标选取

用鼠标在屏幕上拾取点或捕捉特殊点,这里的特殊点是指已知图形上的特殊点,如直线上的端点和中点、圆的圆心点和象限点等。用鼠标选取特殊点时必须借助"对象捕捉"工具。

如果绘制的图形与坐标原点的关系不密切,可以采用这种方式确定点的坐标。

（2）绝对坐标

绝对坐标是指点的坐标是针对坐标原点的,即以原点（0,0）为基准点的坐标。例如,（146,261）该点的 x 坐标是 146,y 坐标是 261。

1）绝对坐标的输入格式。

①当动态输入法关时:x,y 回车（或空格）。

②当动态输入法开时:♯x,y 回车（或空格）。

2）绝对坐标的输入过程演示。

【例 9-1】 如图 9-8 所示,用绝对坐标完成四边形。

步骤:

①命令:输入 L 回车或空格（激活直线命令）。

②LINE 指定第一点:输入 100,100 回车。

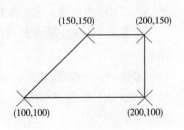

图 9-8 坐标输入图形

③指定下一点或[放弃(U)]:输入 150,150 回车。

④指定下一点或[放弃(U)]:输入 200,150 回车。

⑤指定下一点或[闭合(C)/放弃(U)]:输入 200,100 回车。

⑥指定下一点或[闭合(C)/放弃(U)]:输入参数 C 回车或空格。

(3)相对坐标

相对坐标是指所输入的坐标是相对于前一个点的坐标值,即以上一个点为基准点的坐标。

1)相对坐标的输入格式。

①当动态输入法关时:@x,y 回车(或空格)。

②当动态输入法开时:x,y 回车(或空格)。

注意:用相对坐标的方式输入点的坐标时,第一个点必须是已知的。例如,绘制直线时,第一个点必须先用其他方式确定,第二个点才可以用相对坐标输入。

2)相对坐标的输入过程演示。

【例 9-2】 用相对坐标绘制如图 9-8 所示的四边形(关闭动态输入)。

①命令:输入 L 回车或空格(激活直线命令)

②LINE 指定第一点:用鼠标在绘图区内单击输入第一点。

③指定下一点或[放弃(U)]:输入@100,0 回车。

④指定下一点或[放弃(U)]:输入 0,50 回车。

⑤指定下一点或[闭合(C)/放弃(U)]:输入−50,0 回车。

⑥指定下一点或[闭合(C)/放弃(U)]:输入参数 c 回车或空格。

(4)偏移量输入

以图 9-8 为例(动态输入按钮打开或关闭没有关系)。

1)输入方法为:先移动鼠标,选取一个方向,然后输入相对于前一个点的偏移量值。

2)偏移量输入过程演示。

①命令:输入 L 回车或空格。

②LINE 指定第一点:单击左键输入第一点。

③指定下一点或[放弃(U)]:将鼠标向右移动出现水平极轴,直接输入 100 回车。

④指定下一点或[放弃(U)]:将鼠标向上移动出现垂直极轴,直接输入 50 回车。

⑤指定下一点或[闭合(C)/放弃(U)]:向左移动鼠标出现水平极轴,输入 50 回车。

⑥指定下一点或[闭合(C)/放弃(U)]:输入参数回车或空格。

（5）绝对极坐标

绝对极坐标是指以原点为基点，用该点到原点的直线距离和该点到原点的连线与 X 轴的夹角来确定点的具体位置。该方法在建筑 CAD 绘图过程中极少使用，本课本仅作为了解内容。

绝对极坐标的输入格式如下。

1）当动态输入法关时：x＜y 回车。

2）当动态输入法开时：♯x＜y 回车。

即输入点距离原点的距离 x，再输入点与原点连线与水平方向的夹角。

（6）相对极坐标

相对极坐标与绝对极坐标的原理基本相同，不同的只是基点不同，相对极坐标是以前一个点为基点，输入点到前一个点的直线距离和点到前一个点的连线与 X 轴正方向的夹角。

1）相对极坐标的输入格式。

①当动态输入法关时：@x＜y 空格。

②当动态输入法开时：x＜y 空格。

即输入点与前一个点的距离 X，再输入该点与前一个点连线与水平方向的夹角 Y。

2）相对极坐标输入过程演示。

【例 9-3】 用相对极坐标绘制图 9-9（a）所示图形。

①命令：输入 L 空格。

②LINE 指定第一点：单击左键输入直线第一点。

③指定下一点或［放弃（U）］：输入@100＜0 回车。

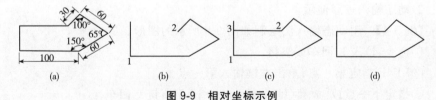

图 9-9 相对坐标示例

（a）原图；（b）步骤 1；（c）步骤 2；（d）步骤 3

④指定下一点或［放弃（U）］：输入@60＜30 回车。

⑤指定下一点或［闭合（C）/放弃（U）］：输入@60＜145 回车。

⑥指定下一点或［闭合（C）/放弃（U）］：输入@30＜－135 回车【如图 9-9（b）所示 2 点】。

⑦空格（结束当前直线命令）。

⑧空格（再次激活前一个命令，即直线命令）。

⑨LINE 指定第一点:把鼠标放到 1 点处附近,出现端点捕捉标记后,单击捕捉该点。

⑩指定下一点或[闭合(C)/放弃(U)]:向上移动鼠标出现垂直极轴,位置比要求的高一些,单击左键,绘制一条辅助直线,如图 9-9(b)所示。

⑪空格(结束直线命令)。

⑫空格(再次激活直线命令)。

⑬指定第一点:移动光标到 2 点附近单击左键捕捉 2 点。

⑭指定下一点或[闭合(C)/放弃(U)]:向左移动光标,出现极轴,移动到辅助线附近,出现交点捕捉标记,单击左键捕捉交点。

⑮指定下一点或[闭合(C)/放弃(U)]:捕捉 1 点。

⑯指定下一点或[闭合(C)/放弃(U)]:空格(结束直线命令)

⑰用鼠标单击辅助直线(选中辅助直线)。

⑱按 Delete 键(删除辅助直线)

(7)动态输入法

该方法是 AutoCAD 版本后新增的一个功能,目的在于方便、快速地输入坐标和显示当前绘图状态(如显示当前光标与前一个点的距离和角度等)。但是该方法对于计算机的硬件要求较高,如果计算机硬件配置较低,打开动态输入法将会影响绘图速度,这时只要关闭该按钮即可。

1)动态输入法格式。

XTap 键 Y 回车(注意,不能用空格键代替)

即,输入该点与前一个点的距离 X,再输入该点与前一个点连线与水平方向的夹角 Y。

2)动态输入过程演示。

【例 9-4】 用动态输入法绘制如图 9-8 所示的图形。

①命令:输入 L 回车或空格。

②LINE 指定第一点:单击左键输入第一点。

③指定下一点或[放弃(U)]:输入 100 按 Tab 键 0 回车。

④指定下一点或[放弃(U)]:输入 50 按 Tab 键 90 回车(注意输入 90 时光标位置要在前一条直线的上方)。

⑤指定下一点或[闭合(C)/放弃(U)]:输入 50 按 Tab 键 180 回车。

⑥指定下一点或[闭合(C)/放弃(U)]:输入参数 C 回车或空格。

5. 删除命令

激活方法如下:

(1)执行【修改】→【删除】菜单命令。

（2）单击工具栏上的 ✎ 图标按钮。

（3）输入 E 并按 Enter 键。

（4）按 Delete 键。

二、组合体投影图绘制

1. 要求

绘制组合体的正投影图，尺寸如图 9-10 所示。

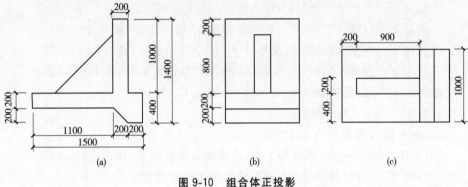

图 9-10　组合体正投影

（a）正立面；（b）侧立面；（c）水平面

2. 操作过程

为了练习坐标输入方法，绘制外侧墙线时用相对坐标的方法，绘制内墙线时用偏移量输入方法。

本示例只介绍图 9-11（a）所示图形的绘制过程。图 9-11（a）所示图形的绘制这里用偏移量、相对坐标输入过程（打开【极轴】开关按钮，关闭【动态输入】开关按钮）。

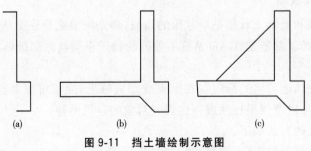

图 9-11　挡土墙绘制示意图

（a）步骤 1；（b）步骤 2；（c）步骤 3

步骤 1，如图 9-11（a）所示。

①命令：输入 L 空格，激活直线命令。

②指定第一点：用鼠标单击确定第一点。

③指定下一点或［放弃(U)］：向右移动鼠标，出现水平极轴，输入 200 回车。

④指定下一点或［放弃(U)］：向下移动鼠标，出现垂直极轴，输入 1000 回车。

⑤指定下一点或［闭合(C)/放弃(U)］：向右移动鼠标，输入 200 回车。

⑥指定下一点或［闭合(C)/放弃(U)］：向下移动鼠标，输入 400 回车。

⑦指定下一点或［闭合(C)/放弃(U)］：向左移动鼠标，输入 200 回车。

步骤 2，如图 9-11(b)所示。

①指定下一点或［放弃(U)］：输入@－200,200 回车。

②指定下一点或［放弃(U)］：向左移动鼠标，输入 1100 回车。

③指定下一点或［闭合(C)/放弃(U)］：向上移动鼠标，输入 200 回车。

④指定下一点或［闭合(C)/放弃(U)］：向右移动鼠标，输入 1100 回车。

⑤指定下一点或［闭合(C)/放弃(U)］：输入 C。空格。

步骤 3，如图 9-11(c)所示。

①命令：输入 L 激活直线命令。

②LINE 指定第一点：移动到 1 点，出现端点捕捉标记，单击左键。

③指定下一点或［放弃(U)］：向右画长为 200 的直线。

④指定下一点或［放弃(U)］：输入@900,800。

⑤指定下一点或［放弃(U)］：空格结束直线命令。

第四节　轴测投影图的绘制

一、相关知识

1. 正交和极轴

正交工具和极轴工具是一对互斥的功能，即系统要么是正交状态，要么是极轴状态，或者两者都不是，CAD 系统不能同时处于正交状态和极轴状态。

（1）正交

利用正交功能可将光标限制在水平或垂直轴上，除了可以创建垂直和水平对齐之外，还可以增强平行性或创建现有对象的常规偏移。

激活正交的方法如下：

1）在状态栏上单击【正交】按钮，如图 9-12 所示。

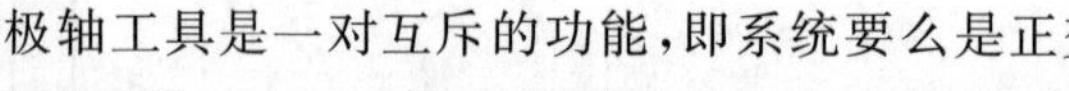

捕捉 栅格 正交 极轴 对象捕捉 对象追踪 DUCS DYN 线宽 模型

图 9-12　辅助工具栏

2)按F8键来切换启用或关闭状态。

3)输入ortho命令按Enter键。

(2)极轴

该功能可将光标的移动限制为沿极轴角度的指定增量,并且可显示由指定的极轴角所定义的临时对齐路径。极轴的角度可以任意设置。

1)极轴的激活

①在状态栏上单击【极轴】按钮。

②按F10键切换极轴状态的打开与关闭,即按一次F10键是打开,再次按是关闭。

2)参数含义

①增量角:系统默认在第一个已知点水平向右是第一条极轴,按照增量角会出现极轴。

例如,增量角为90°,则在第一个已知点正上方,左侧水平位置和正下方270°的位置出现极轴。

②附加角:在增量角的方位有极轴的前提下,再额外增加的极轴角度。

③仅正交极轴追踪:指对特殊点进行追踪时,只在水平和垂直方向上有追踪功能,如图9-13所示。

图9-13　【极轴追踪】选项卡

【例9-5】　绘制一个新的矩形,使这个矩形的左上角和已知矩形的右上角处于同一水平线上,相距为20mm。

操作过程如下(注意:已知一个矩形已经绘制完毕)。

a. 命令：输入 rec 空格，激活矩形命令。

b. 指定第一个角点或［倒角（C）/标高（E）/圆角（F）/厚度（T）/宽度（W）］：移动光标到已知矩形的右上角点上，使右上角点的端点捕捉变亮，向右移动光标，这时会出现一条虚线，这就是对象的正交极轴追踪，输入 20 回车。

c. 指定另一个角点或［面积（A）/尺寸（D）/旋转（R）］：用鼠标单击确定矩形的对角点。

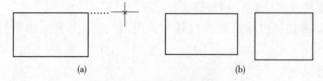

(a)   (b)

图 9-14　正交极轴追踪示例

(a)光标追踪定位；(b)绘制新图形

④用所有极轴角设置追踪：指对特殊点进行追踪时，在设置的各个极轴上都可以进行追踪。

【例 9-6】　用直线命令绘制一个平行四边形。

操作过程如下（先设置好极轴的附加角为 30°）。

a. 先绘制一条垂直线段和一条倾斜角为 30°的线段，如图 9-15 所示。

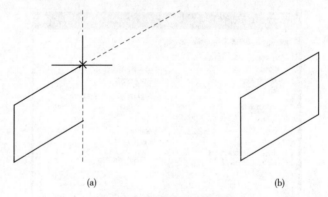

(a)   (b)

图 9-15　所有极轴追踪示例

(a)光标双向追踪；(b)绘图完成

b. 命令：输入 L 空格，激活直线命令。

c. 指定第一点：捕捉垂直线段的上端点。

d. 指定下一点或［放弃（U）］：移动鼠标到倾斜直线的右端点上，出现端点捕捉标记后，向上移动鼠标出现垂直极轴，再向上移动鼠标，直到出现 30°极轴和垂直极轴相交的状态，单击捕捉两极轴交点。

e. 指定下一点或［放弃（U）］：捕捉倾斜直线的右端点。

f. 指定下一点或[闭合(C)/放弃(U)]按空格结束直线命令。

2. 对象捕捉

为了尽可能提高绘图的精度,可用对象捕捉功能将指定点限制在现有对象的确切位置上,如中点或交点等,以便快速、准确地绘制图形,如图 9-16 所示。可以迅速指定对象上的精确位置,而不必输入坐标值。

(1)对象捕捉的激活

1)单击状态栏上的【对象捕捉】按钮。

2)右击任意工具栏,弹出工具栏快捷菜单,选择【对象捕捉】工具栏。

3)在输入点时,按住 Shift 键,单击右键,弹出对象捕捉快捷菜单。

4)对象捕捉属性设置:选择【工具】→【草图设置】菜单命令。

5)为右击【对象捕捉】按钮,在弹出的快捷菜单上选择【设置】命令。

(2)参数含义

1)端点:圆弧、椭圆弧、直线、多线、多段线线段、样条曲线或射线等的端点。

2)中心:捕捉到圆弧、椭圆、椭圆弧、直线、多线、多段线线段、面域、实体、样条曲线或参照线的中点。

3)节点:指用【点】命令输入的点,或用【等分点命令】输入的点。

4)象限点:圆、椭圆对象上的上、下、左、右 4 个特殊点。

5)交点:各种对象交叉的点。

6)延伸点:直线对象上的端点延长线上的某个点。

【例 9-7】 绘制如图 9-17 所示的图形。

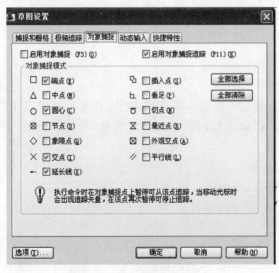

图 9-16 【对象捕捉】选项卡

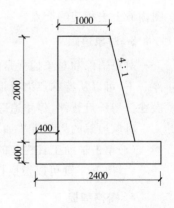

图 9-17 延伸点捕捉示例

绘制过程如下：

①首先设置对象捕捉，将端点、交点和延伸点都选中。

②用直线命令按照从 1～7～3 的顺序绘制线段，如图 9-18(a)所示。

③用直线命令在 1 点处绘制线段 18，长为 400，再绘制线段 89，长为 100。

④激活直线命令，捕捉 9 点，再连接 1 点。

⑤然后移动光标到 9 点，出现对象捕捉标记后，沿着线段 19 的延长线方向移动鼠标会出现一条虚线延长线，即延伸点捕捉，直到与下面的线段相交，单击左键捕捉该交点；完成后的图形如图 9-18(d)所示。

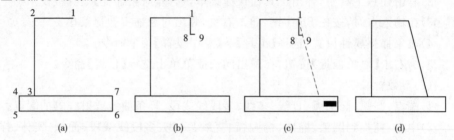

图 9-18　延伸点捕捉应用过程

(a)步骤 1；(b)步骤 2；(c)步骤 3；(d)完成

7)插入点：块或文字对象上的基础点。

8)垂足：作某个对象垂线的垂足点。

9)切点：圆、椭圆对象的切线的切点。

10)最近点：任意对象上距离光标最近的点。

11)平行点：某线型对象平行线的特殊点。

12)外观交点：用于三维操作，指两个对象在空间内不相交，但在当前平面视图内看上去相交的交点。

3. 对象追踪

对象追踪和对象捕捉是配合起来工作的。将光标在已知图形的特殊点上暂停一下，可以从特殊点进行追踪，移动鼠标时会出现追踪矢量，类似于极轴。再次在该特殊点暂停，停止追踪。

对象追踪的激活方法如下：

(1)单击辅助工具栏上的【对象追踪】按钮。

(2)按 F11 键可以切换打开和关闭的状态。

4. 栅格捕捉

栅格是由许多点所组成的矩阵形的图案，利用栅格点可有效地精确定位光标。当栅格捕捉打开时，移动鼠标时光标会在栅格点上移动，而不会落到其他位置上。

栅格的范围与图形的界限有直接关系。CAD 系统默认的栅格的范围是在图形界限的整个区域,其作用类似于在图形下方放置了一张坐标纸,以达到对齐对象的目的,并直观显示对象之间的距离,但它是不可打印输出的。

二、轴测投影图绘制

1. 要求

图 9-19 所示的图形是挡土墙轴测投影图,用直线命令、删除命令和辅助工具完成。

2. 操作过程

在绘图之前,首先分析一下该投影图的特点,如图 9-20(a)所示,挡土墙投影图是由 4 部分组成的。绘图顺序可以制定为:先绘制一个水平放置的长方体,在长方

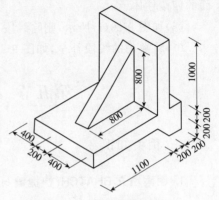

图 9-19　极轴与对象捕捉示例

体上绘制一个垂直放置的长方体,下面放置一个三棱柱体,最后绘制最底下的四棱柱体。绘图过程如下:

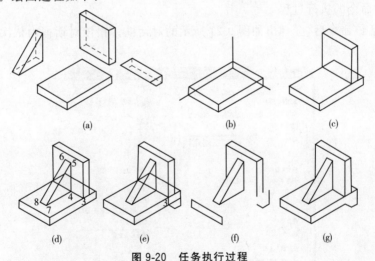

(a)　　　　　　　　　　(b)　　　　　　　　　　(c)

(d)　　　　　　　　　(e)　　　　　　　(f)　　　　　　　(g)

图 9-20　任务执行过程

(a)组合体分解围;(b)步骤 1;(c)步骤 2;(d)步骤 3;(e)步骤 4;(f)步骤 5;(g)步骤 6

(1)打开【极轴追踪】选项卡,设置极轴附加角度为 30°、150°、210°、330°。

(2)激活直线命令,绘制如图 9-20(b)所示的图形。

(3)删除辅助线段,如图 9-20(c)所示,激活直线命令,捕捉 1 点,沿着 210°极轴,绘制线段 200,到 2 点,然后依次按照尺寸绘制垂直长方体图形。

(4)激活直线命令,捕捉 3 点,如图 9-20(d)所示,按照 3－4－5－6 和 4－7－8 的顺序绘制线段,完成三棱柱体的绘制。

(5)激活直线命令,捕捉 3 点,如图 9-20(e)所示,绘制粗实线部分,完成最下面的四棱柱体。

(6)如图 9-20(f)所示,删除线段。

(7)将缺失的线段补全,如图 9-20(g)所示。

第五节　剖面图的绘制

一、相关知识

1. 图案填充 BHATCH(快捷键 H)

(1)BHATCH 命令的激活方法

1)执行【绘图】→【图案填充】菜单命令。

2)在绘图工具栏中单击 图标按钮。

3)在命令行内输入 bhatch 或 h 命令。

(2)命令的执行过程

激活该命令后,会弹出如图 9-21 所示的对话框。在该对话框内依次进行如下设定。

图 9-21　【图案填充】选项卡

1) 图案。单击【图案】选项的右侧的按钮 ⬚ ，在弹出的对话框中选择填充图案。

2) 添加对象。单击【添加:拾取点】图标按钮，然后在绘图区内单击选择填充区域。

3) 预览。单击【预览】按钮，可以预览填充效果。

4) 确定。单击【确定】按钮，完成图案填充。

(3) 参数含义

1) 角度。可以设置所填充图案的倾斜角度。

2) 比例。设置所填充图案的缩放比例。

3) 图案填充原点。指填充图案的绘制起点。

4) 关联。设置填充的图案与填充边界之间的关联性。

5) 创建独立的图案填充。对于多个填充区域，在同时填充图案时，用该参数设置各个区域之间的独立性。

6) 继承特性。单击该按钮，光标跳到绘图区域，可以选择已经填充好的图案，作为新填充图案的参照。

2. 渐变色填充 BHATCH 快捷键(H)

渐变色填充与图案填充是同一个命令，激活的方法稍有不同。

(1) 渐变色填充命令的激活方法

1) 执行【绘图】→【渐变色】. 菜单命令。

2) 单击绘图工具栏中的 ▨ 图标按钮。

3) 在命令行内输入 bhatch 或 h 命令。

(2) 命令的执行过程

激活渐变色填充后，弹出如图 9-22 所示的对话框。

颜色填充分单色填充和双色填充两种。设置过程大致与图案填充类似。

3. 特性设置

图形的特性是指图形所有的颜色、线型、粗细，如图 9-23 所示，该工具栏是 3 个下拉列表框。第一个下拉列表框为颜色下拉列表框，单击弹出的下拉列表框。如图 9-24(a) 所示。第二个下拉列表框是线型下拉列表框，如图 9-24(b) 所示。第三个下拉列表框是线宽下拉列表框，如图 9-24(c) 所示。

(1) 颜色设置方法

图形颜色设置有以下两种方法。

1) 预先设置。绘图前设置，即在绘制图形前，单击【特性】工具栏上的颜色下拉列表框，从中选择一个颜色，对该图形的颜色预先进行设置。

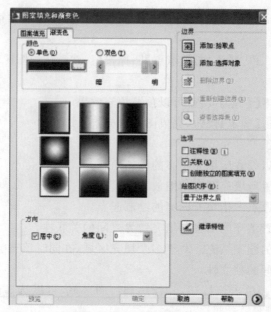

图 9-22 【渐变色】选项卡

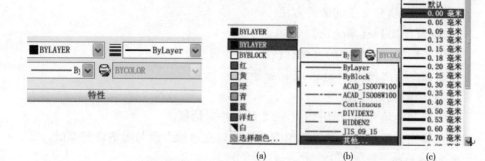

图 9-23 【特性】工具栏

图 9-24 【特性】工具栏的下拉菜单

(a)颜色下拉列表框;(b)线型下拉列表框;(c)线宽下拉列表框

2)事后设置。图形已经绘制完成,用鼠标选择该图形,即图形的状态是带有蓝色点标记的,然后单击颜色下拉列表框,从中选择颜色。

(2)线型的设置

线型的设置方法与颜色的设置方法相同。但在设置线型之前必须先加载线型种类。其设置方法如下。

1)单击线型下拉列表框,从中选择【其他】选项,弹出【线型管理器】对话框如图 9-25 所示。

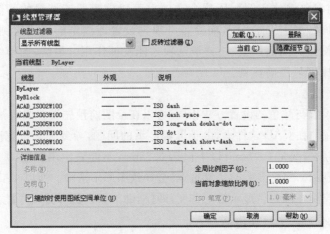

图 9-25　【线型管理器】对话框

2）在【线型管理器】对话框中，单击【加载】按钮，会弹出如图 9-26 所示的【加载或重载线型】对话框。在该对话框内选择相应的线型，单击【确定】按钮。

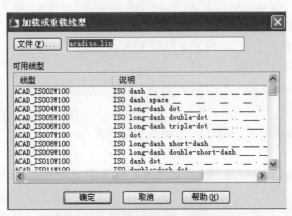

图 9-26　【加载或重载线型】对话框

3）单击【删除】按钮，可以删除已经加载到当前对话框内的线型。

4）单击【当前】按钮，可以使某个线型设置为当前的线型，即将绘制的所有图形都是该线型。

5）单击【显示细节】按钮，可以打开对话框下半部分的【详细信息】区域的内容，单击该按钮后，该按钮就变成了【隐藏细节】按钮。

6）【全局比例因子】，用这个选项可以设置非连续线的非连接间隙大小，如虚线中的空隙大小和虚线上的线段大小。【全局比例因子】对于将绘制和已经绘制的图形都起作用。

7)【当前对象缩放比例】,用这个选项也可以设置非连续线的间隙。区别在于:要让某种线型用当前比例,前提是必须先设置该线型的当前比例因子,然后再将该线型设置为当前线型,这样该选项才能发挥作用。最终,图形线型被放大倍数=全局比例×当前比例。

(3)线宽设置

线宽的设置与颜色的设置方法相同,可以在绘图前预先设置线宽,也可以在绘图后设置线宽。在 CAD 软件里,由于屏幕显示的问题,导致大多数宽度的线不能正常显示,一般情况是 0.25mm 以下包括 0.25mm 不能显示出宽度,0.30mm 以上的宽度可以显示。但是显示的宽度过宽,会导致图形不清晰。所以 CAD 软件设置了一个按钮控制屏幕是否显示线的宽度,即【辅助工具栏】上的【线宽】按钮。

4. 圆命令 CIRCLE(快捷命令 C)

(1)命令的激活方法

1)执行【绘图】→【圆】子菜单,从中选择其中一种圆命令。

2)单击绘图工具栏上的 ⊘ 图标按钮。

3)输入命令 circle 空格。

4)输入快捷键 c 空格。

(2)命令的执行过程(以圆心半径圆为例)

1)命令:输入 C 空格。

2)指定圆的圆心或[三点(3P)/两点(2P)/相切、相切、半径(T)]:用鼠标单击确定圆心。

3)指定圆的半径或[直径(D)]:输入 100 回车。

(3)参数含义

1)三点(3P):该参数是用不在同一条直线上的 3 个点来确定一个圆的位置和大小。

2)两点(2P):两点相切半径圆,即确定圆的任一条直径上的两个点,来确定圆的半径和位置。

例如:用两点圆法在已知直线段上绘制圆,使该直线称为圆的直径。

命令执行过程如下。

①命令:输入 c 空格,激活圆命令。

②指定圆的圆心或[三点(3P)/两点(2P)/相切、相切、半径(T)]:用鼠标点取圆上任意点,确定第一个圆,同时命令结束。

③命令:直接按空格键,再次激活圆命令。

④指定圆的圆心或[三点(3P)/两点(2P)/相切、相切、半径(T)]:输入 2p 空格,激活参数。

⑤右击,在弹出的快捷菜单上选择【最近点】命令。

⑥指定圆直径的第一个端点:_nea 到用鼠标移动到圆的右上角附近,出现最近点捕捉标记,单击左键,指定圆直径的第一点。

⑦指定圆直径的第二个端点:用鼠标移动到合适位置,点取圆直径的第二点。

3)相切、相切、半径(T):在已知图形上找到两个与圆相切的切点,然后再输入该圆的半径,可以确定一个唯一的圆。

该参数执行过程中,半径的大小要根据已知图形与绘制图形的位置关系而定。

【例 9-8】　绘制一个圆,要求与已知的两个圆相切。

本示例为已知两个圆都已经绘制完成,如图 9-27 所示,命令执行过程直接从第三个圆开始,如图 9-28 所示。

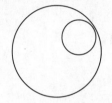
图 9-27　两点圆示例

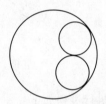
图 9-28　相切、相切、半径圆

①命令:输入 c 空格 CIRCLE。

②指定圆的圆心或[三点(3P)/两点(2P)/相切、相切、半径(T)]:输入 t 空格。

③指定对象与圆的第一个切点:用鼠标移动到其中一个圆上并单击。

④指定对象与圆的第二个切点:用鼠标移动到另一个圆上并单击。

⑤指定圆的半径<1600.0000>:输入 1600 回车。

4)直径输入该参数可以用确定圆心和直径的方式确定圆。

5)三点相切圆:激活该参数,必须在【绘图】→【圆】子菜单中选择,如图 9-29 所示。

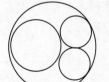
图 9-29　相切、相切、相切圆

①命令:依次单击【绘图】→【圆】→【相切、相切、相切】命令。

②指定圆的圆心或[三点(3P)/两点(2P)/相切、相切、半径(T)]:_3p 指定圆上的第一个点:_tan 到移动光标到一个圆上单击。

③指定圆上的第二个点:_tan 到移动光标到第二个圆上单击。

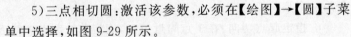

④指定圆上的第三个点：_tan 到移动光标到第三个圆上单击。

5. 样条曲线命令 SPLINE(快捷命令 SPL)

样条曲线是经过或接近一系列给定点的光滑曲线。

(1)命令的激活

1)执行【绘图】→【样条曲线】命令。

2)单击绘图工具栏上的 ∿ 图标按钮。

3)输入命令 spline。

4)输入 spl 空格。

(2)命令执行过程

【例9-9】 用样条曲线绘制如图 9-30 所示的中粗实线部分。

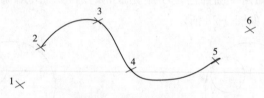

图 9-30 样条曲线示例

命令执行过程如下：

①命令：输入 spl 空格。

②SPLINE。

③指定第一个点或[对象(O)]：用鼠标选取样条曲线的第一个点，即图 9-30 中的 2 点。

④指定下一点：在 3 点附近选取第二个点。

⑤指定下一点或[闭合(C)/拟合公差(F)]＜起点切向＞：选取 4 点。

⑥指定下一点或[闭合(C)/拟合公差(F)]＜起点切向＞：选取 5 点。

⑦指定下一点或[闭合(C)/拟合公差(F)]＜起点切向＞：按空格，结束曲线最后一个点。

⑧指定起点切向：在 1 点附近单击，确定曲线起点切线方向。

⑨指定端点切向：在 6 点附近单击，确定曲线终点切线方向。

二、线型设置

1. 要求

绘制如图 9-31 所示的图形。

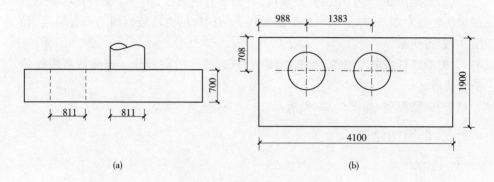

图 9-31 线型设置案例

(a)正立面投影图;(b)水平面投影图

2. 操作过程

(1)首先,激活矩形命令,绘制如图 9-32(a)所示图形,尺寸参照图 9-31 所示。

(2)然后激活直线命令,从 1 点开始向下绘制长 708mm 的线段,再向右绘制长 988mm 的线段到 2 点,向上绘制任意长度的线段,结束直线命令。

(3)再次激活直线命令,从 2 点向右绘制长为 1383mm 的线段。

(4)激活圆命令,用【直径】参数以 2 点、3 点为圆心绘制直径为 811mm 的圆,如图 9-32(b)所示。

(5)激活直线命令,用对象追踪功能,将光标放到 4 点上暂停,向上移动光标追踪到 5 点,单击定位,向上绘制线段。

(6)用同样的方法,从 6 点追踪到 7 点绘制线段,从 8 点追踪到 9 点,向上绘制长为 700mm 的线段,向左绘制长为 811mm 的线段,在向下绘制长为 700mm 的线段,如图 9-32(b)所示。

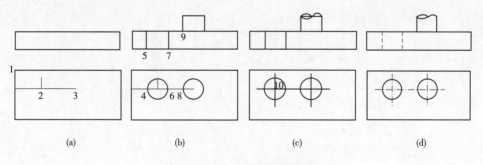

图 9-32 线型设置绘图步骤

(a)步骤 1;(b)步骤 2;(c)步骤 3;(d)步骤 4

(7)删除图 9-32(b)中的辅助线段,再激活直线命令,从一个圆的圆心向左追踪定位线段左端点,然后向右绘制圆轴线。用同样的方法绘制圆的垂直轴线,如图 9-32(c)所示。

(8)激活样条曲线命令,绘制如图 9-32(c)所示的截断线。删除截断线处的横向线段。

(9)调整线型,如图 9-32(d)所示。

三、剖面图绘制

1. 要求

根据给出的组合体的二面投影图,绘制 1-1 剖面图,如图 9-33 所示。

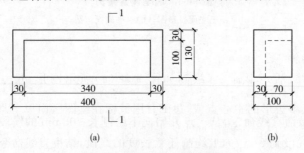

图 9-33　组合体二面投影图

(a)正立面投影图;(b)侧立面投影图

2. 操作过程

组合体的轴测投影图,截断面的形状,形成的剖面图如图 9-34 所示。

用【直线】命令绘制如图 9-34 所示的剖面图。

激活【填充】命令,填充截面。

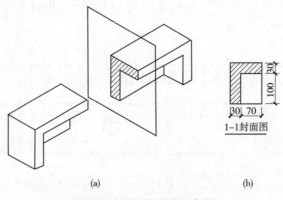

图 9-34　剖面图形成示意图

(a)轴测图分析;(b)剖面图

第六节　单个房间平面图的绘制

一、相关知识

1. 正多边形 POLYGON(快捷命令 POL)

该命令用于快速绘制正多边形,可以绘制 3～1024 条边的正多边形。

(1)POLYGON 命令的激活方法

1)执行【绘图】→【正多边形】菜单命令。

2)单击绘图工具栏中的 ⬠ 图标按钮。

3)在命令行内输入 polygon1 或 pol 命令。

(2)命令的执行过程

1)命令:输入 pol 空格。

2)输入边的数目<4>:输入 4 回车。

3)指定正多边形的中心点或[边 E]:用鼠标在绘图区内单击。

4)输入选项[内接于圆(I)/外切于圆(C)]<I>:按空格,按<>内的参数执行。

5)指定圆的半径:输入 50 回车,完成图形并结束命令。

(3)参数含义

1)边(E):输入该参数,用边长确定正多边形的大小。

如图 9-35(a)所示,在制定正多边形的中线点之前,输入该参数,首先确定 1 点位置,然后移动鼠标到 2 点单击,即可确定正多边形的大小。

2)内接于圆(I):通过正多边形的外接圆的半径确定其大小。

如图 9-35(b)所示,首先用光标确定 1 点位置,然后输入该参数,用光标指定 2 点位置。

3)外切于圆(C):通过正多边形的内切圆的半径确定其大小。

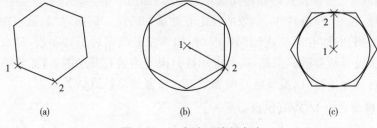

图 9-35　正多边形绘制方法

(a)步骤 1;(b)步骤 2;(c)步骤 3

2. 矩形 RECTANG(快捷命令 REC)

(1)RECTANG 命令的激活方法

1)执行【绘图】→【矩形】菜单命令。

2)单击绘图工具栏上的 ▭ 图标按钮。

3)输入命令 RECTANG 或 REC。

(2)命令的执行过程

1)命令:RECTANG。

2)指定第一个角点或[倒角（C）/标高（E）/圆角（F）/厚度（T）/宽度（W）]:单击确定矩形的一个角点。

3)指定另一个角点或[面积（A）/尺寸（D）/旋转（R）]:移动光标,单击确定矩形对角点。

(3)参数含义

倒角（C）:可以绘制带有倒角的矩形,如图 9-36(b)所示。

标高（E）:使矩形在 Z 轴方向上具有一定的起始标高。

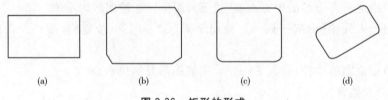

图 9-36 矩形的形式

(a)普通矩形；(b)倒角矩形；(c)圆角矩形；(d)倾角矩形

圆角（P）:可以绘制带有倒圆角的矩形,如图 9-36(c)所示。

厚度（T）:设定矩形 Z 轴方向的厚。

宽度（W）:设定矩形的线宽。

面积（A）:按照指定的面积绘制矩形。

尺寸（D）:按照指定的长、宽绘制矩形。

旋转（R）:按照指定的倾斜角度绘制矩形,如图 9-36(d)所示。

注意:在 CAD 软件中,参数的设定有继承的特性。例如,如果第一次设定好矩形的倾斜角度,在第二次绘制矩形时,如果没有设定过旋转参数,那么也会继承第一次设定的参数。但是,这种继承性只限于当前打开的图形,而且该图形在第二次打开使用时,以前设定好的参数都将恢复到系统默认的状态。

3. 移动命令 MOVE(快捷命令 M)

(1)MOVE 命令的激活方法

1)执行【修改】→【移动】菜单命令。

2)单击修改工具栏中的_✥图标按钮。

3)在命令行内输入 MOVE 或 M。

(2)命令的执行过程

1)命令：MOVE

2)选择对象：(选择对象)

3)找到 21 个

4)选择对象：(回车结束对象选择)

5)指定基点或[位移(D)]<位移>：(用鼠标指定基点)。

6)指定第二个点或<使用第一个点作为位移>(确定第二点,方法参照复制命令中的参数位移的含义中的方法)

(3)参数含义

移动命令中的参数与复制命令的参数含义相同。

4. 偏移命令 OFFSET(快捷命令 O)

可以进行偏移的图形有直线、矩形、圆、椭圆、圆弧、多段线、修订云线等,如图 9-37 所示。

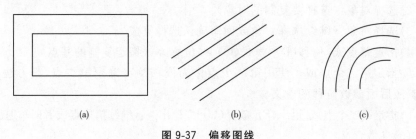

图 9-37　偏移图线

(a)矩形的偏移；(b)直线的偏移；(c)圆弧的偏移

(1)OFFSET 命令的激活方法

1)执行【修改】→【偏移】菜单命令。

2)单击【修改】工具栏中的_⬓图标按钮。

3)在命令行内输入：OFFSEF 或 O 命令。

(2)命令的执行过程

1)命令：OFFSEF。

2)当前设置：删除源＝否　图层＝源 OFFSEFGAPTYPE＝0。

3)指定偏移距离或[通过(T)/删除(E)/图层(L)]<通过>：(输入偏移距离值)。

4)选择要偏移的对象,或[退出(E)/放弃(U)]<退出>：(选择偏移对象,只能选择 1 个).

5)指定要偏移的那一侧上的点,或[退出(E)/多个(M)/放弃(U)]<退

出＞:用鼠标在需要生成偏移图形的一侧单击)。

选择要偏移的对象,或[退出(E)/放弃()U]＜退出＞:(继续选择偏移对象或回车退出)。

(3)参数含义

1)通过(T):指通过用鼠标选择的点偏移生成新的图形。

2)删除(B):该参数用来确定偏移新图形后是否删除原图形。

3)图层(B):当存在多个图层时,该参数用来确定是在当前图层还是图形图层上偏移生成的新图形。

5. 复制命令 COPY(快捷命令 CO/CP)

(1)COPY 命令的激活方法

1)执行【修改】→【复制】菜单命令。

2)单击【修改】工具栏中的 图标按钮。

3)在命令行内输入 COPY 或 CO 或 CP 命令。

(2)命令的执行过程

1)命令:COPY。

2)选择对象:(选择要复制的对象)。

3)选择对象:(继续选择对象或回车确认选择完成)。

4)指定基点或[位移(D)/模式(O)]＜位移＞:(指定复制的基点)。

5)指定第二个点或＜使用第一个点作为位移＞:(确定第二点,其方法有 4 种,参照后面参数位移的含义。

6)指定第二个点或[退出(E)/放弃(U)]＜退出＞:(继续拾取点或者回车退出)。

(3)参数含义

1)位移(D):选择该参数表示要使用坐标指定位置,这个位置指的是新生成图形和原图形的相对位置,这个坐标输入方式有以下 3 种。

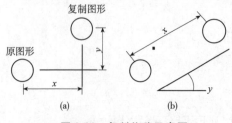

图 9-38　复制位移示意图

(a)按相对坐标复制;(b)按相对极坐标复制

①(x,y)形式,即直接输入 x 方向新图形与原图形的相对距离值和 y 方向的相对距离值,如图 9-38(a)所示。

②(x＜y)形式,即输入新图形与原图形的直线距离 x 和两图形中心的连线与水平方向的夹角 y,如图 9-38(b)所示。

③鼠标＋x 形式,即先用鼠标确定一个方向,然后输入新图形与原图形的直线距离 x。

④直接用鼠标在绘图区捕捉拾取点,如图 9-39 所示。

2）模式（O）：设置 COPY 命令执行模式，这里有单个和多个两种模式，单个指复制一个对象后命令自动结束，多个指可以连续复制对象直到回车结束。

图 9-39　用鼠标捕捉复制形式示意图

3）退出（E）：退出 COPY 命令。

4）放弃（U）：放弃上一个复制的图形。

5）<使用第一点作为位移>：尖括弧里的选项或数据表示默认值，即直接回车即可执行该默认值，"使用第一点作为位移"指用基点的坐标作为新图形与原图形间的相对坐标。

6. 分解命令 EXPLODE(快捷命令 X)

分解命令可以将一个整体对象，进行如矩形、正多边形、块、尺寸标注、多段线及面域等分解成一个独立的对象，以便于进行修改操作。

注意：多段线被分解后，其线宽会丢失，圆环分解后，圆环的厚度也会丢失。而且所有的对象一旦被分解后，便不可再复原。

（1）EXPLODE 命令激活方法

1）执行【修改】—【分解】菜单命令。

2）单击【修改】工具栏中的 图标按钮。

3）在命令行内输入 EXPLODE 或 X 命令。

（2）命令的执行过程

1）命令：EXPLODE。

2）选择对象：（选择要分解的对象）。

3）找到 1 个。

4）选择对象：（回车结束选择对象，命令结束）。

7. 倒角命令 CHAMFFER(快捷命令 CHA)

（1）CHAMFFER 命令的激活方法

1）执行【修改】→【倒角】菜单命令。

2）单击【修改】工具栏中的 图标按钮。

3）在命令行内输 CHAMFFER 或 CHA 命令。

（2）命令的执行过程

1）命令：CHAMFFER。

2）（【修剪】模式）当前倒角距离 1＝0.0000，距离 2＝0.0000。

3）选择第一条直线或[放弃（U）/多段线（P）/距离（D）/角度（A）/修剪（T）/方式（E）/多个（M）]：输入参数 d（设置倒角距离）。

4）指定第一个倒角距离<0.0000>：（输入第一倒角距离 10）。

5)指定第二个倒角距离<10.0000>：(输入第二倒角距离20)。

6)选择第一条直线或[放弃(U)/多段线(P)/距离(D)/角度(A)/修剪(T)/方式(E)/多个(M)]：(选择倒角的第一条直线)。

7)选择第二条直线，或按住 Shift 键选择要应用角点的直线：(选择倒角的第二条直线)。

(3)参数含义

1)放弃(U)：如果倒角模式是多个倒角时，放弃前一个倒角。

2)多段线(P)：直接在多段线上生成倒角。

3)距离(D)：按照第一倒角距离和第二倒角距离进行倒角。第一倒角距离指的是沿第一次选择的直线上的倒角距离，第二倒角距离指定的是沿第二次直线上的倒角距离。

4)角度(A)：按照倒角距离和角度值的方式进行倒角，如图 9-40 所示。

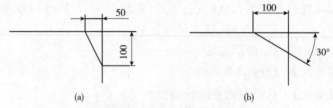

图 9-40　倒角模式示意图

(a)按距离值进行倒角；(b)按距离和角度进行倒角

5)修剪(T)：设置修剪模式，倒角命令有修剪模式和不修剪模式，不修剪模式指的是执行倒角命令后保留原图形不变，如图 9-41 所示。

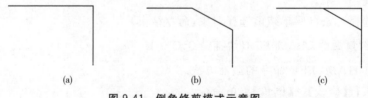

图 9-41　倒角修剪模式示意图

(a)原图；(b)修剪效果；(c)不修剪效果

6)方式(E)：设置倒角模式是距离模式或角度模式，如图 9-42 所示。

7)多个(M)：设置命令连续进行多个倒角。

8. 圆角命令 FILLET(快捷命令 F)

(1)命令的激活方法

1)执行【修改】→【圆角】菜单命令。

2)单击【修改】工具栏中的 圆角 图标按钮。

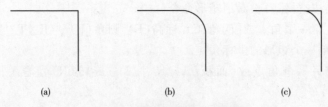

(a)   (b)   (c)

图 9-42　圆角修剪模式示意图

(a)原图；(b)修剪效果；(c)不修剪效果

3)在命令行内输入 FILLET 或 F 命令。

(2)命令的执行过程

1)命令：FILLET。

2)当前设置：模式＝不修剪，半径＝0.0000。

3)选择第一个对象或［放弃(U)/多段线(P)/半径(R)/修剪(T)/多个(M)]：(输入参数 r)。

4)指定圆角半径＜0.0000＞：(输入圆角半径值 10)。

5)选择第一个对象或［放弃(U)/多段线(P)/半径(R)/修剪(T)/多个(M)]：(选择圆角第一条直线)。

6)选择第二个对象，或按住 Shift 键选择要应用角点的对象：(选择圆角的第二条直线)。

(3)参数含义

半径(R)：设置圆角的半径值。

圆角的其他参数与倒角的参数相同。

二、用矩形绘制房间平面图

1. 要求

用矩形命令完成单个房间平面图，尺寸为 3600mm×4500mm，墙厚为 240mm，如图 9-43 所示。

2. 操作过程

(1)命令：REC。

(2)指定第一个角点或［倒角(C)/标高(E)/圆角(F)/厚度(T)/宽度(W)]：用光标制定矩形的第一个角点。

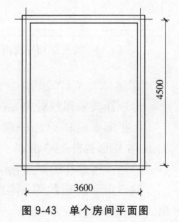

图 9-43　单个房间平面图

(3)指定另一个角点或［面积(A)/尺寸(D)/旋转(R)]：输入相对坐标@3840,4740 回车。

（4）直接按空格，再次激活矩形命令。

（5）指定第一个角点或［倒角（C）/标高（E）/圆角（F）/厚度（T）/宽度（W）］：用光标捕捉第一个矩形的坐标角点。

（6）指定另一个角点或［面积（A）/尺寸（D）/旋转（R）］：输入相对坐标@3360,4260回车。

（7）命令：输入M空格，激活移动命令。

（8）选择对象：单击第二个矩形。

（9）找到1个。

（10）选择对象：按空格键，表示对象选择完毕。

（11）指定基点或［位移（D）］＜位移＞：在绘图区内任意单击作为基点。

（12）指定第二个点或＜使用第一个点作为位移＞：输入@240,240回车，完成。

三、用偏移、复制命令绘制平面图

1. 要求

用偏移命令、复制命令、分解命令等完成两个房间的平面图，单个房间尺寸为3600mm×4500mm，墙厚为240mm，如图9-44所示。

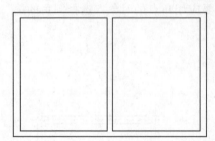

图9-44　两个房间平面图

2. 操作过程提示

（1）绘制单个房间

1）首先激活矩形命令，绘制3600mm×4500mm的矩形。

2）命令：输入o空格，激活偏移命令。

3）当前设置：删除源＝否　图层＝源OFFSETGAPTYE＝0。

4）指定偏移距离或［通过（T）/删除（E）/图层（L）］＜120.0000＞：输入120回车。

5）选择要偏移的对象，或［退出（E）/放弃（U）］＜退出＞：单击选择矩形。

6）指定要偏移的那一侧上的点，或［退出（E）/多个（M）/放弃（U）］＜退出＞：在矩形的外侧单击。

7）选择要偏移的对象，或［退出(3)/放弃（U）］＜退出＞：选择第一个矩形。

8）指定要偏移的那一侧上的点，或［退出（E）/多个（M）/放弃（U）］＜退出＞：在矩形的内部单击。

9）选择要偏移的对象，或［退出（E）/放弃（U）］＜退出＞：按空格键，结束命令。

10）删除第一个矩形。

（2）复制生成第二个房间

1）命令:输入 co 空格,激活复制命令。

2）选择对象:将两个矩形都选中。

3）找到 2 个。

4）选择对象:按空格键结束对象选择。

5）当前设置:复制模式＝多个。

6）指定基点或[位移(D)/模式(O)]＜位移＞:任意单击左键确定基点。

7）指定第二个点或＜使用第一个点作为位移＞:向右移动光标出现极轴,输入 3600 回车。

8）指定第二个点或[退出(E)/放弃(U)]＜退出＞:按空格键结束复制命令。

（3）删除多余线段

1）命令:输入 x 激活分解命令。

2）选择对象:将 4 个矩形都选中。

3）找到 4 个。

4）选择对象:按空格键结束选择对象,并结束分解命令。

5）删除多余线,完成。

四、倒墙角案例

1. 要求

绘制两个房间平面图,要求四周的墙角为圆角形式,圆角的半径为 500mm。

2. 操作过程

（1）首先用前面的方法绘制两个房间平面图。

（2）命令:输入 f 空格,激活倒圆角命令。

（3）当前设置:模式＝修剪,半径＝250.0000。

（4）选择第一个对象或[放弃(U)/多段线(P)/半径(R)/修剪(T)/多个(M)]:输入 r 空格。

（5）指定圆角半径＜250.0000＞:输入 500 回车。

（6）选择第一个对象或[放弃(U)/多段线(P)/半轻(R)/修剪(T)/多个 M]:选择墙角的一条边。

（7）选择第二个对象,或按住 Shift 键选择要应用角点的对象:单击选择另一条边;倒圆角命令结束,一个圆角生成。

（8）其他墙角的圆弧用同样的方法完成,结果如图 9-45 所示。

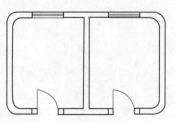

图 9-45　倒角模式示意图

第七节　平面图的文字标注和尺寸标注

一、相关知识

标注样式控制着标注的格式和外观。通常情况下，AutoCAD 使用当前的标注样式来创建标注。如果没有指定当前样式，AutoCAD 将使用默认的 STANDARD 样式来创建标注。

图 9-46　尺寸标注的组成

通过对标注样式的设置，可以对标注的尺寸界线、尺寸线、箭头、中心线或中心标记及标注文字的内容和外观等进行修改，如图 9-46 所示。

标注样式的设置是用标注样式管理器进行设置的。

1. 标注样式的建立

(1)标注样式管理器的激活方法

1)执行【标注】→【标注样式】菜单命令。

2)单击【样式】工具栏(或标注工具栏)中的 🖊 标注样式按钮。

3)在命令行输入 DIMSTYLE 命令。

4)在命令行输入 DST/DDIM 或快捷命令 D。

(2)标注样式设置过程

激活标注样式管理器后，弹出如图 9-47 所示的对话框。然后按下列过程设置标注样式。

1)单击【新建】按钮，弹出如图 9-48 所示的【创建新标注样式】对话框。

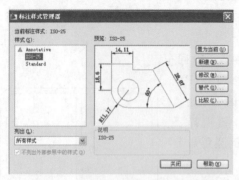

图 9-47　【标注样式管理器】对话框

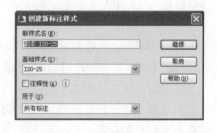

图 9-48　创建新标注样式对话框

①【新样式名】:在文本框内输入新建样式的名称。

②【基础样式】:在下拉列表框内选择作为基础的样式。

③【用于】:在下拉列表框内选择该样式的适用范围。

2)单击【继续】按钮,即可打开【新建标注样式】对话框,如图 9-49 所示。

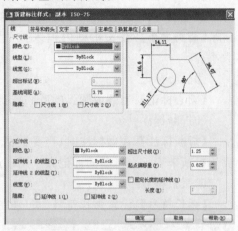

该对话框包括【线】、【符号和箭头】、【文字】、【调整】、【主单位】、【换算单位】和【公差】7 个选项卡。

下面对各个选项卡的选项设置作详细介绍。

【线】选项卡用来设置尺寸线、尺寸界线的格式和属性,如图 9-49 所示。

图 9-49 【线】选项卡

①尺寸线

【颜色】:该选项用来设置尺寸线和箭头的颜色。

【线型】:该选项用来设置尺寸线的线型。

【线宽】:该选项用来设置尺寸线的宽度。

【超出标记】:当尺寸箭头使用倾斜、建筑标记、小点、积分或无标记时,使用该选项来确定尺寸线超出尺寸界线的长度。

【基线间距】:该选项用来设置基线标注中各尺寸线间的距离。在该文本框中输入数值或通过单击上下箭头按钮来进行设置。

【隐藏】:该选项用来控制是否省略第一段、第二段尺寸线及相应的箭头。

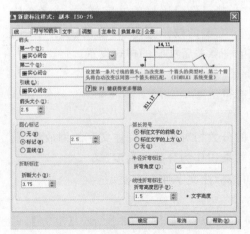

图 9-50 【符号和箭头】选项卡

②尺寸界线

对于尺寸界线的【颜色】、【线型】、【线宽】、【隐藏】的设置与尺寸线的设置相同,在此不再介绍。

【超出尺寸线】:设置尺寸界线超出尺寸线的距离。

【起点偏移量】:设置尺寸界线的实际起始点相对于其定义点的偏移距离。

【固定长度的尺寸界线】:设置尺寸界线为固定长度。

【符号和箭头】选项卡如图 9-50 所示。

①箭头

【第一个】、【第二个】:用于确定尺寸线上两端箭头的样式。

【引线】:用于设置引线标注起点的样式。

【箭头大小】:在文本框内输入数值,或调整数值大小,以确定尺寸箭头的大小。

②圆心标记

【圆心标记】:当圆或圆弧的圆心需要标记时,可以用这一组选项设置标记。

③折断标注

【折断标注】:在做标注时,当受到图纸限制不能充分显示尺寸标注时,一般要用折断来表示。折断的标记大小用该选项显示。

④弧长符号

【弧长符号】:设置弧长符号(⌒)是在标注文字的前方、上方,或不加标记。

图 9-51 【文字】选项卡

⑤半径折弯标注

【半径折弯标注】:设置半径折弯角度。

⑥线性折弯标注

【线性折弯标注】:设置线性折弯的大小。注意它是用标注文字高度 X 设置的倍数。

【文字】选项卡如图 9-51 所示。

①文字外观

【文字样式】:从下拉列表框中选择已经设置好的文字样式,或者单击右侧的按钮 ⊞ ,从弹出的【文字样式】对话框中进行设置,具体设置过程详见上一章关于文字的样式设置。

【文字颜色】:设置文字的颜色。

【填充颜色】:设置文字的背景填充颜色。

【文字高度】:设置文字的高度。

【分数高度比例】:设置标注文字中的分数相对于其他标注文字的缩放比例。AutoCAD 将该比例值与标注文字高度的乘积作为分数的高度。

【绘制文字边框】:选中该复选框,将给标注文字加上边框。

②文字位置。

【垂直】:设置标注文字在垂直方向上的位置,如图 9-52 所示。【上方】,即标注文字始终在尺寸线的上方;【外部】,即文字始终处在尺寸线的外侧;

【居中】，即文字始终处在尺寸线中间位置；【JIS】，指的是标注文字按照 JIS 规则放置。

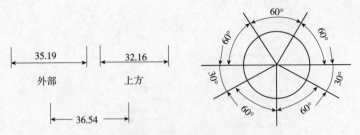

图 9-52　文字的垂直位置

　　【水平】：控制标注文字相对于尺寸线和尺寸界线在水平方向上的位置。下拉列表框中的选项有【居中】、【第一条尺寸界线】、【第二条尺寸界线】、【第一条尺寸界线上方】和【第二条尺寸界线上方】。各个选项含义如图 9-53 所示。

　　【从尺寸线偏移】：设置标注文字和尺寸线之间的缝隙距离。

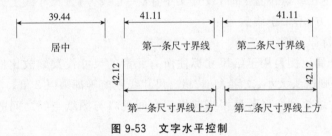

图 9-53　文字水平控制

　　③文字对齐

　　设置标注文字的对齐方式。选项有【水平】、【与尺寸线对齐】、【ISO 标准】。【水平】指标注文字始终水平放置；【与尺寸线对齐】指文字方向与尺寸线方向一致；【ISO 标准】是指当文字在尺寸线之内时，文字与尺寸线一致，而在尺寸线之外时水平放置，如图 9-54 所示。

　　【调整】选项卡如图 9-55 所示，该选项卡用于控制标注文字、尺寸线和尺寸箭头的位置。

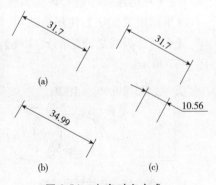

图 9-54　文字对齐方式

（a）水平；（b）与尺寸线对齐；（c）ISO 标准

　　①调整选项

　　如果没有足够的空间放置标注文字和箭头时，可通过该选项组进行调整，以决定先移出标注文字还是箭头。

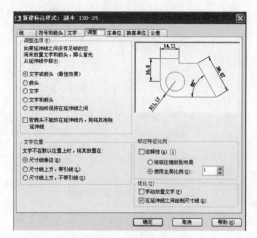

图 9-55　【调整】选项卡

②文字位置

当文字不在默认位置上时,设置文字在【尺寸线旁】、【尺寸线上方,带引线】或【尺寸线上方,不带引线】。

③标注特征比例

【使用全局比例】:用于给尺寸标注所有元素的尺寸设置缩放比例。比如全局比例为 2,则箭头大小、文字大小、超出尺寸线距离等都乘以 2 倍。

【将标注缩放到布局】:根据当前模型空间视口与图纸空间之间的缩放关系设置比例。

④优化

用于对标注尺寸进行附加调整。

【手动放置文字】:使用该选项,则在做标注时,最后手动放置文字。

【在尺寸界线之间绘制尺寸线】:该选项决定是否绘制尺寸线,如图 9-56 和图 9-57 所示。

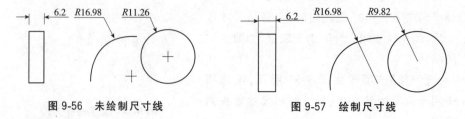

图 9-56　未绘制尺寸线　　　　　　图 9-57　绘制尺寸线

2. 尺寸标注

(1)线性标注 DIMLINEAR

线性标注用于标注水平方向、垂直方向的尺寸,如图 9-58 所示。

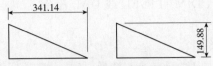

图 9-58　线型标注示意图

1)命令的激活方法

①执行【标注】→【线性】菜单命令。

②单击【标注】工具栏中的⊢┤图标按钮。

③在命令行内输入 DIMLINEAR 或 DIMLIN 或 DLI 命令。

2)命令的执行过程

①命令:DIMLINEAR。

②指定第一条尺寸界线原点或<选择对象>:选择标注图形的第一点。

③指定第二条尺寸界线原点:选择图形上的第二点。

④指定尺寸线位置或[多行文字(M)/文字(T)/角度(A)/水平(H)/垂直(V)/旋转(R)]:用鼠标确定标注尺寸线的位置。

⑤标注文字=286.01。

3)参数含义

多行文字(M):激活多行文字的方式,输入代替尺寸数字的文字或数字。

文字(T):激活单行文字的方式,输入代替尺寸数字的文字或数字。

角度(A):确定尺寸数字放置的角度。

水平(H):执行该项时,只标注水平方向的标注。

垂直(V):执行该项时,只标注垂直方向的标注。

旋转(R):指定尺寸标注的旋转角度,如图 9-59 所示。

(2)对齐标注 DIMALIGED

对齐标注用于标注倾斜直线的尺寸,如图 9-60 所示。

图 9-59　旋转参数示意图

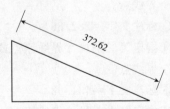

图 9-60　对齐标注示意图

1)命令的激活方法

①执行【标注】→【对齐】菜单命令。

②单击【标注】工具栏中的↖图标按钮。

③在命令行内输入 DIMALIGED 或 DAL 命令。

2)命令的执行过程

①命令：DIMALIGED。

②指定第一条尺寸界线原点或＜选择对象＞：选择标注图形上的第一点。

③指定第二条尺寸界线原点：选择图形上的第二点。

④指定尺寸线位置或［多行文字(M)/文字(T)/角度(A)］：指定尺寸线的位置。

⑤标注文字＝3710.62。

3)参数含义

本命令参数含义与线性标注命令相同。

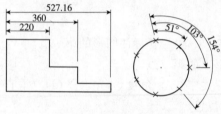

图 9-61　基线标注示意图

(3)基线标注 DIMBASELINE

基线标注是在其他尺寸标注的基础上进行的，如图 9-61 所示，如线性标注、对齐标注、角度标注等。如果进行了线性标注，立即激活基线标注，那么在刚进行的线性标注基础上进行基线标注；如果两个命令之间有其他命令，基线标注命令执行时要选择该线性标注才可以对它进行基线标注。

1)命令的激活方法

①执行【标注】→【基线】菜单命令。

②单击【标注】工具栏中的 图标按钮。

③在命令行内输入 DIMBASELINE 或 DBA 命令。

2)命令的执行过程

①命令：dimbaseline。

②指定第二条尺寸界线原点或［放弃(U)/选择(S)］＜选择＞：选择标注的第二个界线点。

③标注文字＝282.86。

④指定第二条尺寸界线原点或［放弃(U)/选择(S)］＜选择＞：选择标注的第二个界线点。

⑤标注文字＝431.02。

⑥指定第二条尺寸界线原点或［放弃(U)/选择(S)］＜选择＞：回车结束当前标注的基线标注。

⑦选择基准标注：回车结束基线标注命令（或再次选择其他标注来进行基线标注）。

(4)连续标注 DIMCONTINUE

连续标注示意图如图 9-62 所示。

1)命令的激活方法

①执行【标注】→【连续】菜单命令。

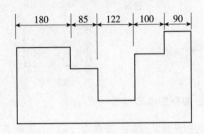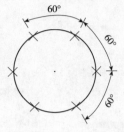

图 9-62 连续标注示意图

②单击【标注】工具栏中的 ⊞ 图标按钮。

③在命令行内输入 DIMCONTINUE 或 DCO 命令。

2)命令的执行过程

①命令:dimcontinue。

②指定第二条尺寸界线原点或[放弃(U)/选择(S)]<选择>:选择第二标注的界限点。

③标注文字=85。

④指定第二条尺寸界线原点或[放弃(U)/选择(s)]<选择>:选择第三标注的界限点。

⑤标注文字=122。

⑥指定第二条尺寸界线原点或[放(U)/选择(S)]<选择>:回车结束当前标注的连续标注。

⑦选择连续标注:回车结束连续标注命令(或选择其他标注进行连续标注)

3. 尺寸标注的修改

(1)用夹点编辑尺寸标注

夹点是指对象上的一些特征点。如图 9-63 所示,不同的图形其夹点的多少也不同,利用夹点可以对图形对象进行编辑,这种编辑与前面讲述的 AutoCAD 修改命令的编辑方式不同。夹点功能是一种非常灵活快捷的编辑功能,利用它可以实现对象的【拉伸】、【移动】、【旋转】、【镜像】和【复制】5 种操作。通常利用夹点功能来快速实现对象的拉伸和移动。在不输入任何命令的情况下拾取对象,被拾取的对象上将显示夹点标记。夹点标记就是选定对象上的控制点。如图 9-63 所示,不同对象其控制的夹点是不一样的。

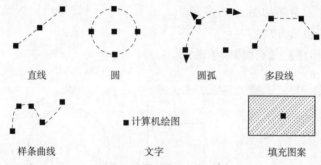

直线　　　　　圆　　　　　圆弧　　　　多段线

样条曲线　　　　　　文字　　　　　填充图案

■ 计算机绘图

图 9-63　图形夹点示意图

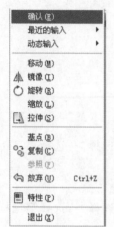

图 9-64　夹点编辑的
右键快捷菜单

当对象被选中时夹点是蓝色的,称为冷夹点。如果再次单击对象某个夹点,则变为红色,称为暖夹点。

当出现暖夹点时,命令行提示:

①命令:

②"拉伸"

③指定拉伸点或[基点(B)/复制(C)/放弃(U)/退出(X)]:(用鼠标指定拉伸位置)。

通过按 Enter 键可以在拉伸、移动、旋转、缩放和镜像编辑方式中进行切换。也可以在暖夹点上单击右键,则弹出如图 9-64 所示的快捷菜单。

一般地,尺寸标注上有 3 类夹点。分别是:尺寸线控制夹点,用于控制尺寸线位置;尺寸文字控制夹点,用于控制文字的左右位置;尺寸界线控制夹点,用于控制尺寸界线的位置,如图 9-65 所示。

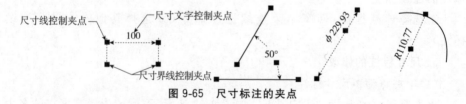

图 9-65　尺寸标注的夹点

使用夹点的拉伸功能,也可以编辑尺寸标注。

(2)对象特性管理器

对象特性管理器如图 9-66 所示。

1)对象特性管理器的激活方法

①执行【工具】→【特性】菜单命令。

②单击【标准】工具栏中的【特性】按钮。

③选择对象并单击右键,在弹出的快捷菜单中选择【特性】命令。

④在命令行内输入 PROPERTIES 命令。

⑤在命令行内输入快捷命令 mo 或 ch 或 pr。

⑥按 Ctrl+1 组合键。

⑦双击需要编辑的图形。

将鼠标放在特性管理器的左侧深色标题栏上,按住左键拖动鼠标可以将它置于绘图区的任意位置。在标题栏上单击右键,将弹出控制管理器的快捷菜单,在菜单里可以选择【允许固定】或【自动隐藏】命令。

图 9-66　特性管理器

2)特性管理器的使用

使用特性管理器修改对象特性时,在管理器的窗体里会显示对象的所有特性。如果选择了多个对象,那么管理器会显示所选对象的共有特性。图形特性一般分为基本特性、几何特性、打印样式特性和视图特性等。一般地,经常通过修改对象的基本特性和几何特性来编辑图形。下面对特性管理器中比较常用的基本特性和几何特性分别做一下介绍。

在 AutoCAD 中,大部分对象和自定义对象的基本特性是共有的,其中包括【颜色】、【图层】、【线型】、【线型比例】、【打印样式】、【线宽】、【超级链接】和【厚度】共 8 项,这些特性控制了实体对象的本质特性。

①颜色:显示或设置颜色。在颜色下拉列表框中选择【选择颜色】选项时,可从打开的【选择颜色】对话框中选择新的颜色。

②图层:显示或设置图层。在图层下拉列表中选择一个图层,为所选对象指定新的图层。

③线型:显示或设置线型。从该下拉列表框中选择一种线型,为所选对象指定新的线型。

④线型比例:显示或设置线型缩放比例。

⑤打印样式:显示或设置打印样式。

⑥线宽:显示或设置线宽。从该下拉列表框中选择一种线宽,为所选对象指定线宽。

⑦超级链接:选择该选项后,单击其右侧的按钮打开【插入超级链接】对话框,然后将超级链接附着到图形对象。

⑧厚度:该选项只针对三维实体,设置当前三维实体的厚度。

3)【几何】和【其他】特性

基本特性是所有对象共有的,但【几何】特性和【其他】特性则根据所选对象类型的不同而不同。在编辑对象特性时,修改与所选对象相应的选项,进而达到编辑对象的目的。

二、平面图标注

1. 要求

如图 9-67 所示,根据前面完成的两个房间的平面图,建立标注样式,并对图形进行标注。

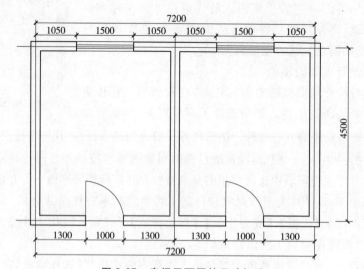

图 9-67　房间平面图的尺寸标注

2. 操作过程

(1)建立标注样式

1)执行【标注】→【标注样式】菜单命令,激活标注样式管理器。

2)单击【新建】按钮,打开创建标注样式对话框,在【新样式名】文本框内输入22,单击【继续】按钮。

3)打开【线】选项卡,设置【超出尺寸线】为2,【起点偏移量】为4。

4)打开【符号和箭头】选项卡,设置【箭头大小】为3。

5)打开【文字】选项卡,设置【文字高度】为5,文字位置,【垂直】为上方,【水平】为居中,【从尺寸线偏移】为1,【文字对齐】为与尺寸线对齐。

6)打开【调整】选项卡,设置【使用全局比例】为35。

7)打开【主单位】选项卡,设置【精度】为0.00,【小数分隔符】为“.”。

(2)标注尺寸

用【线性标注】命令进行标注。

第十章　建筑工程图的审核

第一节　施工图审核要求

一、建筑施工图中各类专业的关系

整套的建筑工程图包括了建筑设计、结构设计施工图及水、电、暖、通等设计安装施工图。这些图纸是由不同专业的设计人员依据建筑设计图纸设计的。因为，每一座建筑的设计，首先是由建筑师进行构思，从建筑的使用功能、环境要求、历史意义、社会价值等方面，确定该建筑的造型、外观艺术、平面大小、高度和结构形式。当然，一个建筑师也必须具备一定的结构常识和其他专业的知识，才能与这些专业的工程师相配合。结构工程师在结构设计上，首先应尽量满足建筑师构思的需要及与其他专业设计的配合，使建筑功能得到发挥。比如建筑布置上需要大空间的构造，则结构设计时就不宜在空间中设置柱子，而要设法采用符合大空间要求的结构形式，如预应力混凝土结构、钢结构、网架结构等。再如水、电、暖、通的设计，也都是为满足建筑功能需要配合建筑设计而布置的。这些设施在设计时既要达到实用，同时在造型上也必须达到美观。比如当今建筑中的灯具，不仅是电气专业为照明需要而设计的装置，而且也成了建筑上的一种装饰艺术。

所以，作为施工人员应该了解各专业设计的主次配合关系，审图时要以建筑施工图为"基准"。审图时发现矛盾和问题，要按"基准"来统一。

二、图纸审核的步骤

1. 预审

审核要点：

(1)设计图纸与说明是否齐全，有无分期供图的时间表；

(2)总平面图与施工图的几何尺寸、平面位置、高程是否一致，各施工图之间的关系是否相符，预埋件是否表示清楚；

(3)工程结构、细节、施工作法和技术要求是否表示清楚，与现行规范、规程有无矛盾，是否经济合理；

(4)建筑材料质量要求和来源是否有保证;

(5)地质勘探资料是否齐全,地基处理方法是否合理;

(6)设计地震烈度是否符合当地要求;

(7)防火要求是否满足,有无公安消防部门的审批意见;

(8)施工安全是否有保证;

(9)室内外管线排列位置、高程是否合理;

(10)设计图纸的要求与施工现场能否保证施工需要;

(11)工程量计算是否正确;

(12)对完善设计和施工方案的建议。

2. 专业审查

(1)各单位在设计交底的基础上,应分别组织有关人员分专业、分工种细读文件,进一步吃透设计意图,质量标准及技术要求;

(2)针对本专业的审查内容,详细核对图纸、提出问题,确定会审重点。

3. 内容会审

(1)各单位在专业审查的基础上组织各专业技术人员一起讨论、分析、核对各专业间的图纸,检查相互之间有无矛盾、漏项;

(2)提出处理、解决的方法或建议;

(3)将提出的问题及建议分别整理成文,监理内部的和施工承包方的应在会审前由监理方汇总后及时提交给设计承包方,以便设计承包方在图纸会审前有所准备。

4. 正式会审

(1)施工图会审由总监理工程师发联系单通知业主、设计承包方、施工承包方,指明具体时间、会议地点、会审内容。

(2)根据会审内容由总监理工程师或监理工程师组织施工图审查会议,并指定记录员。

(3)根据设计图纸交付情况(进度),会议可以以综合或专业进行。

(4)对于图纸交付比较齐全的项目,宜采取大会→分组→大会的审查形式审查。首先由设计方解答监理方(包括施工方)提交的问题或建议及一些综合性问题。然后专业分组由设计承包方解答各专业提出的问题或对问题的共同协商解决。最后大会由设计承包方解答或共同协商解决在分组审查中提出的专业交叉或其他新的问题。

(5)记录员(监理方)整理会议记录并形成施工图会审纪要,经与会单位(必要时相关专业人员)会签后由总监理工程师批准并分发到各有关单位。会审纪要应附施工图审查问题清单。

（6）需要由设计承包方变更和完善的，由设计承包方与业主联系解决，监理负责督促和检查。

（7）对小型项目或分项分部项目，施工图会审可与设计交底结合起来进行。

（8）会审纪要作为工程项目技术文件归档。

三、图纸审核的技巧

工程开工之前，需识图、审图，再进行图纸会审工作。如果有识图、审图经验，掌握一些要点，则事半功倍。

识图、审图的一般程序是：熟悉拟建工程的功能；熟悉、审查工程平面尺寸；熟悉、审查工程立面尺寸；检查施工图中容易出错的部位有无出错；检查有无改进的地方。

1. 熟悉拟建工程的功能

图纸到手后，首先了解本工程的功能是什么，是车间还是办公楼？是商场还是宿舍？了解功能之后，再联想一些基本尺寸和装修，例如厕所地面一般会贴地砖、作块料墙裙，厕所、阳台楼地面标高一般会低几厘米；车间的尺寸一定满足生产的需要，特别是满足设备安装的需要等。最后识读建筑说明，熟悉工程装修情况。

2. 熟悉、审查工程平面尺寸

建筑工程施工平面图一般有三道尺寸，第一道尺寸是细部尺寸，第二道尺寸是轴线间尺寸，第三道尺寸是总尺寸。检查第一道尺寸相加之和是否等于第二道尺寸、第二道尺寸相加之和是否等于第三道尺寸，并留意边轴线是否是墙中心线，各地标准不一，例如广东省制图习惯是边轴线为外墙外边线。识读工程平面图尺寸，先识建施平面图，再识本层结施平面图，最后识水电空调安装、设备工艺、第二次装修施工图，检查它们是否一致。熟悉本层平面尺寸后，审查是否满足使用要求，例如检查房间平面布置是否方便使用、采光通风是否良好等。识读下一层平面图尺寸时，检查与上一层有无不一致的地方。

3. 熟悉、审查工程立面尺寸

建筑工程建施图一般有正立面图、剖立面图、楼梯剖面图。这些图有工程立面尺寸信息；建施平面图、结施平面图上，一般也标有本层标高；梁表中，一般有梁表面标高；基础大样图、其他细部大样图，一般也有标高注明。通过这些施工图，可掌握工程的立面尺寸。正立面图一般有三道尺寸，第一道是窗台、门窗的高度等细部尺寸，第二道是层高尺寸，并标注有标高，第三道是总高度。审查方法与审查平面各道尺寸一样,第一道尺寸相加之和是否等于第二道尺寸,第二道尺寸相加之和是否等于第三道尺寸。检查立面图各楼层的标高是否与建施平面图相同,再检查建施的标高是否与结施标高相符。建施图各楼层标高与结施图相应楼层的标高应不完全相同,因建施图的楼地面标高是工程完工后的标高,而结施图中楼地面标高仅为结构面标高,不包括装修面的高度,同一楼层建施图的标高应比结施图的标高高几厘米。这一点需特别注意,因有些施工图,把建施图标高标在了相应的结施图上,如果不留意,施工中会出错。

熟悉立面图后,主要检查门窗顶标高是否与其上一层的梁底标高相一致;检查楼梯踏步的水平尺寸和标高是否有错,检查梯梁下竖向净空尺寸是否大于 2.1m,是否会出现碰头现象;当中间层出现露台时,检查露台标高是否比室内低;检查厕所、浴室楼地面是否低几厘米,若不是,检查有无防溢水措施;最后与水电空调安装、设备工艺、第二次装修施工图相结合,检查建筑高度是否满足功能需要。

4. 检查施工图中容易出错的地方有无出错

熟悉建筑工程尺寸后,再检查施工图中容易出错的地方有无出错,主要检查内容如下:

(1)检查女儿墙混凝土压顶的坡向是否朝内。

(2)检查砖墙下有梁否。

(3)检查结构平面中的梁,在梁表中是否全标出了配筋情况。

(4)检查主梁的高度有无低于次梁高度的情况。

(5)检查梁、板、柱在跨度相同、相近时,有无配筋相差较大的地方,若有,需验算。

(6)当梁与剪力墙同一直线布置时,检查有无梁的宽度超过墙的厚度。

(7)当梁分别支承在剪力墙和柱边时,检查梁中心线是否与轴线平行或重合,检查梁宽有无突出墙或柱外,若有,应提交设计处理。

(8)检查梁的受力钢筋最小间距是否满足施工验收规范要求,当工程上采用带肋的螺纹钢筋时,由于工人在钢筋加工中,用无肋面进行弯曲,所以钢筋直径取值应为原钢筋直径加上约 21mm 肋厚。

(9)检查室内出露台的门上是否设计有雨篷,检查结构平面上雨篷中心是否与建施图上门的中心线重合。

(10)检查设计要求与施工验收规范有无不同。如柱表中常说明:柱筋每侧少于 4 根可在同一截面搭接。但施工验收规范要求,同一截面钢筋搭接面积不得超过 50%。

(11)检查结构说明与结构平面、大样、梁柱表中内容以及与建施说明有无存在矛盾之处。

(12)单独基础系双向受力,沿短边方向的受力钢筋一般置于长边受力钢筋的上面,检查施工图的基础大样图中钢筋是否画错。

5. 审查原施工图有无可改进的地方

主要从有利于该工程的施工、有利于保证建筑质量、有利于工程美观三个方面对原施工图提出改进意见。

(1)从有利于工程施工的角度提出改进施工图意见

1)结构平面上会出现连续框架梁相邻跨度较大的情况,当中间支座负弯矩筋分开锚固时,会造成梁柱接头处钢筋太密,振捣混凝土困难,可向设计人员建议:负筋能连通的尽量连通。

2)当支座负筋为通长时,就造成了跨度小梁宽较小的梁面钢筋太密,无法捣混凝土,可建议在保证梁负筋的前提下,尽量保持各跨梁宽一致,只对梁高进行调整,以便于面筋连通和浇捣混凝土。

3)当结构造型复杂,某一部位结构施工难以一次完成时,向设计人员提出:混凝土施工缝如何留置。

4)露台面标高降低后,若露台中间有梁,且此梁与室内相通时,梁受力筋在降低处是弯折还是分开锚固,请设计人员处理。

(2)从有利于建筑工程质量方面,提出修改施工图意见

1)当设计天花抹灰与墙面抹灰同为 1:1:6 混合砂浆时,可建议将天花抹灰改为 1:1:4 混合砂浆,以增加黏结力。

2)当施工图上对电梯井坑、卫生间沉池,消防水池未注明防水施工要求时,可建议在坑外壁、沉池水池内壁增加水泥砂浆防水层,以提高防水质量。

(3)从有利于建筑美观方面提出改善施工图

1)若出现露台的女儿墙与外窗相接时,检查女儿墙的高度是否高过窗台,若是,则相接处不美观,建议设计人员处理。

2)检查外墙饰面分色线是否连通,若不连通,建议到阴角处收口;当外墙与内墙无明显分界线时,询问设计人员,墙装饰延伸到内墙何处收口最为美观,外墙突出部位的顶面和底面是否同外墙一样装饰。

3)当柱截面尺寸随楼层的升高而逐步减小时,若柱突出外墙成为立面装饰线条时,为使该线条上下宽窄一致,建议对突出部位的柱截面不缩小。

4)当柱布置在建筑平面砖墙的转角位,而砖墙转角少于 900mm,若结构设计仍采用方形柱,可建议根据建筑平面将方形改为多边形柱,以免柱角突出墙外,影响使用和美观。

5)当电梯大堂(前室)左边有一框架柱突出墙面 10～20cm 时,检查右边柱是否出突出相同尺寸,若不是,建议修改成左右对称。

按照"熟悉拟建工程的功能;熟悉、审查工程平面尺寸;熟悉、审查工程的立面尺寸;检查施工图中容易出错的部位有无出错;检查有无需改进的地方"的程序和思路,有计划、全面地展开识图、审图工作。

第二节 各专业施工图的审核

一、审核建筑施工图

1. 审核建筑总平面图

建筑总平面图是与城市规划有关的图纸,也是房屋总体定位的依据,尤其是群体建筑施工时,建筑总平面图更具有重要性。对建筑总平面图的审核,施工人员还应掌握大量的现场资料,如建筑区域的目前环境,将来可能发展的情形,建筑功能和建成后会产生的影响等。

建筑总平面图一般应审核的内容如下。

(1)通过看图,可对总图上布置的建筑物之间的间距,是否符合国家建筑规划设计的规定,进行审核。比如规范规定前后房屋之间的距离,应为向阳面前房高度的 1.10~1.50 倍,如图 10-1 所示。否则会影响后房的采光、房屋间的通风。尤其在原有建筑群中插入的新建筑,这个问题更应重视。

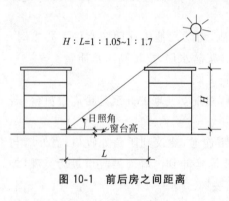

图 10-1 前后房之间距离

(2)房屋横向(即非朝向的一边)之间,在总图上布置的相间距离,是否符合交通、防火和为设置管道需开挖沟道的宽度所需距离的要求。通常房屋横向的间距至少应有 3m 大小。

(3)根据总平面图结合施工现场查核总图布置是否合理,有无不可克服的障碍,能否保证施工的实施。必要时可会同设计和规划部门重新修改总平面布置图。

(4)在建筑总平面图上如果绘有水、电等外线图,则还应了解总平面上所绘的水、电引入线路与现场环境的实际供应水、电线路是否一致。通过审核取得一致。

(5)如果总平面图上绘有排水系统,则应结合工程现场查核图纸与实际是否有出入,能否与城市排水干管相连接等。

(6)查看设计确定的房屋室内建筑标高零点,即±0.000 处的相应绝对标高值是多少,以及作为引进城市(或区域)的水准基点在何处。核对它与建筑物所在地方的自然地面是否相适应,与相近的城市主要道路的路面标高是否相适应。所谓能否相适应是指房屋建成后,长期使用中会不会因首层±0.000 地坪太低或过高造成建造不当。必要时就要请城市规划部门前来重新核实。

(7)绘有新建房屋管线的总图,可以查看审核这些管道线路走向、距离,是否能更合理些,可从节约材料、能耗、降低造价的角度提出一些合理化建议。这也是审图的一个方面。

2. 审核建筑平面图

建筑平面布置是依据房屋的使用要求、工艺流程等,经过多方案比较而确定的。因此审核图纸必须先了解建设单位的使用目的和设计人员的设计意图,并应掌握一定的建筑设计规范和房屋构造的要求,所以一般主要从以下几方面进行审图。

(1)首先应了解建筑平面图的尺寸应符合设计规定的建筑统一模数。建筑模数国家规定以 100mm 作为基本模数,用 Mo 表示。基本模数又分为扩大模数和分模数。扩大模数以 3 的倍数增长,有 3Mo、6Mo、15Mo、30Mo、60Mo 等。分模数有 $\frac{1}{10}$Mo、$\frac{1}{5}$Mo、$\frac{1}{2}$Mo。

扩大模数主要用于房屋的开间、进深等;分模数主要用在具体构造、构配件大小的尺寸计算基数。因此看图时发现尺寸不符合模数关系时,就应以审图发现问题提出来,因为构配件的生产都是以模数为基准的,安装到房屋上去,房屋必须也以模数关系相适应。

(2)查看平面图上尺寸注写是否齐全,分尺寸的总和与总尺寸是否相符。发现缺少尺寸,但又无法从计算中求得,这就要作为问题提出来。再如尺寸间互相矛盾,又无法得到统一,这些都是审图应看出的问题。

(3)审核建筑平面内的布置是否合理,使用上是否方便。比如门窗开设是否符合通风、采光要求,在南方还要考虑房间之间空气能否对流,在夏季能否达到通风凉快。门窗的开、关会不会"打架";公共房屋的大间只开一扇门能不能满足人员的流动;公用盥洗室是否便于找到,且又比较雅观。走廊宽度是否合适,太宽浪费地方,太窄不便通行。在这方面应当站在房屋使用者的角度,多听听他们的意见,这有利于积累经验并用于审查图纸。如一住宅建成后,两个居室连在一起,须通过一个居室才能进入另一个居室,没有对两个居室分别开门,使家庭使用上很不方便。还有一套住宅,一进门有一小小走廊,连接的是客厅,而设计者把走廊边的厕所门对着客厅开,而不在走廊一侧开,在有客人时家人使用厕所很不雅观。这些都是设计考虑欠周的地方,审图时都可提出来加以改进,使其比较完善。

（4）查看较长建筑、公共建筑的楼梯数量和宽度，是否符合人流疏散的要求和防火规定。例如，某一推荐为优秀设计的四层楼宾馆，经评定认为，由于该设计只有一座楼梯，虽然造型很美，但因不符合公共建筑防火安全应有双梯的要求，而没有被评上优秀。

又如，一座施工在建的生产车间，因车间人员少，只设计了一座楼梯，在人流上完全可以满足要求。但在审图时施工方向建设单位和设计人员建议，增加简易安全防火梯，经双方同意在车间另一端增加了一座钢楼梯，作为安全用梯。后来在使用中建设单位反映也很满意。

（5）对平面图中的卫生间、开水间、浴室、厨房，需查看一下地面比其他房间低多少厘米，以便施工时在构造上可以采取措施。还有坡向及坡度，如果图上没有标明，其他图上又没有依据可找，这就要在审图时作为问题提出。

（6）在看屋顶平面图时，尤其是平屋顶屋面，应查看屋面坡度的大小，沿沟坡度的大小；看落水管的根数能否满足地区最大雨量的需要。因为有的设计图纸不一定是本地区设计部门设计的，对雨量气象不一定了解。曾有过因挑檐高度较小，落水管数量不够，下暴雨时雨水从檐沟边上漫出来的情形。所以虽是屋顶平面图，有时图面看来很简单，但内容却不一定就少。

有女儿墙的屋顶，在多年使用中砖砌女儿墙往往与下面的混凝土圈梁因温差产生收缩的差异而发生裂缝，使建筑渗水并影响美观。曾有施工方在审图中建议在圈梁上每 3m 设一构造柱，将砖砌女儿墙分隔开，顶上再用压顶连接成整体，最后的使用结果，就比通常砖砌女儿墙好，没有明显裂缝，这是通过审图建议取得的效果。

（7）最后还要看看平面图中有哪些说明、索引号、剖切号等标志及相配合的译图，审核它们之间有无矛盾，防止施工返工或修补。如某一工程项目在质量检查中被发现某建筑楼梯间内设置的消火栓箱，由于位置不当而造成墙体削弱，在箱洞一边仅留有 240×120 的砖碟，上面还要支撑一根过梁，过梁上是楼梯平台梁。这 240×120 的小"柱子"在安装中又受到剔凿，对结构产生极不利的影响，这种情形本应该在审查图纸时提出来解决的，但因为审图不细，在施工检查中才发现，再重新加固处理，增加了不少麻烦。

3. 审查建筑立面图

建筑立面图能反映出设计人员在建筑风格上的艺术构思。这种风格可以反映时代、反映历史、反映民族及地方特色。建筑施工图出来之后，建筑立面图设计人员一般是不太愿意再改动的。

根据经验，审查建筑立面图可从以下几方面着手。

（1）从图上了解立面图上的标高和竖向尺寸，并审核两者之间有无矛盾。室外地坪的标高是否与建筑总平面图上标的相一致。相同构造的标高是否一致等。

（2）对立面上采用的装饰做法是否合适，也可提出建议。如有些材料或工艺不适合当地的外界条件，如容易污染或在当地环境中会被腐蚀，或材料材质上还不过关等。

（3）查看立面图上附带的构件如雨水落管、消防电梯、门上雨篷等，是否有详图或采用什么标准图，如果不明确应作为问题记下来。

（4）更高一步地看，可以对设计的立面风格、形式提出我们的看法和建议。如立面外形与所在地的环境是否配合，是否符合该地方的风格。

建筑风格和艺术的审核，需要有一定的水平和艺术观点，但并不是不可以提出意见和建议的。

4. 审查建筑剖面图

（1）通过看图纸了解剖面图在平面图上的剖切位置，根据看图与想象审核剖切得是否准确。再看剖面图上的标高与竖向尺寸是否符合，与立面图上所注的尺寸、标高有无矛盾。

（2）查看剖面图上屋顶坡度的标注，平屋顶结构的坡度是采用结构找坡还是构造找坡（即用轻质材料垫坡），坡度是否足够等。再有构造找坡的做法是否有说明，均应查看清楚。并可对屋面保温的做法、防水的做法提出建议。比如，在多雨地区屋面保温采用水泥珍珠岩就不太适应，因水分不易蒸发干，做了防水层往往会引起水汽内浸，引起室内顶板发潮等。有些防水材料不过关质量难以保证，这些都可以作为审图的问题和建议提出来。

（3）楼梯间的剖面图也是必须阅审的图纸。有不少住宅在设计时因考虑不完善，楼梯平台转弯处，净空高度较小，使用很不方便，人从该处上下有碰撞头部之危险，尤其在搬家时更困难。从设计规定上一般要求净高应大于或等于 2m。

5. 审核施工详图（大样图）

（1）阅图时对一些节点或局部处的构造详图必须仔细查看。构造详图有在成套施工图中的，也有采用标准图集上的。

凡属施工图中的详图，必须结合该详图所在建筑施工图中的那张图纸一起审阅。如外墙节点的大样图，就要看是平面或剖面图上哪个部位的。了解该大样图来源后，就可再看详图上的标高、尺寸、构造细部是否有问题，或能否实现施工。

凡是选用标准图集的，先要看选得是否合适，即该标准图与设计图能不能结合上。有些标准图在与设计图结合使用时，连接上可能要做些修改，这都是审阅图纸可以提出来的。

（2）审核详图时，尤其标准图要看图上选配的零件、配件目前是否已经淘汰，或已经不再生产，不能不加调查就照图下达施工，以防没有货源再重新修改而耽误施工进展。

二、审核结构施工图

1. 审核基础施工图

基础施工图主要是两部分，一是基础平面图，二是构造大样图。

（1）在阅审基础平面图时，应与建筑平面图的平面布置、轴线位置进行核对。并与结构平面图核对相应的上部结构，有没有相应的基础。此外，也要对轴线尺寸、总尺寸等进行核对。以便在施工放线时应用无误。

（2）对于基础大样图，主要应与基础平面图"对号"。如大样图上基础宽度和平面图上是否一致，基础对轴线是偏心的还是中心的。基础的埋深是否符合地质勘探资料，发现矛盾应及时提出。对埋置过深又没必要的基础设计，也应提出合理化建议，以便降低造价，节省劳动量。

（3）如果在老建筑物边上进行新建筑的施工，审核基础施工图时，还应考虑老建筑的基础埋深，必要时应对新建筑基础埋深作适当修改。达到处理好新老建筑相邻基础之间受力关系，防止以后出现问题。

（4）在审图时还应考虑基础中有无管道通过，以及图上的标志是否明确，所示构造是否合理。

（5）查看基础所有材料是否说明清楚，尤其是材料要求和强度等级，同时要考虑不同品种时施工是否方便或应采取什么措施。比如，某施工图上基础混凝土强度等级为 C15，而上部柱子及地梁用 C20，若施工时不采取措施，就可能造成质量事故。为了不致弄错和施工方便，审图可以提出建议基础混凝土也用 C20，改一下配筋构造，这是审图时可以做到的。

2. 审核主体结构图

主体结构施工图是随结构的类型不同而各异，因此审图的内容也不相同。

（1）砖砌体为主的混合结构房屋。对这类房屋的审图主要是掌握砌体的尺寸、材料要求、受力情况。比如，砖墙外部的附墙柱，应该弄清它是与墙共同受力的，还是为了建筑上装饰线条需要的，这在施工时可以不同对待。

除了砌体之外，对楼面结构的楼板是采用空心板还是现浇板这也应了解。空心板采用什么型号，和设计的荷载是否配合，这很重要。图上如果疏忽而施工人员又不查核，具体施工到工程上将会出大问题。

还应审核结构大样图，如住宅的阳台，在住宅中属于重要结构部分。阅图时要查看平衡阳台外倾的内部压重结构是否足够。比如，悬臂挑梁伸入墙内的长度应比挑出长度长些,梁的根部的高度应足够,以保证阳台的刚度。某一住宅的阳台,人走上去有颤动感,经查核挑梁的强度够了但刚度不够,这样用户居住在里面会缺乏安全感。

(2)钢筋混凝土框架结构类型的房屋。对该类房屋图纸的识读,主要应掌握柱网的布置,主次梁的分布,轴线位置,梁号和断面尺寸,楼板厚度,钢筋配置和材料强度等级。

审核结构平面和建筑平面相应位置处的尺寸、标高、构造有无矛盾之外。一般楼层的结构标高和建筑标高是不一样的。结构标高要加上楼地面构造厚度才是建筑标高。

在阅读结构构件图时,更应仔细一些。如图上的钢筋根数、规格、长度和锚固要求。有的图上锚固长度并未注写,看图时就应记下来以便统一提出解决,否则在现场凭经验施工,往往会违反了施工规范的要求。

总之,对结构施工图的审核应持慎重态度。因为建筑的安全使用,耐久年限都与结构牢固密切相关。不论是材料种类、强度等级、使用数量,还是构造要求都应阅后记牢。阅读审核结构施工图,需要相关人员在理论知识上、经验积累上、总结教训上的能力都加以提高。这样才能在看图上领会得快,发现问题切合实际,从而保证房屋建筑设计和施工质量的完善。

三、给水与排水施工图的审核

1. 给水施工图的审核

(1)从设计总平面图中查看供水系统水源的引入点在何处。查看管道的走向、管径大小、水表和阀门井的位置以及管道埋深。审核总入口管径与总设计用水量是否配合,以及当地的平均水压力与选用的管径是否合适。由于水质的洁净程度要考虑水垢沉积减小管径流量的发生,所以进水总管应在总用水量基础上适当加大一些管径。再有要看给水管道与其他管道或建筑、地物有无影响和妨碍施工之处,是否需要改道等,在审阅图纸时可以事先提出。

(2)从给水管道平面布置图、系统(轴测)图中,了解给水干管、立管、支管的连接、走向、管径大小、接头、弯头、阀门开关的数量,还可看出水平管的标高与位置,所用卫生器具的位置、数量。在审核中主要应查看管道设置是否合理,水表设计放置的位置是否便于查看。要进行局部修理(分层或分户)时,是否有可控制的阀门。配置的卫生器具是否经济合理,质量是否可靠。

南方地区民用住宅的屋顶上都设有水箱,作为调节水压不足时上面几层住户的用水。进出水箱的水管往往暴露在外,有的在设计上又忽略了管道的保温,造成冬季冻裂浸水。所以审图时也要看设计上是否考虑了保温。

（3）对于大型公共建筑、高层建筑、工业建筑的给水施工图,还应查阅有无单独的消防用水系统,而它不能混在一般用水管道中。它应有单独的阀门井、单独管道、单用阀门,否则必须向设计提出。同时图上设计的阀门井位置,是否便于开启、便于检修,周围有无障碍等也应审核,以保证消防时紧急使用。

2. 排水施工图的审核

（1）要了解建筑物排出总管的位置及与外线或化粪池的联系。通过室内排水管道平面布置图与系统(轴测)图的阅读,从中知道排水管的管径、标高、长度以及弯头、存水弯头、地漏等零部件数量。此外,由于排水管压力很小,需知道坡度的大小。

（2）要了解所用管道的材料和与排水系统相配合的卫生器具。审图中可以对所用材料的利弊提出问题或建议,供设计或使用单位参考。

（3）根据使用情况可审核管径大小是否合适。如一些公用厕所,由于使用条件及人员的多杂,其污水总立管的管径不能按通常几个坑位来计算,有时设计 $\phi100$ 的管径往往需要加大到 $\phi150$,使用上才比较方便,不易被堵塞。对于带水的房间,审查它是否有地漏装置,假如没有则可建议设置。

（4）对排水的室外部分进行审阅。主要是管道坡度是否注写,坡度是否足够。有无检查用的窨井、窨井的埋深是否足够。还应注意窨井的位置,是否会污染环境及影响易受污染的地下物(如自来水管、燃气管、电缆等)。

四、供暖与通风施工图的审核

1. 供暖施工图的审核

供暖施工图可分为外线图和建筑内部施工图两部分。

（1）外线图(即室外热网施工图)主要是从热源供暖到房屋入口处的全部图纸。在这部分施工图上主要了解供热热源在外线图上的位置;其次是供热线路的走向,管道地沟的大小、埋深,保温材料和它的做法;以及热源供给单位工程的个数,管沟上膨胀穴的数量。

对外线图主要审核管径大小、管沟大小是否合理。如管沟的大小是否方便修理;沟内管子间距离是否便于保温操作;使用的保温材料性能包括施工性能是否良好,施工中是否容易造成损耗过大。这可根据施工经验,提出保温热耗少的材料和不易操作损耗多的材料的建议。

（2）建筑内部供热施工图,主要了解暖气的入口及立管、水平管的位置走向;各类管径的大小、长度,散热器的型号和数量;以及弯头、接头、管堵、阀门等零件数量。

审核主要是看它系统图是否合理,管道的线路应使热损失最小;较长的房屋室内是否有膨胀管装置;过墙处有无套管,管子固定处应采用可移动支座。有些管子(如通过楼梯间的)因不住人应有保温措施减少热损失。这些都是审图时可以提出的建议。

2. 通风施工图的审核

通风施工图分为外线和建筑内部两部分。

(1)外线图阅读时主要掌握了解空调机房的位置,所供空调的建筑的数量。供风管道的走向、架空高度、支架形式、风管大小和保温要求。

审核内容为依据供风量及备用量计算风管大小是否合适;风管走向和架空高度与现场建筑物或外界存在的物件有无碰撞的矛盾,周围有无电线影响施工和长期使用、维修;所用保温材料和做法选得是否恰当。

(2)室内通风管道图,主要了解建筑物通风的进风口和回风口的位置,回风是地下走还是地上走;还应了解风道的架空标高,管道形式和断面大小,所用材料和壁厚要求;保温材料的要求和做法;管道的吊挂点和吊挂形式及所用材料。

主要审核通风管标高和建筑内其他设施有无矛盾;吊挂点的设置是否足够,所用材料能否耐久;所用保温材料在施工操作时是否方便;还应考虑管道四周有没有操作和维修的余地。通过审核提出修改意见和完善设计的建议,可以使工程做得更合理。

五、电气施工图的审核

电气施工图以用电量和电压高低不同来区分,一般工业用电电压为380V,民用用电电压为220V,因此我们审核电气施工图按此分别进行。这里只介绍一般的审阅图纸要点。

1. 一般民用电气施工图的审核

首先,要看总图,了解电源入口,并看设计说明了解总的配电量。这时应根据设计时与建设单位将来可能变更的用电量之差额来核实进电总量是否足够,避免施工中再变更。通常从发展的角度出发,设计的总配电量应比实际的用电量大一个系数。比如目前民用住宅中家用电器的增加,如果原设计总量没有考虑余地,线路就要进行改造,这将是一种浪费。这是审核电气图纸首先要考虑的。

其次,电流用量和输导线的截面是否配合,一般都是输电导线应留有可能增加电流量的余地。以上两点审核的要点要掌握。

再次,主要是从图纸上了解线路的走向,线是明线还是暗线,暗线使用的材料是否符合规范要求。对于一座建筑上的电路先应了解总配电盘设计放置在何处,位置是否合理,使用时是否方便;每户的电表设在什么位置,使用观看是否方便合理;一些电气器具(灯、插座)等在房屋内设计的位置是否合理,施工或以后使用是否方便。如一大门门灯开关设置在外墙上,这就不合理,因为易被雨水浸湿而漏电,应装在雨篷下的门侧墙上,并采用防雨拉线开关,这样才合理,也符合安全用电。

再次,也可以从审图中提出合理化建议,如缩短线路长度、节约原材料等,使设计达到更完善的地步。

2. 工业电气施工图的审核

工业电气施工图比民用电气施工图要复杂一些,因此,审图时要仔细以避免差错。在看图时要将动力用电和照明用电在系统图上分开审,重点应审动力用电施工图。

首先应了解所用设备的总用电量,同时也应了解实际的设备与设计的设备用电量是否有变化。在核实总用电量后,再看所用导线截面积是否足够和留有余地。

其次应了解配变电系统的位置,以及由总配电盘至分配电盘的线路。作为一个工厂一般都设厂用变电所,分到车间里则有变电室(小车间是变电柜)。审图时从分系统开始,由小到大扩展,这可减少工作量。由分系统到大系统再到变电所到总图,这样便于核准总电量。如能在审阅各系统的电气施工图时达到准确,就可以在这系统内先进行施工了。

再次,对系统内的电气线路,则要查看是明线还是暗线;是架空绝缘线,还是有地下小电缆沟;线路是否可以以最短距离到达设备使用地点;暗管交错走时是否重叠,地面厚度能不能盖住。具体的一些问题还要与土建施工图核对。

第三节　不同专业施工图之间的校核

要通过施工形成一座完整的建筑,为了使设计的意图能在施工中实现,那么各种专业施工图必须做到互相配合。这种配合既包括设计也包括施工。因此除了各种专业施工图要进行自审之外,各专业施工图之间还应进行互相校对审核。否则很容易在施工中出现这样或那样的问题和矛盾。事先在图上解决矛盾有利于加快施工进度,减少损耗,保证工程质量。

1. 建筑施工图与结构施工图的校核

由于建筑设计和结构设计的规范不同,构造要求不同,虽同属土建设计,但有时也会发生矛盾。一般常见的矛盾和需要校核的内容如下:

(1)校核建筑施工图的总说明和结构施工图的总说明,有无不统一的地方。总说明的要求和具体每张施工图上的说明要点,有无不一致的地方。

（2）校核建筑与结构在轴线、开间、进深这些基本尺寸上是否一致。

（3）校核建筑施工图的标高与结构施工图标高之差值，是否与建筑构造层厚度一致。如某楼层建筑标高为 3.000m，结构标高为 2.950m，其差值为 5cm。从详图上或剖面图引出线上所标出的楼面构造做法，假如为 30mm 厚细石混凝土找平层，20mm 厚、1：2.5 水泥砂浆面层，总厚为 50mm（即 5cm），那么差值与构造厚度相同，这称为一致。如果是不一致，这就是矛盾，就要提请设计解决。当出现建筑和结构二者标高不配合的情形，假如降低结构标高，就会使结构构造或其他设施与结构发生矛盾。所以审图必须全面考虑并设想修正的几个方案。

（4）审核和核对建筑详图和相配合的结构详图，查对它们的尺寸、造型细部及与其他构件的配合。举一个小例子，比如设计的窗口建筑上绘有一周线条的窗套，那么相应查一下窗口上的过梁是否有相应的出檐，可以使窗套形成周圈，否则过梁应加以修改达到一致。

2. 土建与给水、排水施工图的相互校核

它们之间的校核，主要是标高、上下层使用的房间是否相同，管道走向有无影响，外观上做些什么处理等。

如给水、排水的出入口的标高是否与土建结构适应，有无相碍的地方；基础的留洞，是否影响结构；管子过墙碰不碰地梁，这都是给水、排水出入口要遇到的问题。

上下层的房间有不同的使用，尤其是住宅商店遇到比较多。上面为住宅的厨房或厕所，下面的位置正好是商店中间部位，这就要在管道的走向上做处理，建筑上应做吊顶天棚进行装饰。审图中处理结合得好的，施工中及完工后都很完美；处理不好或审图校核疏忽，就会留下缺陷。曾有一栋房屋，在验收时才发现一根给水管由于上下房间不同，立在了无用水的下层房间边墙正中间，损害了房间的完美，后来只能重新改道修正。如果校核时仔细些，就不会出现修改重做的麻烦。

有些建筑，给水排水管集中在一个竖向管井中通过。校核时要考虑土建图上留出的通道尺寸是否足够，日后人员进入维修有无操作余地，管道的内部排列是否合理等。通过校核不仅对施工方便，对日后使用也有利。

总之通过校核，可以避免最常见的通病（即管子过墙、过板在土建施工完后开墙凿洞），提高施工水平做到文明施工。

3. 土建与供暖施工图之间的校核

当供暖管道从锅炉房出来后，与土建工程就有关联。一般要互相校核的是：

（1）管道与土建暖气沟的配合。如管道标高与暖气沟的埋深有无矛盾；暖气沟进入建筑物时，入口处位置对房屋结构的预留口是否一致，对结构有无影响，施工时会不会产生矛盾等。

(2)供暖管道在房屋建筑内部的位置与建筑上的构造有无矛盾。如水平管的标高在门窗处通过,会不会使门窗开启发生碰撞。

(3)散热器放置的位置,建筑上是否留槽,留的凹槽与所用型号、数量是否配合。

其他如管道过墙、过板的预留孔洞等的校核与给水、排水相仿。

4. 土建与通风施工图的互相校核

通风工程所用的管道比较粗大,在与土建施工图进行校核时,主要看过墙、过楼板时预留洞是否在土建图上有所标志。以及结构图上有无措施保证开洞后的结构安全。

其次是通风管道的标高与相关建筑的标高能否配合。比如通风管道在建筑吊顶内通过,则管道的底标高应高于吊顶龙骨的上标高,才能使吊顶施工顺利进行。再有,有的建筑图上对通风管通过的局部地方未作处理,施工后有外露于空间的现象,审阅校核时应考虑该部位是否影响建筑外观美,要不要建议建筑上采取一些隐蔽式装饰处理的办法进行解决。

标高位置的协调很重要,在施工中曾发生过通风管向室内送风的风口,由于标高无法改变,送风口正好碰在结构的大梁侧面,梁上要开洞加强处理的情形。因此在校核时凡发现风管通过重要结构时,一定要核查结构上有没有加强措施,否则就应该作为问题在会审时提出来。

5. 土建与电气施工图之间的校核

一般民用建筑采用明线安装的线路,仅在过墙、过楼板等处解决留洞问题,其他矛盾不甚明显。而当工程采用暗线并埋置管线时,它与土建施工的矛盾就会经常遇到,比如在楼板内为下层照明要预埋电线管,审图时就应考虑管径的大小和走向所处的位置。在现浇混凝土楼板内如果管子太粗,底下有钢筋垫起,就会使管子不能盖没;或者管子不粗但有交错的双层管,也会使楼板厚度内的混凝土难以覆盖。这就要电气设计与结构设计会同处理,统一解决矛盾。在管子的走向上有时对楼板结构产生影响。如管径较粗,管子埋在板跨之中,虽然浇注的混凝土能够盖住,但正好在混凝土受压区,中间放一根薄壁管对结构受力很不力。又如管子沿板的支座走,等于把板根断掉;这对现浇的混凝土板也是不利的。再有,管子向上穿过空心板,管子排列太密,要穿过时必然要断掉空心板的肋,切断预应力钢筋,这也是不允许的。这些情况都作了相应的处理才使施工顺利进行。在砖砌混合结构中,砖墙或柱断面较小的地方,也不宜在其上穿留暗线管道。在总配电箱的安设处,箱子上面部分要看结构上有无梁、过梁、圈梁等构造。管线上下穿通对结构有无影响,需要土建采取什么措施等。从建筑上来看有些电气配件或装置,会不会影响建筑的外观美,要不要作些装饰处理。

总之以上介绍都属于土建施工图与电气施工图应进行互相校核的地方。归结起来,作为土建施工人员应能看懂水、暖、通、电的施工图。作为安装施工人员也要会看土建施工图。只有这样才能在互相校核中发现问题,统一矛盾。

第四节　图纸审核到会审的程序

施工图从设计院完成后,由建设单位送到施工单位。施工单位在取得图纸后就要组织阅图和审图。其步骤大致是:第一步,先由各专业施工部门进行阅图自审;第二步,在自审的基础上由主持工程的负责人组织土建和安装专业进行交流阅图情况和进行校核,把能统一的矛盾双方统一,不能由施工自身解决的,汇集起来等待设计交底;第三步,会同建设单位,邀请设计院进行交底会审,把问题在施工图上统一,做成会审纪要。设计部门在必要时再补充修改施工图。这样施工单位就可以按着施工图、会审纪要和修改补充图来指导施工生产了。

一、各专业工种的施工图自审

自审人员一般由施工员、预算员、施工测量放线人员、木工和钢筋翻样人员等自行先学习图纸。先是看懂图纸内容,对不理解的地方,有矛盾的地方,以及认为是问题的地方记在学图记录本上,作为工种间交流及在设计交底时提问用。

二、工种间的学图审图后进行交流

目的是把分散的问题可以进行集中,在施工单位内自行统一的问题先进行统一矛盾解决问题,留下必须由设计部门解决的问题由主持人集中记录,并根据专业不同、图纸编号的先后不同编成问题汇总。

三、图纸会审

会审时,先由该工程设计主持人进行设计交底。说明设计意图,应在施工中注意的重要事项。设计交底完毕后,再由施工单位把汇总的问题提出来,请设计部门答复解决。解答问题时可以分专业进行,各专业单项问题解决后,再集中起来解决各专业施工图校对中发现的问题。这些问题必须要建设单位(俗称甲方)、施工单位(俗称乙方)和设计单位(俗称丙方)三方协商取得统一意见,形成决定写成文字(称为"图纸会审纪要"的文件)。

一般图纸会审的内容包括:

(1)是否无证设计或越级设计,图纸是否经设计单位正式签署。

（2）地质勘探资料是否齐全。

（3）设计图纸与说明是否齐全,有无分期供图的时间表。

（4）设计时采用的抗震裂度是否符合当地规定的要求。

（5）总平面图与施工图的几何尺寸、平面位置、标高是否一致。

（6）防火、消防是否满足规定的要求。

（7）施工图中所列各种标准图册,施工单位是否具备。

（8）材料来源有无保证,能否代换;图中所要求的条件能否满足;新材料、新技术、新工艺的应用有无问题。

（9）地基的处理方法是否合理,建筑与结构构造是否存在不能施工,不便施工的技术问题,或容易导致质量、安全、工期、工程费用增加等方面的问题。

（10）施工安全、环境卫生有无保证。